资源循环科学与工程一流本科专业教材

矿产资源概论

路贵民　刘程琳　编
刘成林　于建国　审

科学出版社
北京

内 容 简 介

本书为资源循环科学与工程专业的核心专业课教材。全书共9章，首先介绍岩石、矿床、矿体、矿石、矿物等与矿产资源密切相关的概念，以及矿产资源的特点、属性和重要意义。然后分章阐述岩浆矿床、热液矿床、风化矿床、沉积矿床和变质矿床等各类矿床的概念与特征，及其对应产出的主要矿产资源；其中，有机矿产与非金属矿产因其特殊性而单独设为一章。矿产资源的实质是矿物，矿物的结构与性质决定资源加工利用与循环的工艺过程，因此本书后两章着重阐述矿物结构与性质、矿物鉴定与分析。

本书可作为高等学校资源循环科学与工程及其相关专业的本科生教材，也可供从事矿产资源相关教学和科研工作的人员参考。

图书在版编目（CIP）数据

矿产资源概论/路贵民，刘程琳编. —北京：科学出版社，2022.6

资源循环科学与工程一流本科专业教材

ISBN 978-7-03-072194-5

Ⅰ.①矿… Ⅱ.①路…②刘… Ⅲ.①矿产资源—中国—高等学校—教材 Ⅳ.①P62

中国版本图书馆CIP数据核字（2022）第074974号

责任编辑：陈雅娴 / 责任校对：杨 赛

责任印制：师艳茹 / 封面设计：无极书装

科学出版社 出版

北京东黄城根北街16号

邮政编码：100717

http://www.sciencep.com

北京九天鸿程印刷有限责任公司印刷

科学出版社发行 各地新华书店经销

*

2022年6月第 一 版 开本：787×1092 1/16

2022年6月第一次印刷 印张：15 3/4

字数：373 000

定价：89.00元

（如有印装质量问题，我社负责调换）

前 言

本书是专门针对资源循环科学与工程专业设计与编写的。资源循环科学与工程专业是随着时代发展应运而生的新兴专业，经全国有关高校十余年的不断探索与交流，专业教学体系已初步形成并得到了逐步完善，但缺乏配套的专业教材。因此，教材建设成为当务之急。

资源循环科学与工程专业的课程应以“资源”为对象、以“循环”为目的而设计，其中“资源”主要指矿产资源及二次资源。本书以矿产资源为核心，在介绍岩石、矿床、矿体、矿产资源、矿物的概念及其相互关系的基础上，全面阐述各类矿床在地壳中的分布与特征，并列举了具有重要价值的典型矿产资源(用仿宋体编排)，详细讲述矿物的组成与组构、结构与性质、表征与分析等，使学生能够对矿产资源有全面而深入的理解，为实现资源的开发、加工、循环与综合利用奠定知识基础。资源循环科学与工程专业属于多学科融合的新兴专业，学科交叉性强，为了适应专业特点与需求，拓宽学生知识面，同时保证知识体系的完整性，本书参考了岩石学、矿床学、矿物学等其他专业的核心课程内容，选择满足本专业培养目标与教学需求的知识点。例如矿床部分，侧重于典型矿床中的矿产资源，淡化矿床的成因与形成条件；矿物部分，强调矿物的结构性质及其表征，忽略矿物的结晶与晶体学特征等。在考虑知识覆盖面的同时，本书力求做到各学科专业知识的和谐统一，保证知识体系的系统性与完整性，以及不同学科专业概念的准确性，遵守各学科领域的学术规范与习惯，兼顾与本专业其他专业课程之间的衔接及教学风格的一致性，努力做到严谨并具有可读性。为了提升教学效果，编者还制作了一些配套的教学短视频，读者可扫描书中的二维码观看。

本书第 1 ～ 7 章由路贵民编写，第 8、9 章及附录由刘程琳编写。中国地质大学(武汉)刘成林、华东理工大学于建国审阅了全书，并提出了宝贵的修改意见。感谢本书引用或参考的所有文献著作者及出版者。感谢科学出版社的大力支持，感谢责任编辑陈雅娴女士给予的帮助和付出。

由于本书学科跨度大，知识链条长，篇幅有限，加上编者知识面所限，在结构设计、知识点选择、学术观点、文字表达等各方面难免疏漏，敬请广大师生与读者及时指出并反馈编者。我们将虚心接受并不断改进，共同努力使本书日臻完善。

编　者

2022 年 1 月

目 录

第1章 绪 论

1.1 矿产资源及其意义

1.1.1 资源与矿产资源的概念

1. 资源

资源是指一国或一定地区内拥有的物力、财力、人力等各种要素的总称，包括自然资源和社会资源，前者包括矿产资源和阳光、空气、水、土地、森林、草原、动物等非矿产资源，后者包括人力资源、信息资源以及经过人类劳动创造的各种物质财富。

资源可以理解为一切可被人类开发和利用的物质、能量和信息的总称，广泛存在于自然界和人类社会中，是能够给人们带来财富的财富。或者说，资源就是指自然界和人类社会中一种可以用以创造物质财富和精神财富的具有一定量的积累的客观存在形态，包括土地资源、矿产资源、森林资源、海洋资源、人力资源、信息资源等，以及人们在加工利用资源过程中产生的尚未利用的二次资源。资源循环科学与工程是一门以资源为对象，以循环为目的的专门学科，其“资源”主要指矿产资源及二次资源。

在对某种资源利用的时候，必须充分利用科学技术知识考虑利用资源的层次问题，在对不同种类的资源进行不同层次利用的时候，又必须考虑地区资源配置和综合利用。同时，只有当人类充分认识到自己是人与自然大系统的一部分，资源是人与自然这个大系统中的一个子系统，并正确处理资源子系统与其他子系统之间的关系时，才能实现资源的持续利用。这就是资源循环的科学问题，是在知识经济条件下解决资源问题的认识基础。

2. 矿产资源

矿产资源是指在近地壳内或地表自然产出的、由地质作用形成的、具有经济价值的有用元素、化合物、矿物、矿物集合体的总称，是呈固态、液态、气态存在的自然资源。矿产资源是经过几百万年甚至几亿年的地质变化形成的，它是社会生产发展的重要物质基础，现代社会人们的生产和生活都离不开矿产资源。目前，全球已发现矿产资源 200 余种。已知的矿产资源中赋存的有用矿物约 3000 种，其中绝大多数是固体无机物，以石油和自然汞等为代表的液态矿产、以天然气和惰性气体为代表的气态矿产以及油页岩和琥珀等固态有机矿产加和也仅有数十种。在固态矿物中，绝大部分属于晶质矿物，只有水铝英石等极少数矿产属于非晶质矿物。这些矿产资源广泛用于工农业生产、高新技术和国防等领域，囊括能源、交通运输、电力、冶金、化工、制造、航空航天、建筑、医药卫生、电子、通信、珠宝等各行各业，可以说，贯穿于人类社会活动与生产生活的始终并与国家安全紧密相关。矿产资源事关人类生存与发展，意义极其重大。

3. 矿产资源的特征与属性

矿产资源的典型特征是具有耗竭性、隐蔽性、分布不均衡性和可变化性。矿产资源是不可再生资源，其隐藏在地壳内部、大洋深处或人迹罕至的恶劣环境中，不易被发现，且全球各地区矿产资源分布极其不均衡。同时，矿产资源随着技术经济的发展与社会需求不断变化，不同时期的资源与非资源互相转化。

1) 矿产资源的自然属性

矿产资源是在地球漫长、复杂的形成与演化过程中的不同时期，由特殊地质作用形成的有用物质聚集体，非人力所能创造。矿产资源的时间与空间分布遵从地质规律，并非均匀遍布全球。以人类进化的历程为时间尺度，矿产资源是不可再生的。矿产资源的形成或再生需要经过少则几百万年、多则上亿年甚至更长的时间跨度，相对于人类开发利用矿产资源的时间周期，这种再生是毫无意义的。因此，人类需要有节制地开发利用这些空间分布不均匀、数量有限且不能再生的宝贵资源。

2) 矿产资源的经济属性

矿产资源是在当前技术经济条件下可以利用并具有经济价值的物质总和，其经济价值取决于资源品质，同时受到开发利用成本的制约。然而，技术和经济的可行性是可变的，过去和现在技术或经济上不认为是矿产资源的地质体，随着经济社会发展与科技进步，可能成为未来的资源，现有矿产也可能被更加廉价或环保、高效的其他物质所取代而失去价值，矿产资源的种类、数量和开发利用方向等方面具有不断变化的特征。矿产资源的经济属性告知人类没有必要为地球上矿产资源的枯竭而杞人忧天，同时也要看到，矿产资源过度消费导致的现有储量保障周期不断缩短，这就要求人们合理开发矿产资源，科学配置和利用有限资源。

3) 矿产资源的环境属性

矿产资源的开发利用促进了人类文明和经济社会发展，同时给人类的生存环境带来负面影响，造成植被破坏、水土流失、环境污染、地质灾害、生态恶化等，以及在加工和利用资源过程中，排放大量废弃物，造成二次污染。矿产资源作为某些毒害元素的集中载体，在地表、近地表或接近潜水面时就产生了环境效应，在后续的开发、加工和利用过程中对环境构成更大威胁。因此，了解矿产资源的环境属性，科学有效地预防、减轻和治理矿产资源在开发、加工和消费过程中的负面环境效应，是科技工作者义不容辞的任务和责任。

4. 矿产资源的分类

根据划分标准不同，矿产资源有多种分类方法。

按照矿产资源形成环境与来源，可划分为陆地矿产资源、海洋矿产资源和外星矿产资源。

按照矿产资源赋存状态，可分为固态矿产、液态矿产和气态矿产。

根据矿产资源用途不同，可分为能源矿产、金属矿产、非金属矿产和水气矿产。按照我国矿产资源统计分类法，又划分为 10 个亚类。

能源矿产：

(1) 能源矿产：煤、煤层气、石油、油页岩、天然气 (含页岩气)、泥炭、石煤、天然气水合物、天然沥青(含地蜡)、铀、钍、地热等。

金属矿产:

(2) 黑色金属矿产:铁、锰、铬、钒、钛等。

(3) 有色金属矿产:铜、锌、铝、镁、铅、镍、钴、钨、锡、铋、钼、锑、汞等。

(4) 稀有金属矿产:铌、钽、铍、锂、锆、锶、铪、铷、铯等。

(5) 稀土金属矿产:钇、钪、镧、铈、镨、钕、钷、钐、铕、钆、铽、镝、钬、铒、铥、镱、镥。

(6) 分散元素矿产:锗、镓、铟、铊、铼、镉、硒、碲等。

非金属矿产:

(7) 工业矿物:金刚石、石墨、磷、硫、钾盐、碘、溴、砷(雄黄、雌黄、毒砂)、硼、芒硝、天然碱、水晶、水镁石、纤维状水镁石、刚玉、金红石、红柱石、蓝晶石、硅线石、硅灰石、钠硝石、钾硝石、滑石、镁质黏土、白云母、金云母、碎云母、石棉、蓝石棉、锂辉石、锂云母、绿泥石、皂土、长石、橄榄石、石榴子石、锆石、叶蜡石、透闪石、透辉石、蛭石、沸石、明矾石、石膏、硬石膏、重晶石、毒重石、天青石、冰洲石、方解石、菱镁矿、萤石、电气石。

(8) 工业岩石:石灰岩、大理岩、泥灰岩、白垩、白云岩、白云石大理岩、砂、卵石、碎石、铸造用砂、长石砂岩、长石石英砂岩、石英砂、石英砂岩、石英岩、天然油石、脉石英、粉石英、硅藻土、硅质页岩、高岭土、凹凸棒石黏土、纤维状凹凸棒石、海泡石黏土、纤维状海泡石、伊利石黏土、累托石黏土、膨润土、黏土岩、铁矾土、耐火黏土、榴辉岩、蛇纹岩、绢英岩、绢英片岩、麦饭石、流纹岩、辉绿岩、玄武岩、珍珠岩、松脂岩、火山灰、火山渣、浮岩、磷霞岩、霞石正长岩、花岗石饰面石材、大理石饰面石材、板石饰面石材。

(9) 宝玉石矿产:钻石、红宝石、蓝宝石、尖晶石宝石、绿柱石宝石(含祖母绿)、金绿宝石、碧玺(电气石)、托帕石(黄玉)、石榴子石宝石、橄榄石宝石、工艺水晶、欧泊(蛋白石)、翡翠、软玉(含和田玉)、独山玉、蛇纹石玉(含岫岩玉)、石英质玉石(含玉髓、玛瑙、木变石)、绿松石等。

水气矿产:

(10) 水气矿产:地下水、天然矿泉水、地热水、含各种元素的卤水、二氧化碳气、氦气、氡气、硫化氢气等。

各国家或地区、各行业由于习惯或历史原因有着不同的分类方式,因此矿产或矿物资源分类不是绝对的。

1.1.2 矿产资源的意义

矿产资源是人类社会存在与发展的物质基础,与人类社会发展休戚相关,一部人类文明史也就是人类开发资源的历史。

矿产资源是国民经济发展的重要基础。现代社会生产中 80% 左右的原材料、80% 以上的能源、70% 左右的农业生产资料、30% 以上的饮用水来自于矿产资源。汽车制造中使用的矿产资源如图 1.1。

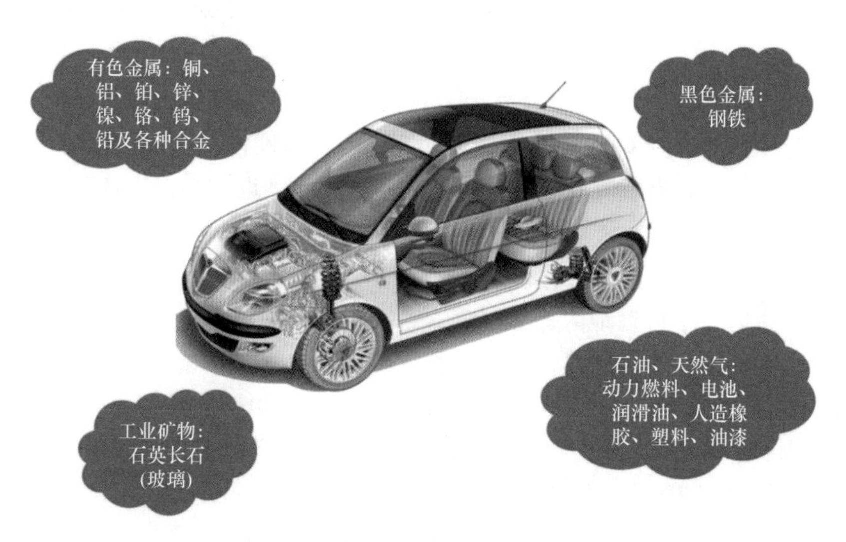

图 1.1　汽车制造中使用的矿产资源

矿产资源是大多数国家的经济支柱。例如，沙特阿拉伯石油储量占世界储量的 25%，产量占全球的 10%，石油工业为其带来巨额财富。南非则供应全球 40% 的铝硅酸盐、铬、钒及 20% 的黄金。

矿产资源是国家安全的重要保证。资源在过去、现在乃至未来都是世界纷争的重要焦点，且随着资源的日益紧张，这种争夺势必会更加激烈。加大矿产资源勘查力度，增加重要矿产资源的储量，尤其是保证战略资源如铜、铀、稀土、钨、锂、钾肥等资源的储备与自给，对于保障国家安全意义重大。

矿产资源是矿业生产的劳动对象。矿业是指在国民经济中以矿产资源为劳动对象，从事能源、金属、非金属及其他一切矿物资源的勘查、开采、选冶生产活动的产业。矿业在人类近代的经济社会发展中率先从农业中分化出来，逐渐发展成为一个独立的产业，为现代化工业的发展提供了必要的物质基础。

在我国国民经济和社会发展中，矿业对经济稳定发展具有支柱作用，是国民经济发展中的先行产业和后发经济效益辐射面宽的产业，矿业发展是实现现代化的基础和前提。

1.1.3　中国矿产资源的特点

迄今，中国已发现矿产资源 170 余种，其中探明储量的有近 160 种，是世界上矿产资源种类比较齐全的少数国家之一。我国矿产资源具有以下特点：

(1) 矿产资源总量丰富，人均资源相对不足。探明矿产地 20 多万处，20 多种矿产的储量居世界前列 (煤、稀土、钨、锡、钼、汞、锑、钛、铌、钽、石膏、膨润土、芒硝、菱镁矿、硫铁矿、磷块岩、重晶石、萤石、滑石、石墨等)，探明储量潜在价值居世界第 3 位，但人均矿产资源占有量仅为世界平均水平的一半左右，排名第五十几位；按 1km² 矿产潜在价值排名第二十多位。

(2) 优劣质并存，品位贫富不均，贫矿多，富矿少。钨、锡、稀土、钼、锑、滑石、菱镁矿、石墨等矿品质较高，铁、锰、铝、铜、磷等矿产资源贫矿和难选冶矿多。铁矿资源量450多亿吨，位居世界第4位，但绝大多数的品位小于30%，全铁品位大于55%的铁矿不到3%，需要大量从澳大利亚、巴西、印度、南非、秘鲁进口。我国锰矿石中贫矿接近95%；铝土矿中几乎全部为耗能大的一水硬铝石，一水软铝石不到2%；铜矿石中绝大部分品位在1%以下；我国优质金矿资源已近枯竭，细贫杂难处理金矿占比越来越高。

(3) 矿产的地域分布极不均衡。北方富煤，南方富磷，需“南磷北运，北煤南调”；许多重要矿产资源位于边远地区，如西藏的铬铁矿、铜矿，新疆的石油和镍矿，广西、云南和贵州的锰、锡、铝土矿等，受交通条件、自然地理条件等影响，开采较为困难。

(4) 共生、伴生矿多，单矿种矿床少。80%以上矿床由两种至十多种元素组成，选冶难度大。铜矿床中，3/4以上为多组分的综合矿；金矿总储量中，伴生金占1/3；银矿总储量中，伴生银占2/3。

(5) 中小型矿床多，大型 - 超大型矿床少。已探明的矿床中，2/3为小型，1/4为中型，大型以上矿床仅约占1/10。大型 - 超大型矿床对于改变一个国家的资源状况具有举足轻重的地位。

(6) 紧缺矿种的资源形势十分严峻。我国明显劣势矿产主要为富铜、富铁、金、铂族、铀、铬、钾盐、金刚石等。铁矿石、铜矿石、锰矿石、铬铁矿、铝土矿等进口持续增加，铁、铜、铝、钾对外依存度均超50%。在45种主要矿产中，难以保证消费需求的就达36种，严重威胁国家安全和经济发展。

1.2 岩　石

地球由地核、地幔与地壳构成，人类目前所能开采的矿产资源全部产自于地壳，地壳是由岩石构成的，矿产资源与岩石存在着极为密切的关系，全面理解矿产资源的概念必须从岩石开始。

地壳中的岩石分为三类：岩浆岩、沉积岩、变质岩。

1.2.1 岩浆岩

岩浆岩也称火成岩，是由岩浆凝结形成的岩石，约占地壳总体积的65%。岩浆 (图1.2) 是在地壳深处或上地幔产生的高温炽热、黏稠、含有挥发分的硅酸盐熔融体，是形成各种岩浆岩和岩浆矿床的母体。岩浆的发生、运移、聚集、变化及冷凝成岩的全部过程称为岩浆作用。

SiO_2是岩浆岩中最主要的一种氧化物，根据SiO_2含量，可以把岩浆岩分成四大类：超基性岩 ($SiO_2 \leqslant 45\%$)、基性岩 (SiO_2 45% ～ 52%)、中性岩 (SiO_2 52% ～ 66%) 和酸性岩 ($SiO_2 \geqslant 66\%$)。

最常见最典型的岩浆岩有花岗岩、玄武岩、安山岩、橄榄岩。

图 1.2 岩浆

1. 花岗岩

花岗岩是深成岩浆岩，是由地下深处炽热的岩浆上升失热冷凝而成，其凝结部位一般在距地表 3km 以下。花岗岩岩浆冷凝成岩并隆起成山，由此造就了泰山、九华山、天柱山、三清山、黄山、华山、普陀山等很多名山大川。花岗岩地貌与花岗岩如图 1.3。

图 1.3 花岗岩地貌与花岗岩

三清山地处古地质板块间不安分的碰撞对接带，褶皱和断裂发育，岩浆活动频繁，经过燕山期运动、喜马拉雅期的造山运动，山岳进一步大幅度抬升，断层、解理及裂隙异常发育，风化剥蚀和流水冲刷形成其特有的花岗岩峰林。黄山属于构造侵蚀与冰川侵蚀叠加地质成因，主要是在区域性块状隆升背景上，以构造切割、冲刷侵蚀作用为主，后又受冰川刨蚀，山势俊俏，其花岗岩峰林规模不大。华山以构造切割、冲刷侵蚀作用为主，以高峰陡崖绝壁山体为特点，以险峻著称。天柱山类似于华山，化学风化作用较强，形成浑厚山体与陡坡、崖壁组合，以雄伟著称。普陀山的成因与古太平洋板块向西俯冲作用有关，以浑圆状花岗岩低丘和花岗岩石蛋为特色。类似的还有福建的鼓浪屿、万石山、平潭岛等。这类花岗岩以海蚀风化作用为主，化学风化作用较强，以大型球状风化丘陵和多种石蛋、柱状石林和石峰造型为多。

花岗岩的种类比较多，按照所含的矿物种类可分为：黑云母花岗岩、白云母花岗岩、二云母花岗岩、角闪石花岗岩等；按照岩石的结构、构造可分为细粒花岗岩、中粒花岗岩、粗粒花岗岩、斑状花岗岩和片麻状花岗岩等。

2. 玄武岩

玄武岩是一种基性喷出岩，是由火山喷发出的岩浆在地表冷却后凝固而成的一种致密状或泡沫状结构的岩石。其岩石结构常具气孔状、杏仁状构造和斑状结构，有时带有大的矿物晶体，未风化的玄武岩主要呈黑色和灰色，也有黑褐色、暗紫色和灰绿色的，它们是岩浆岩最常见的一种。玄武岩地貌与玄武岩如图 1.4。

图 1.4 玄武岩地貌与玄武岩

镜泊湖是最具代表性也是最奇特的玄武岩地貌 (图 1.5)。

图 1.5 镜泊湖玄武岩地貌

镜泊湖属于新生代第三纪中期所形成的断陷谷地，第四纪晚期湖盆北部发生断裂，西北部的火山群自 100 万年前不断喷发，形成了一条长达百余里的玄武岩台地，五次大规模火山喷发的岩浆熔岩阻塞形成了世界第二大高山堰塞湖。由于其独特的地质特征被联合国教育、科学及文化组织列为世界地质公园，不仅可供欣赏，也是了解研究玄武岩的最佳课堂。

火山口森林深陷地面之下百余米，故称之为地下森林。漫步在森林中可见喷薄而出的岩浆所形成的流动构造、熔岩隧道和玄武岩“瀑布”。熔岩隧道是靠近地表的岩浆急速冷凝而形成的一层硬壳，下面的岩浆仍处于熔融流动状态，最终留下来一条巨大的流动通道，隧道岩壁的玄武岩特征非常典型。

3. 安山岩

安山岩是造山带内分布最广的一种火山岩，是中性的钙碱性喷出岩，与闪长岩成分相当，因大量发育于美洲的安第斯山脉而得名。多呈岩被、岩流、岩钟侵出相产出，与其有关的矿产有铜、铅、锌、金(银)等。安山岩分布于环太平洋活动大陆边缘及岛弧地区，产状以陆相中心式喷发为主，有的呈岩钟、岩针侵出相产出。安山岩火山的高度最大，一般高 500 ～ 1500m，个别可达 3000m 以上。北美地区和中美地区的大多数科迪勒拉山系都是主要由安山岩组成的，整个环太平洋盆地边缘的火山中有大量的安山岩。培雷火山、苏弗里耶尔火山、喀拉喀托火山、磐梯火山、富士山、波波卡特佩特尔火山、诺鲁霍伊火山、沙斯塔山、胡德火山和亚当斯火山等都喷发大量的安山岩浆。由于安山岩浆的黏度比玄武岩浆大得多，不容易形成溢流，常喷发形成边坡比较陡的大型火山，以日本富士山(图 1.6)和意大利维苏威火山最为著名。

图 1.6 安山岩地貌与安山岩

安山岩和玄武岩之间往往呈现过渡关系，在产状上也常共生，用一般方法区分它们是比较困难的，可把这种过渡性岩石定为玄武 - 安山岩或安山 - 玄武岩。

安山岩线是安山岩独有的特征，是在活动大陆边缘、分隔不同岩石系列的一条岩相地理分界线，又称马绍尔线，是板块俯冲作用的结果。在此线一侧出现以蛇绿岩套为代表的拉斑玄武岩系列，靠陆地一侧分布有以安山岩、石英闪长岩和花岗闪长岩为主的钙碱性岩浆岩系列。在环太平洋边缘，安山岩线大致位于从阿拉斯加经日本岛弧、马里亚纳海沟、帕劳群岛、俾斯麦群岛、斐济和汤加群岛至新西兰和查塔姆岛一线。

4. 橄榄岩

橄榄岩是超基性岩的一种，是一种深色粗粒且比较重的岩石，含橄榄石 40% ～ 90%，富含铁、镁等矿物。天然金刚石产于金伯利岩中，而金伯利岩是由橄榄岩变质而成，所以橄榄岩是天然金刚石的主要来源。未经风化或氧化的橄榄岩呈橄榄绿色或近于黑色，如图 1.7。在地表极易风化

图 1.7 橄榄岩

而形成蛇纹岩，在潮湿、温暖的环境中会被风化成土壤。在我国西藏、内蒙古、宁夏、山东及祁连山脉等地区均有分布。

橄榄岩是一种良好的建筑与装饰材料，适合做工艺雕刻石料。橄榄岩工艺石材主要有四川米仓山的米仓黑、安徽岳西黑、云南华坪黑、四川飞花墨子玉等。米仓黑含有橄榄石 30% ～ 95%、辉石≤ 55%、基性斜长石≤ 30%。在飞花墨子玉的黑绿色基底中，半自形的淡紫色钛辉石宛若纷飞的紫色花絮，装饰效果极佳。

值得一提的是，科学家在阿曼和世界其他地区发现橄榄岩可以吸收数量巨大的二氧化碳，一旦这类橄榄岩暴露于空气中，会迅速与二氧化碳反应形成类似石灰岩或大理石一类的稳定岩石，橄榄岩中的矿物质与二氧化碳的反应速度 10 倍于其与地下其他结构的反应速度，这一发现有望让人们将二氧化碳送入地下橄榄岩层。

1.2.2 沉积岩

沉积岩又称水成岩，是指在地表不太深的地方，其他岩石的风化产物和一些火山喷发物，经过水流、风或冰川的搬运作用、沉积作用和成岩作用形成的岩石 (图 1.8)。其沉积物是陆地或水盆地中的松散碎屑物，如砾石、砂、黏土、灰泥和生物残骸等，主要为母岩风化的产物，其次是火山喷发物、有机物和宇宙物质等。

图 1.8 沉积岩地貌与沉积岩

沉积岩分布在地壳的表层，陆地表层有 70% 是沉积岩，但如果按从地球表面到 16km 深的整个岩石圈算，沉积岩只占 5%，其余两类岩石约占 95%。沉积岩种类很多，其中最常见的是页岩、砂岩和石灰岩，占沉积岩总数的 95%，其余 5% 包括角砾岩、砾岩、粉砂岩、泥岩等。沉积岩地层中蕴藏着绝大部分矿产，如能源、非金属、金属和稀有元素矿产，沉积岩中所含有的矿产占世界矿产总蕴藏量的 80%。相较于岩浆岩及变质岩，沉积岩中的化石所受破坏较少，也较易完整保存，存在丰富的化石群，因此对考古学来说是十分重要的研究对象。

1. 页岩

页岩是具有薄页状或薄片层状节理 (裂隙)，由黏土沉积，在压力和温度作用下，经压实作用、脱水作用、重结晶作用后形成的，混杂有石英、长石的碎屑以及其他化学物质的一类岩石。页岩地貌与页岩如图 1.9。

图 1.9 页岩地貌与页岩

页岩形成于静水的环境中，泥沙经过长时间的沉积，所以经常存在于湖泊、河流三角洲地带，在海洋大陆架中也有页岩的形成。页岩中经常包含有古代动植物的化石，有时也有动物的足迹化石，甚至古代雨滴的痕迹都可能在页岩中保存下来。页岩硬度低，很容易分裂成为明显的岩层或碎片，抵抗风化的能力弱，在地形上往往因侵蚀形成低山、谷地。页岩不透水，往往成为隔水层。

页岩类型多，主要有黑色页岩、碳质页岩、硅质页岩、油页岩、铁质页岩和钙质页岩等。黑色页岩含较多的有机质与细分散状的硫化铁，有机质含量达 3% ～ 10%，外观与碳质页岩相似，区别在于黑色页岩不染手。碳质页岩含有大量已碳化的有机质，常见于煤系地层的顶底板。硅质页岩含有较多的玉髓、蛋白石等。油页岩含一定数量干酪根，层理发育，燃烧有沥青味。铁质页岩含少量铁的氧化物、氢氧化物等，多呈红色或灰绿色。钙质页岩含 $CaCO_3$，但不超过 25%，否则过渡为泥灰岩类。

2. *砂岩*

砂岩是石英、长石等碎屑成分占 50% 以上的沉积碎屑岩，是原岩经风化、剥蚀、搬运在盆地中堆积形成。砂岩按其沉积环境可划分为石英砂岩、长石砂岩和岩屑砂岩三大类。砂层和砂岩构成石油、天然气和地下水的主要储集层。一定产状的砂层和砂岩中富含砂金、锆石、金刚石、钛铁矿、金红石等砂矿。

砂岩结构稳定，通常呈淡褐色或红色，具有无污染、无辐射、无反光、不风化、不变色、吸热、保温、防滑等特点，是良好的建筑与装饰材料 (图 1.10)。

图 1.10 砂岩地貌与砂岩建筑

世界上已被开采利用的有澳洲砂岩、印度砂岩、西班牙砂岩和中国砂岩等。我国的建筑砂岩主要集中在四川、云南和山东三大产区。四川砂岩属于泥砂岩，其颗粒细腻，质地较软，非常适合作为建筑装饰用材，特别是用作雕刻石材。四川砂岩的颜色丰富，有红色、绿色、灰色、白色、玄色、紫色、黄色、青色等。云南砂岩同属泥砂岩，颗粒细腻，质地较软，纹理更加漂亮，常见有黄木纹砂岩、山水纹砂岩、红砂岩、黄砂岩、白砂岩和青砂岩。山东砂岩属于海砂岩，颗粒比较粗，硬度大，比较脆，能进行几乎所有的表面加工。

砂岩是使用最广泛的一种建筑用石材。几百年前用砂岩装饰而成的建筑至今仍风韵犹存，如巴黎圣母院、卢浮宫、白金汉宫、美国国会大厦和哈佛大学等。砂岩以其高贵典雅的气质以及坚硬的质地成就了世界建筑史上一朵朵奇葩。

3. *石灰岩*

湖海中所沉积的碳酸钙在失去水分以后，紧压胶结起来而形成的岩石称为石灰岩，其矿物成分主要是方解石。绝大多数石灰岩的形成与生物作用有关，生物遗体堆积而成的石灰岩有珊瑚石灰岩、介壳石灰岩、藻类石灰岩等，总称生物石灰岩。由水溶液中的碳酸钙经化学沉淀而成的石灰岩称为化学石灰岩，如普通石灰岩、硅质石灰岩等。石灰岩地貌与石灰岩如图 1.11。

图 1.11 石灰岩地貌与石灰岩

按沉积地区不同，石灰岩又分为海相沉积和陆相沉积，前者居多；按成因不同，石灰岩可分为生物沉积、化学沉积和次生灰岩三种；按矿石中所含成分不同，石灰岩可分为硅质石灰岩、黏土质石灰岩和白云质石灰岩三种。由生物作用生成的石灰岩中常含有丰富的有机体残骸。石灰岩中一般含有一些白云石和黏土矿物：当黏土矿物的含量达到 25% ～ 50% 时，称为泥质岩；当白云石的含量达到 25% ～ 50% 时，称为白云质石灰岩。

石灰岩是地壳中分布最广泛的矿产之一，其岩性均一，易于开采加工，是优质的建筑材料。我国石灰岩矿产资源十分丰富，作为水泥、溶剂和化工用的石灰岩矿床已达八百余处，遍布全国。

1.2.3 变质岩

固态的岩石在地球内部的压力和温度作用下，发生物质成分的迁移或重结晶，所形成的新矿物组合称为变质岩。变质岩是组成地壳的三大岩石之一。变质是由一种岩石自然变成另一种岩石的过程，可以是重结晶、矿石纹理或颜色改变，也可以是在地球内部能量作用下，引起岩石组构或成分改变而形成新型岩石，如普通石灰石由于重结晶变成大理石。变质岩的岩性特征具有一定的继承性，同时体现变质作用，含有变质矿物和定向构造等。

变质作用于岩浆岩而形成的变质岩称为正变质岩，变质作用于沉积岩而形成的变质岩称为副变质岩，大面积变质的岩石称为区域变质岩。如果是因为岩浆涌出造成周围岩石的变质称为接触变质岩，如果是因为地壳构造错动造成的岩石变质称为动力变质岩。

区域变质岩一般在地盾的出露面积很大，分布常为几万至几十万平方千米，有时可达百万平方千米以上，约占大陆面积的18%。

原岩受变质作用的程度不同，分为低级变质、中级变质和高级变质。变质级别越高，变质程度越深。例如，沉积岩黏土质岩石在低级变质作用下形成板岩，在中级变质时形成云母片岩，在高级变质作用下形成片麻岩。

由于变质作用方式以及受变质的原岩不同，形成的变质岩种类繁多，主要有大理岩、夕卡岩、片麻岩、石英岩、片岩、板岩、蛇纹岩、千枚岩等。

变质岩在地壳中分布很广，前寒武纪的地层绝大部分由变质岩组成，古生代以后，各个地质时期的地壳活动带中一些侵入体的周围以及断裂带内均有变质岩的分布。变质岩分布区矿产非常丰富，世界上发现的各类矿产在变质岩系中几乎都有，其中不乏许多特大型矿床，如金、铁、铬、镍、铜、铅、锌矿等，这些矿床主要分布于前寒武纪变质岩中，其成因大多与变质岩的形成有关。其他如与夕卡岩有关的铁矿床、铜铅锌等多金属矿床，与云英岩有关的钨锡钼铋铍钽矿床等，也与变质岩的形成有关，世界上探明铁矿总储量的一半以上为前寒武纪变质铁矿。

1. *片麻岩*

片麻岩是具片麻状或条带状构造的变质岩。原岩有黏土岩、粉砂岩、砂岩和酸性、中性的岩浆岩。具粗粒的鳞片状变晶结构，其矿物成分主要由长石、石英和黑云母、角闪石组成，次要矿物成分则视原岩的化学成分而定，如红柱石、蓝晶石、阳起石、堇青石等。片麻岩根据矿物成分细分为多种，如花岗片麻岩、黑云母片麻岩。由岩浆岩变质而成的称为正片麻岩，由沉积岩变质而成的称为副片麻岩。片麻岩是区域变质作用中颇为常见的变质岩(图1.12)。

图1.12 片麻岩地貌与片麻岩

2. 大理岩

大理岩因盛产于云南大理而得名，是接触热变质岩，由碳酸盐岩石经重结晶作用变质而成，具粒状变晶结构，块状或条带状构造。由于它的原岩石灰岩中含有少量的铁、镁、铝、硅等杂质，因而在不同条件下形成不同特征的变质矿物。多呈白色，除纯白色外，还有各种美丽的颜色和花纹，常见的颜色有浅灰、浅红、浅黄、绿色、褐色、黑色等。产生不同颜色和花纹的主要原因是大理岩中含有少量的有色矿物和杂质。例如，大理岩中含锰方解石为粉红色，含石墨为灰色，含蛇纹石为黄绿色，含绿泥石、阳起石和透辉石为绿色，含金云母和粒硅镁石为黄色，含符山石和钙铝榴石为褐色等。有些大理岩洁白的质地衬托出幽雅柔和的色彩，构成天然的图案花纹，令人们想象出一幅又一幅诗情画意的图卷，大理石因此成为高级建筑石材或高级家具的装饰性镶嵌材料，文人墨客给加工石面取了许多浪漫的景名——潇湘夜雨、千峰夕照、平沙落雁等。洁白细粒状大理岩俗称汉白玉，常用于工艺雕刻或用作建筑材料。古今中外大理岩建筑琳琅满目，古雅典的神庙、罗马神殿、印度泰姬陵、巴黎凯旋门、英国白金汉宫、意大利比萨斜塔、北京故宫等，富丽堂皇，美轮美奂。大理岩地貌与大理岩建筑如图 1.13。

图 1.13　大理岩地貌与大理岩建筑

大理岩常见于区域变质的岩系中，也有不少见于侵入体与石灰岩的接触变质带中，主要矿物为方解石、白云石，次要矿物为透闪石、透辉石、蛇纹石、绿帘石、符山石、橄榄石等。我国大理岩分布广泛，在辽宁连山关、北京房山、新疆哈密、四川南江、云南大理、湖北大冶、江苏镇江、山东莱阳、河南南阳、广东云浮和福建南平等地均有分布，特别是云南大理地区的大理岩久享盛名。

3. 千枚岩

千枚岩是具有千枚状构造的低级变质岩石，原岩通常为泥质岩石、粉砂岩及中酸性凝灰岩等，经区域低温动力变质作用或区域动力热流变质作用形成。显微变晶片理发育面上呈绢丝光泽，变质程度介于板岩和片岩之间。千枚岩分布广泛，不同地质时代均有形成。变质岩地貌与千枚岩如图 1.14。

图 1.14 变质岩地貌与千枚岩

典型的矿物组合为绢云母、绿泥石和石英，常为细粒鳞片变晶结构，粒度小于0.1mm，在片理面上常有小皱纹构造。因原岩类型不同，矿物组合也有所不同，从而形成不同类型的千枚岩。例如，黏土岩可形成硬绿泥石千枚岩，粉砂岩可形成石英千枚岩，酸性凝灰岩可形成绢云母千枚岩，中基性凝灰岩可形成绿泥石千枚岩等。

千枚岩的主要类型包括绢云千枚岩、绿泥千枚岩、石英千枚岩、钙质千枚岩、碳质千枚岩等。根据千枚岩的颜色、特征矿物、杂质组分及主要鳞片状矿物结构等，进一步细分为银灰色绢云母千枚岩、灰黑色碳质千枚岩及灰绿色硬绿泥石千枚岩等。

1.3 矿床与矿物

1.3.1 矿床与矿体

1. *矿床*

矿床是矿产在地壳内或地表的集中产地。确切地说，矿床是指自然界(地壳内或地表)产出的、由地质作用形成的、其所含有用矿物资源的质和量在当前经济技术条件下能被开采利用的综合地质体，分为同生矿床、后生矿床、叠生矿床。

同生矿床的矿体与围岩是在同一地质作用过程中，同时或近于同时形成。由沉积作用形成的沉积矿床以及在岩浆结晶分异过程中形成的岩浆分结矿床等，都属于同生矿床。

后生矿床是指矿体的形成明显晚于围岩的一类矿床，即矿体和围岩是由不同地质作用和在不同时期形成的。例如，沿地层层理面或穿切层理的各种热液矿脉，属后生矿床。

叠生矿床是指由先期地质作用形成的矿床，又叠加了后期发生的成矿作用而形成的具有双重(或多重)成因的矿床。由于先形成的矿床在遭受后期的岩浆、热液作用时，在物质成分、结构构造、矿体形态等方面发生改造，因此叠生矿床又称为叠加改造矿床。例如，在长江中下游铁、铜、金成矿带，石炭纪沉积的黄铁矿矿床常被燕山期的岩浆-热液的铜、金矿化作用所叠加，形成了两个时代、两种不同成矿作用叠加的叠生矿床。

2. *矿体*

矿体是矿床的基本组成单位，是开采和利用的对象。确切地说，矿体是指地壳内或地表自然产出的、由地质作用形成的、具有一定形状和产状的含有元素、化合物、矿物、矿物组合等有用组分的集合体。一个矿床可以由一个或多个矿体构成。矿体具有一定形状与产状。

矿体的形状代表其在三度空间的延伸情况，分为等轴状、板状、柱状和不规则状。

(1) 等轴状矿体。三轴在三度空间大致均衡延伸。直径数十米的称为矿瘤，直径数米的称为矿巢，直径更小的称为矿囊和矿袋，中间厚边部薄的称为透镜状或扁豆状矿体。

(2) 板状矿体。长度和宽度延伸较大、厚度较小的矿体，分为矿脉、矿层。

矿脉是产在各种岩石裂隙中的板状矿体，为典型的后生矿床，根据矿脉与围岩的关系，分为层状矿脉和切割矿脉。前者指与层状岩石的层理产状相一致的矿脉，是顺层充填和交代作用的产物；后者指产在岩体中的或穿切层状岩石层理的矿脉。矿脉的规模不等，大者可延长千米以上，一般在几十米至几百米之间。厚度通常为几十厘米至几米，有的可达十几米至几十米。延深一般几十米至几百米，少数可达千米以上。

矿层指沉积生成的板状矿体，矿体与岩层是在相同的地质作用下同时形成的，二者产状一致，多属同生矿床，基性 - 超基性杂岩中的铬铁矿为典型的矿层。矿层的厚度较为稳定，走向延伸较大，可达几千米到数十千米，倾向延伸可与走向长度相仿，厚度常达数米至数百米。

(3) 柱状矿体。垂向延伸很大、长宽较小的矿体，也称筒状矿体或管状矿体。

(4) 不规则状矿体。主要包括网状矿体和梯状矿体。

矿体的产状是指矿体产出的空间和地质环境，包括矿体的空间位置、埋藏情况、矿体与母岩或围岩的空间关系、矿体与围岩层理和片理的关系、矿体与地质构造的空间关系等。

矿体的空间位置用走向、倾向和倾角确定 (图 1.15)。

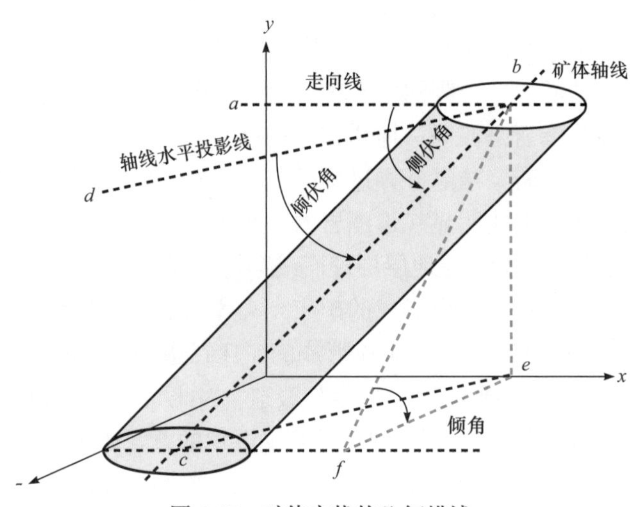

图 1.15　矿体产状的几何描述

侧伏角 (∠*abc*) 是指矿体的最大延伸方向 (矿体轴线) 与走向线之间的锐夹角；倾伏角 (∠*dbc*) 则指矿体的最大延伸方向与其水平投影线之间的锐夹角；倾角 (∠*bfe*) 是矿体最大倾斜线与其在水平面上投影线之间的夹角。

矿体的埋藏情况指矿体出露地表还是隐伏于地下，埋藏深度如何等，其相对应为露天矿、隐伏矿 (盲矿)。矿体与母岩或围岩的空间关系指矿体产于岩体内、接触带，或侵入体的围岩之中等。矿体与围岩层理、片理的关系指矿体沿层理、片理整合产出，还是穿切层理或片理。矿体与地质构造的空间关系则指矿体在构造中的位置，与褶皱和断裂在空间上的关系等。

3. 围岩

矿体周围的岩石称为围岩，是指在当前技术经济条件下，矿体周围无实际开采利用价值的岩石，包括顶板和底板。矿体与围岩的界线可以是清晰的 (如脉状矿体)，也可以是模糊、逐渐过渡的，如斑岩型矿床的矿体，其矿石往往具有细脉浸染状构造，肉眼很难区别矿体与围岩的界线，需要依据矿石的化学分析结果、矿石的品位指标才能圈定矿体与围岩的界线。矿体与围岩共同构成矿床 (图 1.16)。

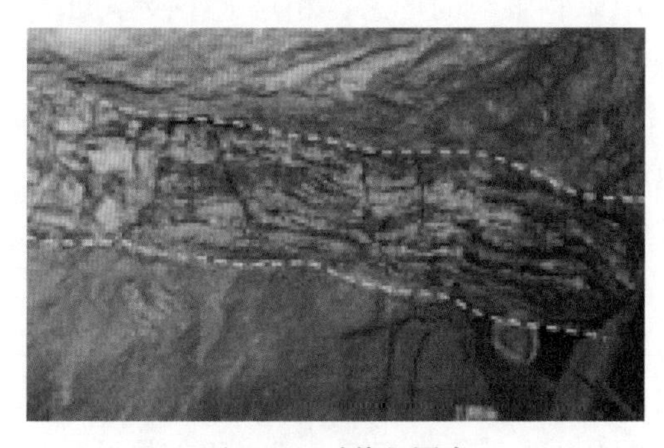

图 1.16　矿体与围岩

为矿床形成过程中提供主要成矿物质的岩石称为母岩，也称为原岩或矿源岩 (层)，它与矿床在空间上和成因上有着密切的联系。

1.3.2　矿石与矿物

1. 矿石与脉石

1) 矿石

矿石是从矿体中开采出来的，从中可提取有用组分 (元素、化合物或矿物) 的矿物集合体，由矿石矿物和脉石矿物构成。矿石矿物是矿石中可被利用的金属或非金属矿物，也称有用矿物。脉石矿物是矿石中不能被利用的矿物，也称无用矿物。

按矿石中有用矿物的工业性能可分为金属矿石和非金属矿石；按矿石中所含有用矿物或金属元素的多少可分为简单矿石 (如钨矿石、汞矿石等) 和综合矿石 (如铅锌矿石、钨锡矿石等)；按矿石中有用成分含量的多少可分为贫矿石 (如条带状贫磁铁矿矿石，含铁 30% 左右) 和富矿石 (如致密块状磁铁矿矿石，含铁 60% 左右)；按矿石的结构构造可分为致密块状矿石、浸染状矿石、条带状矿石、角砾状矿石等；按矿石风化程度不同可分为原生矿石、氧化矿石和混合矿石。

2) 脉石

脉石泛指矿体中的无用物质，包括围岩的碎块、夹石和脉石矿物，它们通常在开采和选矿过程中被废弃掉。

3) 夹石

夹石指矿体内部不符合工业要求的岩石，它的厚度超过了允许的范围，直接从矿体中剔除。

由此可知，矿石矿物与脉石矿物组成矿石，矿石与脉石构成矿体，矿体与围岩组成矿床。

2. 矿石的组构

矿石结构与矿石构造统称为矿石组构。

1) 矿石结构

矿石结构是指矿石中矿物颗粒的形态、相对大小及空间上的相互结合关系。主要包括：

等粒结构。颗粒比较匀称、大小比较相近的单矿物和复矿物集合体组成的矿石结构。有半自形粒状结构、他形粒状结构、海绵陨铁结构等。

不等粒结构。较细的基质里发育着较大的矿物颗粒，或反之。有斑状结构、嵌晶结构、乳浊结构等。

片状结构。单矿物或多矿物矿石基质中全部或绝大部分颗粒为片状。

纤维状结构。组成矿石的矿物集合体为纤维状组织。

环带状结构。矿物析出物由于依次沉淀，或由于较早的矿物被较晚的矿物所交代而形成交替出现的环带。

交代结构。晚期矿物沿着早期矿物的范围交代发育而成。

胶状结构。在胶体成矿时析出矿物的各个阶段中产生。

2) 矿石构造

矿石构造是指组成矿石的矿物集合体的形态、相对大小及空间上的相互组合关系。主要包括：

块状构造。有用矿物集合体在矿石中占大部分 (80% 以上)，呈无空洞的致密状，矿物排列无方向性者，即为块状构造。其颗粒有粗大、细小、隐晶质等几种，若为隐晶质者称为致密块状构造。

斑点状构造。矿石矿物在脉石矿物中形成的断续不规则堆积体，包括斑点状、斑杂状、浸染状构造等。

带状构造。各种矿物的带交互出现。对沉积矿床来说是层状构造；对变质矿床来说是片麻状、片状、皱纹构造；对岩浆成因矿床是皮壳状、流状构造。

破碎构造。在多阶段成矿的矿床中常常出现，是先期形成的矿石在构造动力作用下破碎后，被后续造矿物质所胶结而形成的一种构造，包括角砾状、似角砾状构造等。

骨架状构造。常见于氧化带，由分布较规则的固体矿物构成骨架，骨架的网孔在某种程度上充填有疏松的矿物质。

细脉状构造。由网状、交切或似平行细脉群形成的构造。

此外还包括梳状构造、鲕状构造、胶状构造等。

3. 矿石品位与品级

1) 矿石品位

矿石质量的好坏一般用矿石品位衡量，矿石品位是指矿石中有用组分的含量。源于行业习惯或技术发展历史，矿石品位的单位有所不同。多数金属矿产如铜、铅、锌等，以其中金属元素含量的质量百分比表示；部分金属矿产如 WO_3、V_2O_5 等，以其中氧化物的质量百分比表示；大多数非金属矿产如光卤石、明矾石等，以其中有用矿物或化合物的质量百分比表示；贵金属矿产以 g/t 表示；原生金刚石则以 ct/m^3 表示；砂矿以 g/m^3 或 kg/m^3 表示。

矿石的品位分为边界品位和工业品位。边界品位是依据矿石种类和开采价值划分矿与非矿的最低品位，即圈定矿体的最低品位，凡未达到此指标的称岩石或矿化岩石。例如，一水硬铝石的边界品位，铝硅比为 1.8 ～ 2.6，$Al_2O_3 \geqslant 40\%$；铜硫化物矿石坑采的边界品位为 0.2% ～ 0.3%，露天采矿为 0.2%，工业品位为 0.4% ～ 0.5%；铜的氧化物矿石则不分坑采、露采，边界品位为 0.5%，工业品位为 0.7%；钼硫化矿石露采的边界品位为 0.03% 、坑采为 0.03% ～ 0.05%。平均品位是指矿体、矿段或整个矿区达到工业储量的矿石总平均品位，用以衡量矿产的贫富程度。工业品位或称临界品位，是工业上可利用的矿段或矿体的最低平均品位，即在当前技术经济条件下，开发利用在技术上可能、经济上合理的最低品位。例如，一水硬铝石的工业品位，铝硅比露采 ≥ 3.5，坑采 ≥ 3.8，$Al_2O_3 \geqslant 55\%$；铜矿的工业品位，硫化矿石坑采 0.4% ～ 0.5%，露采 0.4%，氧化矿石 0.7%；钼矿的工业品位，露采 0.06%，坑采 0.06% ～ 0.08%。

矿石品位越高，利用价值越大，各项生产技术指标越好；品位越低，利用价值越小，各项生产技术指标越差。不同国家和地区、不同矿产资源对其品位的要求指标不尽相同。例如，我国规定铁矿石的工业品位为 20% ～ 60%，锰矿石含锰量在 20% ～ 25% 以上，铝土矿中氧化铝量应在 40% 以上等。工业品位的确定与矿床特征、开采条件、矿石类型及其选冶加工技术性能有着密切的关系，并随着科学技术的进步和市场的需求而变化，是一个动态的历史概念。例如，随着矿产资源的枯竭，铜矿石的工业品位由最初的 10% 下降到现在的 0.4%。一般将品位高的矿石称为富矿，反之称为贫矿。

此外，决定矿物工业品位的因素还包括：①矿床的规模大小，如大型钼矿 0.06%，小型钼矿 0.2%；②矿石综合利用的可能性，如有益的伴生元素能提高矿石价值，对矿石品位的要求会降低；③矿石的工艺技术条件，如不易冶炼的钛铁矿矿石 TiO_2 8% ～ 10%，易冶炼的金红石 TiO_2 3% ～ 4%。

2) 矿石品级

矿石质量评价指标中除了品位以外，还要评价其品级。矿石的品级也称技术品级，是按工业加工利用过程中矿石的品位及有益和有害组分的含量综合确定的。例如，磁铁矿矿石在工业上可分为平炉富矿石 TFe > 55%、高炉富矿石 TFe > 50%、需选矿的贫矿石 TFe > 20% ～ 25%。

有益组分是指可以回收的伴生组分或者能改善产品性能的组分。例如，铁矿石中的伴生锰、钒、铌、稀土，铜矿石中的伴生钴、镍、金、银等，铅锌矿石中的伴生金、银等。有害组分是指对矿石加工利用有害的元素。例如，铁矿石中的硫使钢高温变脆，磷使钢低温变脆。

非金属矿石是根据矿石或矿物的工艺技术特性以及不同的用途和加工方法划分品级的，如压电石英、云母、石棉等。

4. 矿物

1) 矿物的概念

矿物是由地质作用形成的具有相对固定的化学成分和确定的晶体结构的天然单质或化合物。矿物是组成岩石和矿石的基本单元。矿物一般具有特定的外形、颜色与光泽、划痕、硬度、解理与断口。例如天然白云母 (图 1.17) 与金刚石矿 (图 1.18)。

图 1.17　天然白云母

图 1.18　金刚石矿

常见矿物有石墨 C、方铅矿 PbS、黄铜矿 $CuFeS_2$、黄铁矿 FeS_2、赤铁矿 Fe_2O_3、磁铁矿 Fe_3O_4、萤石 CaF_2、磷灰石 $Ca_5[PO_4]_3(F, Cl, OH)$、石膏 $CaSO_4 \cdot 2H_2O$、石英 SiO_2、白云母 $KAl_2[AlSi_3O_{10}](OH)_2$、黑云母 $K(Mg, Fe)_3[AlSi_3O_{10}](OH)_2$、斜长石 $Na[AlSi_3O_8]$-$Ca[Al_2Si_2O_8]$、普通角闪石 $(Ca, Na)_{2\sim3}(Mg, Fe)_4(Fe, Al)[(Al, Si)_4O_{11}](OH)_2$、正长石 $K[AlSi_3O_8]$、普通辉石 $(Ca, Na)(Mg, Fe, Al, Ti)[(Si, Al)_2O_6]$、橄榄石 $(Mg, Fe)_2[SiO_4]$、石榴子石 $(Ca, Mg)_3(Al, Fe)_2[SiO_4]_3$、方解石 $CaCO_3$ 等。

2) 矿物的分类

矿物一般分大类 - 类 - (亚类) - 族 - (亚族) - 种 - (亚种)。其分类方法包括矿物的应用分类、晶体化学分类、化学成分分类、光性分类、物性分类。

矿物的应用分类。按矿物的商业用途分为金属矿物和非金属矿物两大类。金属矿物又分为黑色金属矿物、有色金属矿物、特种金属矿物、放射性金属矿物、稀有及稀土金属矿物、贵金属矿物等。非金属矿物分为化工原料矿物、耐火材料矿物、冶金辅助原料矿物、陶瓷及玻璃原料矿物、农业原料矿物、研磨材料矿物、建筑材料矿物、光学电工材料矿物、宝石工艺材料矿物、天然颜料矿物等。

晶体化学分类。这一分类是目前矿物学中较为通行的分类方法，基于矿物的特性是由其化学组成和晶体结构决定的。该分类便于阐明各类矿物的共同性质，便于说明自然界化学元素相互间的结合规律，便于解释矿物的形成条件以及地球化学特性。

本教材采用晶体化学分类。具体如下：

(1) 含氧盐大类。硅酸盐类，碳酸盐类，硫酸盐类，磷酸盐类。其中，硅酸盐类分为：岛状硅酸盐亚类，环状硅酸盐亚类，链状硅酸盐亚类，层状硅酸盐亚类，架状硅酸盐亚类。

(2) 氧化物和氢氧化物大类。氧化物类，氢氧化物类。

(3) 卤化物大类。氟化物类，氯化物类。

(4) 硫化物大类。单硫化物类，复硫化物类。

(5) 自然元素大类。自然元素类。

3) 矿物的命名

矿物种是指具有确定的晶体结构和相对固定的化学成分的一类矿物。例如金刚石、黄铁矿都是矿物种的名称。

矿物种的确定原则：同质多象化合物为不同矿物种，如金刚石、石墨；多型化合物属于同一矿物种，如石墨的 2H、3R 多型；类质同象化合物若是以前划分的则保留原划分，如钨锰矿 $Mn[WO_4]$、黑钨矿 $(Mn, Fe)[WO_4]$、钨铁矿 $Fe[WO_4]$，重新划分则按二分法只分为两个矿物种，如锰铁矿石中 $Mn[CO_3] > 50\%$ 称为菱锰矿、$< 50\%$ 则称为菱铁矿。

矿物种的命名方法：以成分命名，如银金矿、自然金；以物性命名，如重晶石、方解石；以形态命名，如石榴石、十字石；以产地命名，如香花石 (湖南香花岭)、高岭石 (江西景德镇高岭村)；以人名命名，如张衡矿、伦琴石、罗蒙诺索夫石等。

我国一些习惯命名：非金属矿物称为“× 石”，如滑石、蛇纹石；金属矿物称为“× 矿”，如黄铁矿、黄铜矿；宝玉石类矿物称为“ × 玉”，如刚玉、黄玉等；透明晶体称“ × 晶”，如水晶、黄晶等；细小颗粒产出的矿物称为“ × 砂”，如辰砂等；地表次生呈松散状的矿物称为“ × 华”，如钴华、钼华等；易溶于水的硫酸盐矿物称为“ × 矾”，如胆矾、黄钾铁矾等。

矿物的亚种 (变种) 是指属于同一种矿物，但在次要成分或物性、形态等某一方面有明显的变异。其命名是在种名前加修饰语，不给予单独的名称。例如刚玉，含 Cr^{3+} 的称为红宝石；石英，紫色的称为紫水晶等。但沿用已久的习惯名称予以保留，如钛辉石 / 钛质普通辉石等。

1.4 元素的富集与成矿

1.4.1 元素克拉克值与元素的迁移

1. 克拉克值、浓度克拉克值、浓度系数

1) 克拉克值

现有的矿床多数产于地壳内，且多在地壳上部。成矿的物质主要来自地壳，部分也来自上地幔，元素在地壳中的含量与分布是成矿的前提。组成地壳的各种元素在地壳中的平均相对含量称为元素的克拉克值，又称元素丰度。

2) 浓度克拉克值和浓度系数

地壳中元素的分布非常不均一，而且在不同地区各种地质体中有规律地出现相对富集或分散。为了表明各种地质体中元素的富集和分散情况，引入了“浓度克拉克值”的概念，其含义为某一地质体 (矿床、岩体或矿物) 中某种元素平均含量与其克拉克值的比值，也称为富集系数。浓度克拉克值大于 1，意味着该元素相对富集，小于 1 则意味着相对分散。

浓度系数是指某元素的工业品位与其克拉克值的比值。

2. 元素的迁移

元素在地壳和上地幔中的含量不是均匀分布，也不是固定不变的，总是处于不断的运动状态中，运动导致元素分散或集中，元素的这种运动转移现象或过程称为元素的迁移。这种迁移作用致使地壳各部分的元素丰度很不一致，有的高于克拉克值，有的低于克拉克值。元素的迁移方式主要有以硫化物形式迁移、以卤化物形式迁移、以易溶络合物形式迁移、以胶体溶液形式迁移。元素迁移后沉淀的方式包括：温度降低、压力降低、pH 变化、氧化还原反应、离子交换、不同性质的溶液 (胶体) 混合等。

克拉克值较高的元素 (O、Si、Al、Fe、Ca、Na、Mg) 称为常量元素，这些元素易于富集成矿，且数量多、分布广、规模大，如铁矿、铝土矿、石灰岩、盐类矿床等。克拉克值低的元素称为微量元素，一般难于成矿，尤其难于形成大规模和高品位的矿床，如 Cu、Pb、Zn、REE、PGE 等。克拉克值较低但聚集亲和能力较强的元素，也能聚集成大矿，如 Au 的克拉克值仅为 4ppb，但具有较强的聚集能力，可形成大型的金矿。一些稀有和分散元素 (Cd、Ga、Ge、In、Se、Te、Ti、Re) 的克拉克值尽管高于一些常见的金属，但其高度分散的地球化学性质决定了它们一般难于聚集成矿床。因此，元素的克拉克值与迁移能力综合决定着其成矿能力。

地壳中 O、Si、Al、Fe、Ca、Mg、Na、K 八种元素含量占了地壳组成的 99.2%，组成了各类岩石的主要造岩矿物，它们也可单独富集形成较大的矿床，如铁矿床，铝矿床，钙、镁碳酸盐矿床，钠、钾盐类矿床等，被称为八大造岩元素。其余几十种元素的总和不到 1%。各种元素的克拉克值相差悬殊，如 O 46%、Si 29%，而 Al、Fe、Ca、Mg、

Na、K 为 n%，克拉克值 >0.1% 的元素还有 H、Ti、C、Cl、P、S、Mn 等。人们最关心的大多数成矿金属元素如 Cu、Zn 克拉克值为 $n\times10^{-3}$，稀有金属为 $n\times10^{-5}$ ～ $n\times10^{-4}$、稀土元素为 $n\times10^{-6}$ ～ $n\times10^{-5}$，金和铂族元素为 $n\times10^{-7}$ ～ $n\times10^{-6}$，大小相差近 10 个数量级。上地幔也以上述八种元素为主，约占 99.01%，与地壳不同的是铁和镁高，铁族元素和铂族元素高出地壳几倍到几十倍，而另一些稀有元素如 Li、Be、Nb、Ta 和稀土元素等，则仅为地壳平均值的几到十几分之一，挥发性元素 S、P、F、Cl 等也为几分之一。

元素的聚集程度与克拉克值的高低不完全一致，克拉克值相近的元素聚集程度也不一定相同。例如 Pb 和 Ga 的克拉克值相近，分别为 0.0012% 和 0.0018%，但 Pb 能富集形成品位为百分之几、规模达几十万吨至几百万吨的矿床，而 Ga 则只在 Pb 矿石和 Al 矿石中分散存在，一般看不到独立矿物。又如 Au、Ag 的克拉克值虽然很低，但可以富集到每吨几十克到上百克，形成规模达数十吨的矿床。

1.4.2 元素的地球化学分类

元素的地球化学性质决定着在各种地质作用过程中元素是表现富集还是趋于分散，元素的这种地球化学行为不仅表现在元素的分布与在各种地质体中浓度克拉克值的差异，而且表现在一定类型地质体中 (尤其是矿床中) 元素之间有规律的共生关系。地球化学家很早就注意到这方面的事实，依据元素共生关系不同，科学家对元素进行了不同的分组与归类，如戈尔德施米特 (V. Goldschmidt) 划分出亲石元素、亲铁元素、亲铜 (硫) 元素、亲气元素和亲生物元素 (图 1.19)。其中，亲生物元素是指分布在生物圈、集中于生物体内的元素，包括 O、N、P、Ca、Mg、K、Na 等。它们同时可能是亲气元素、亲石元素、亲铁元素、亲铜 (硫) 元素的一种。

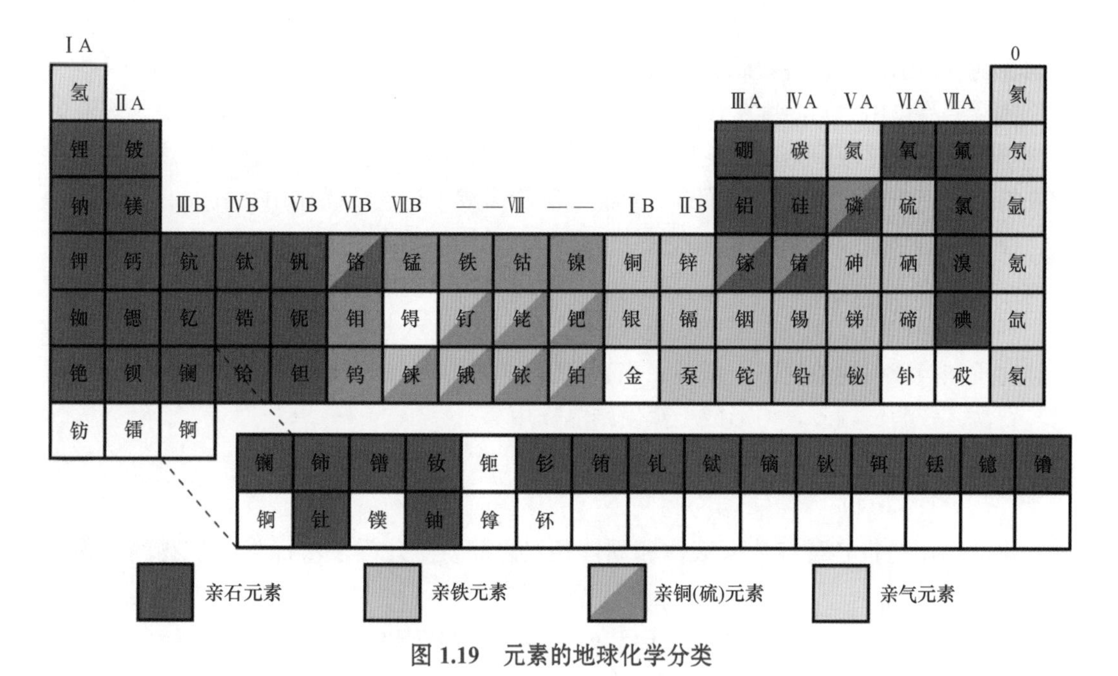

图 1.19 元素的地球化学分类

亲石元素。具有比较大的原子容积，离子结构较简单，与氧（硅酸盐相）有较大的亲和力，常形成氧化物、硅氧酸岩或各类含氧酸岩，主要富集于地球表层（岩石圈和水圈），比较集中于酸性岩和碱性岩中，也称为造岩元素。

亲铁元素。具有最小的原子容积，离子结构比较复杂，内层有未充满的电子层，与金属熔体相具有较大的亲和力，常与铁一起集中，主要存在于基性－超基性岩中。

亲铜（硫）元素。具有不大的原子容积，介于典型的亲铁元素和亲石元素之间。离子结构较复杂，与硫的亲和力较大，常形成硫化物，主要与中性、中酸性岩浆岩有关。

亲气元素。具有比较大的原子容积，挥发性强，主要呈液态或气态存在于水圈和大气圈。

亲生物元素。也称生命元素，是构成生命有机体的主要元素，与生命活动有关，主要是 C、H、O、N、P、S、Cl、Ca、Mg、K、Na 等。

A. H. 查瓦里茨基则以展开了的门捷列夫元素周期表为基础，以原子的外层电子数为横坐标，以原子的电子层数为纵坐标，来表示元素的性质与原子的电子层结构之间的关系，并结合原子半径、离子半径和元素的地球化学性质的相似性，划分了 11 个地球化学族。

1.4.3 元素的富集作用

1. 结晶作用

元素的结晶富集作用方式主要包括：

岩浆结晶作用。当温度、压力降低并达到某种矿物的饱和结晶点时，矿物就从高温高压的岩浆硅酸盐熔融体中结晶沉淀出来，称为岩浆结晶作用。例如，基性－超基性岩中的金刚石、磁铁矿、铬铁矿、钛铁矿等均形成于岩浆结晶作用。

热液结晶作用。当温度、压力降低并达到某种矿物的饱和结晶点时，溶解于热液中的化学组分就从热液中结晶沉淀出来形成矿物，称为热液结晶作用。例如，热液矿床中的方铅矿、闪锌矿、黄铁矿、萤石、重晶石等均形成于热液结晶作用。

凝华结晶作用。随着温度的降低，一些易挥发性物质由气态直接凝结为固态矿物的过程称为凝华结晶作用，最常见的是火山口附近的自然硫的形成。

蒸发结晶作用。蒸发结晶作用是指海水或盐湖水（天然卤水）因蒸发而逐渐浓缩，盐类物质在溶液中的浓度不断增加，当达到饱和时结晶沉淀下来的成矿过程。例如，石膏、石盐、芒硝、硼砂等均形成于蒸发结晶作用。

2. 化学作用

化学作用是指各种气体、液体和固体相互之间发生化学反应而形成矿物的过程。例如：

$$2H_2S(g) + O_2(g) = 2S(s) + 2H_2O$$

$$H_2S(g) + FeCl_2(l) = FeS(s) + 2HCl$$

$$ZnSO_4(l) + CaCO_3(s) + H_2O \xlongequal{} CaSO_4 \cdot H_2O(s) + ZnCO_3(s)$$

3. 胶体作用

胶体是自然界广泛存在的一种分散体系，其性质介于悬浮液和真溶液之间，胶体粒子带有一定的正电荷或负电荷。当胶体溶液因某种原因(电解质作用、电性中和、蒸发、pH 变化等)而失去稳定性，胶体粒子便会发生凝聚，形成较大的粒子，并在重力的影响下发生聚沉，从而导致某些元素的富集。

例如，正、负胶体的电性中和引起的胶体聚沉：

$$Al_2O_3 \cdot nH_2O + SiO_2 \cdot nH_2O \longrightarrow Al_4[Si_4O_{10}](OH)_8 \text{（高岭石）}$$

表 1.1 列出了自然界中常见的正、负胶体。

表 1.1　自然界中常见的正、负胶体

正胶体	负胶体
$Fe(OH)_3$，$Ce(OH)_3$	黏土胶体，腐殖质
$Al(OH)_3$，$Cd(OH)_3$	SiO_2，MnO_2
$Cr(OH)_3$，$MgCO_3$	SnO_2，Sb_2O_3
$Ti(OH)_3$，$CaCO_3$	V_2O_5，As_2S_3
$Zr(OH)_3$，CaF_2	Pb、Cu、Cd、Sb 等的硫化物

4. 生物作用

生物作用是指通过生物直接或间接的参与，促使有机的或无机的成矿物质发生聚集。生物直接参与成矿的矿产资源包括煤、石油、油页岩、硅藻土、磷块岩、生物灰岩等。生物间接参与成矿的矿产资源主要为黑色岩系中的金属硫化物矿床。

5. 交代作用

交代作用是指溶液与岩石接触过程中，发生了一些组分带入和另一些组分带出的地球化学作用。交代作用的实质是在反应过程中围岩原有的成分发生溶解、排除，代之以新的矿物成分的加入。交代作用过程中岩石体积保持不变。金属硫酸盐溶液交代原生硫化物矿物是按一定顺序(元素亲硫性由强至弱的顺序)进行的，即休曼序列或休曼规则：

$$Hg—Ag—Cu—Bi—Cd—Pb—Zn—Ni—Co—Fe—Mn$$

从前到后，元素亲硫性逐渐变弱，亲氧性变强，前面的元素可以交代后面的元素，反之不能。

6. 离子交换及类质同象置换作用

通过原子、分子、离子和络阴离子的置换进入矿物晶格，但不改变矿物的晶体结构类型，且仍保持离子正、负电荷的平衡，即为离子交换及类质同象置换作用。离子交换及类质同象置换作用对稀有和分散元素的成矿具有重要意义。稀有金属成矿反应：

$$2Na(Nb, Ta)O_8 + Fe^{2+} \longrightarrow Fe(Nb, Ta)_2O_6 \text{（铌钽铁矿）} + 2Na^+$$

$$Ca^{2+} + Nb^{5+}(\text{烧绿石}) \longrightarrow TR^{3+} + (Ti, Zr)^{4+}(\text{钸烧绿石})$$

$$Fe^{2+} + Ti^{4+}(\text{钛铁矿}) \longrightarrow Sc^{3+} + V^{3+}(\text{钒钛磁铁矿})$$

为典型的离子交换及类质同象置换作用。

7. 机械分异作用

地表经风化剥蚀的碎屑物质(砾、砂、重金属矿物、岩屑、矿屑等)在流水、冰川和风等营力的搬运过程中，由于运动速度和搬运能力的渐弱，发生按大小、形态、密度和耐磨性的差异沉淀。机械分异作用是有用物质聚集形成砂矿的主要机理。

1.4.4 成矿作用

成矿作用是指在地球演化过程中，使分散在地壳和上地幔中的化学元素和有用物质，在一定地质作用条件下和地质环境中，相对富集而形成矿床的作用过程。成矿作用是一种地质作用，是自然界发生的元素聚集作用。按照成矿作用发生的环境条件，包括其能量来源、成矿物质来源、成矿作用发生的条件和特点，分为内生成矿作用、外生成矿作用、变质成矿作用和叠生成矿作用。

1. 内生成矿作用

内生成矿作用的特征是其成矿作用的能量来源于地球内部。由地球内部能量(包括热能、动能、化学能等)的影响，导致矿床形成的各种地质作用，称为内生成矿作用。主要包括岩浆成矿作用、伟晶成矿作用、接触交代成矿作用、热液成矿作用。

岩浆成矿作用包括岩浆结晶分异作用与岩浆熔离作用，形成岩浆矿床；伟晶成矿作用是富挥发分的熔浆结晶分异作用和气液交代作用，形成伟晶岩矿床；接触交代成矿作用是火成岩体与围岩接触带上的气液交代作用，形成夕卡岩矿床；热液成矿作用是各种成因的热液与围岩相互作用，形成各类热液矿床。

地球内部能量是导致这类成矿作用得以发生的能量来源，内生成矿作用多在地壳内一定深度下的较高温度和较大压力环境下进行，一般可在地下 1.5 ～ 15km 范围内，与火山作用有关的一些成矿作用可以达到近地表和地表环境。内生成矿作用是比较复杂和多种多样的，主要包括上地幔经部分熔融产生玄武岩浆分异作用相关的成矿作用，下部地壳重熔产生花岗岩浆演化过程中的成矿作用，以及在大洋大陆交界处俯冲带形成的安山质岩浆侵入和喷发过程中的成矿作用。此外，还包括在地壳上部循环的多种水溶液，在深部受热形成的含矿溶液有关的成矿作用。

岩浆成矿作用和岩浆期后的热液成矿作用的不同主要是发生时间和物理化学条件不同。伟晶岩矿床和钠长岩、云英岩型矿床大致是处在两个作用之间的、具有过渡性质的成矿作用的产物。

2. 外生成矿作用

外生成矿作用的特点是能量来自于地球外部。主要在太阳能的影响下，在岩石圈上部，岩石与水、大气和生物的相互作用过程中，使成矿物质在地壳表层聚集的各种地质作用。外生成矿作用包括风化作用中的残积作用和淋积作用，沉积作用中的机械沉积、胶体沉积、生物沉积与蒸发沉积作用。风化作用分为物理风化、化学风化、生物风化。风化地貌往往形成独特的景观，是宝贵的旅游资源 (图 1.20)。

图 1.20 风化地貌

当砂、砾石、重金属矿物等碎屑物质被水流挟带离开原地之后，由于流速的逐渐降低，其携带物质迁移的能力也随之减小，最后则按微粒的大小、形状、密度和耐磨性等不同而依次沉积下来，形成机械沉积矿床。

液态矿物被带入干燥地带的水盆地中，当水体的蒸发浓缩和碱化达到一定阶段时，便逐步从溶液中析出并发生沉淀，最终可形成由钾、钠、钙、镁的氯化物、硫酸盐、碳酸盐、硼酸盐、硝酸盐等各种有用的盐类堆积物组成的蒸发沉积矿床。盐湖就是典型的蒸发沉积矿床 (图 1.21)。

图 1.21 蒸发沉积形成的盐湖

许多难溶物质如铁、锰、铝等往往呈胶体形式被大量搬运，在搬运过程中，当胶体溶液被破坏时，便发生胶体的聚沉作用和溶胶向凝胶的转变作用，并在重力作用下逐渐沉积下来，导致胶体物质沉积分异作用的发生，可形成巨大的胶体沉积矿床。

外生成矿作用基本上是在常温常压下进行的。外生矿床成矿物质主要来源于地表矿物岩石和矿石的风化。原来在深部形成的主要由铝硅酸盐矿物构成的岩浆岩在地表环境下受到风化时发生分解，一些易溶的组分先后溶解出来被水流带走，而那些较稳定的组分残留下来。分离后的各种物质经过搬运分选，在适当地点沉积下来发生不同程度的聚集。此外，火山活动是重要成矿物质来源之一，外生环境中生物活动也是一种特有的成矿作用和成矿物质来源。生物在它们生命活动中吸收土壤、水和空气中的无机盐类、CO_2 和水，转化为生物有机体中的碳氢化合物，同时在其身体的不同部分也可以富集某些金属、非金属元素。生物死亡后其遗体大量聚集，在适当条件下植物躯体经泥炭化和煤炭化形成煤层，以低等生物为主的有机堆积形成腐泥煤、油页岩和石油；硅藻的大量繁殖可形成硅藻土矿床等。生物的生长和堆积可导致碳、氮、磷、钾等元素集中。

3. 变质成矿作用

在内生作用或外生作用中形成的岩石或矿床，由于地质环境和温度、压力等物理化学条件的改变，特别是经过深埋或其他热动力事件，原来岩石矿石及矿物的化学成分、物理性质、结构构造等发生改变，有用物质发生富集形成新的矿床，或原有的矿床改造为具有另一种工艺性质的矿床，这种成矿过程称为变质成矿作用。变质成矿作用过程常常伴随有岩浆活动和热液活动的叠加，使矿床具有更为复杂的特征。按照变质作用的不同分为接触变质矿床、区域变质矿床。例如，煤经过接触变质后形成石墨矿床。

混合岩化成矿作用属于变质成矿作用中的一种特殊成矿作用。在深变质作用下岩浆熔体和变质热液共同作用，使有用组分发生活化、迁移和富集，形成混合岩化矿床。深变质带的混合岩化作用是一种特殊的成矿作用，如硼和铁的富集成矿。

4. 叠生成矿作用

叠生成矿作用是一种复合成矿作用，即在先期形成的矿床或含矿建造 (能反映矿床形成条件、成因和形成过程的矿石、矿物或元素共生组合) 的基础上，又有后期成矿作用的叠加。在漫长复杂的地质演化过程中多次成矿事件的叠加是产生叠生矿床的主要原因。叠加成矿是复杂地质过程的一种具体表现，是一个地区内不同地质历史演化阶段不同成矿作用在同一空间上叠加复合而成。很多矿床尤其是大型矿床都不是在单一地质作用下形成的，而是由内生作用、外生作用与变质作用共同作用的结果。不仅对原来矿床或含矿建造有一定改造，并有新的成矿物质加入。例如，内蒙古白云鄂博超大型稀土铁铌矿床。

思 考 题

1-1 基本概念。
矿床与矿体、同生矿床与后生矿、矿体形状与产状、围岩与母岩、矿石与脉石、矿石矿物与脉石矿物、矿石结构与构造、品位与品级、有益成分与有害成分、浓度克拉克值与浓度系数。

1-2 构成地壳的岩石有几种？分别针对每种岩石列举一处典型地貌。

1-3 岩石与矿石的区别与关系是什么？简述矿物的分类与命名原则。

1-4 元素的迁移与富集方式有哪些？

1-5 什么是成矿作用？成矿作用有几种？

1-6 我国金属矿产的基本特点是什么？

1-7 简述矿产资源及其在社会发展中的意义。

第 2 章
岩浆矿床及主要矿产

2.1 岩浆矿床的概念与特征

2.1.1 岩浆矿床的概念

从地壳深部上升的各类岩浆，在冷凝过程中经过结晶分异作用、熔离作用和爆发作用等，使分散在岩浆中的成矿物质聚集而形成的矿床，称为岩浆矿床。岩浆矿床成矿物质来源于岩浆本身，成矿作用与岩浆岩的形成作用有密切关系。由于这类矿床是在正岩浆期形成的，因此也称为正岩浆矿床。

所谓正岩浆期是指从岩浆结晶作用开始到结晶作用的最后阶段，该阶段是以硅酸盐类矿物成分从岩浆中结晶析出形成岩浆岩为主的阶段。该阶段挥发分相对数量很少，并且是均匀地“溶”于硅酸盐熔浆之中，只在该阶段末期大部分硅酸盐类矿物已经结晶析出之后才开始活动，在矿床形成中起显著作用。这个阶段是以成岩为主、成矿为辅的阶段。

正岩浆期之后是残浆期。残浆期是大部分硅酸盐类矿物从岩浆中结晶析出成为固体岩浆岩之后，残余岩浆进行活动的时期。该阶段挥发分大大增加，并和硅酸盐熔浆混熔一起活动。挥发分相对集中产生内应力，有助于残余岩浆侵入周围岩石裂隙，形成伟晶岩脉，伟晶岩脉同时具有岩石和矿床的双重意义。这个阶段是成岩、成矿平行活动的阶段。

岩浆活动的第三阶段为气液期。气液期岩浆中大部分造岩组分已固结成岩石，造岩阶段完成，岩浆结晶过程中析出的挥发分进入独立活动期。随着温度降低，挥发分由气体或超临界流体状态转化为热液，称为气水热液期，形成夕卡岩矿床和岩浆热液矿床。当气液从母岩中分离出来向外流动时，由于温度、压力、气液成分以及围岩性质的改变，气液中有用组分在母岩或围岩裂隙或接触带中沉淀富集成为气水热液矿床。如果岩浆直接喷出地表或海水中形成矿床，称为火山成因矿床。由于火山喷发喷出的岩浆温度和压力急剧降低，凝结过程没有明显的阶段性，火山活动所形成的矿床有其独立的特殊性。

2.1.2 岩浆矿床的特征

岩浆矿床的特征十分显著，其成矿作用与成岩作用基本上是同时进行的，是典型的同生矿床。矿体主要产在岩浆岩母体岩内，矿体是岩浆岩体的一部分，有时整个岩体就是矿体，围岩即母岩，只有少数矿体产在母岩临近的围岩中。矿体与母岩之间的界线不明显或不清晰，呈渐变过渡关系的矿体称为浸染状矿体；矿体与围岩之间的界线很清晰或很明显的矿体称为贯入式矿体，贯入式矿体围岩蚀变一般不发育。岩浆矿床矿石的矿物组成与母岩的组成基本相同，仅表现为矿石中有用矿物相对富集。多数岩浆矿床成矿温度较高，一般在 1500 ～ 700℃之间；形成深度大，多数在地下几千米至几十千米，金刚石矿床可达 200 ～ 300km。

岩浆岩是岩浆矿床形成的首要条件，岩浆是岩浆矿床成矿物质的主要来源和载体，岩浆岩即成矿母岩。含矿岩浆岩的性质和组成对岩浆矿床的类型、规模、空间分布有重要影响，如 Cr、Cu、Ni、V、Ti、PGE 等矿床与基性、超基性岩密切相关，金刚石产自于金伯利岩，REE 矿床多与碳酸岩关系密切。

与岩浆矿床有关的岩浆岩主要包括：基性岩、基性 - 超基性岩、超基性岩、超基性 - 基性杂岩、金伯利岩、霞石正长岩、磷霞岩和碳酸岩杂岩体。

(1) 基性岩。有辉长岩、苏长岩、斜长岩组合及单独出现的斜长岩，是钒钛磁铁矿矿床的主要含矿岩石。一些磷灰石矿床、磷灰石 - 磁铁矿矿床及稀有元素矿床主要产在正长岩等碱性岩浆岩中。

(2) 基性 - 超基性岩。由多种岩石组合而成的复杂的镁铁质、超镁铁质岩浆杂岩体。主要有纯橄榄岩、斜方辉橄岩、单斜辉橄岩、辉石岩、辉长岩、苏长岩、斜长岩等。通常下为超基性岩相，上为基性岩相，显示一定的垂向分带。铬铁矿矿床的岩浆岩为纯橄榄岩 - 斜方辉橄岩 - 辉长岩组合，铜镍硫化物矿床的岩浆岩为单斜辉橄岩 - 单斜辉石岩 - 辉长岩组合、辉长岩 - 苏长岩组合，钒钛磁铁矿矿床的岩浆岩为辉长岩 - 斜长岩组合。

成矿的基性 - 超基性岩中 MgO 含量与矿化有明显的制约关系。含铬铁矿的超镁铁岩的镁铁比 (M/F) 值为 6.5 ～ 15；由纯橄榄岩、斜方辉橄岩等组成的杂岩体中，含 Cu、Ni、PGE 的超镁铁岩 M/F 值为 2 ～ 6.5；由橄榄岩、辉石岩 (含斜长石) 组成的杂岩体中，含金刚石的金伯利岩的 M/F 值 <6.5；含 PGE 的成矿岩体较复杂，以 Os、Ir 为主的与含铬岩体有关，以 Pt 为主的与含铜镍岩体有关。

(3) 超基性岩。由纯橄榄岩、斜方辉橄岩、单斜辉橄岩组成，最多见的是由纯橄榄岩与斜方辉橄岩组成的岩体。岩体多呈透镜状、不规则层状或块状体，常成群成带分布，铬铁矿矿床常产于其中的纯橄榄岩相带中。

(4) 超基性 - 基性杂岩。包括多种超基性岩、基性岩以至偏中酸性岩石，多种岩相构成层状或带状，基性程度较低的分布在较高的层位之上，显示出一定的分异特征，有面积达几万平方千米的大岩体。铬、铂族金属、铜镍和铁矿分别产在不同岩相类型中。

(5) 金伯利岩。一种偏碱性的超基性岩，因最初发现于非洲金伯利而得名。自然界分布很少，主要产于地壳构造运动的稳定地区，代表岩石圈起源最深 (200km) 的岩浆产物。SiO_2 不饱和，K_2O、Na_2O 及不相容元素 Rb、Ba、Nb、LREE 含量高，富含挥发分，是深部石榴石橄榄岩在富含 H_2O 和 CO_2 条件下经低程度熔融形成。

金刚石在成因上与金伯利岩关系极为密切，世界上宝石级金刚石绝大多数产于金伯利岩中，常呈浅成 - 超浅成相产于爆发角砾岩中，岩石具斑状结构和角粒状构造，故又称角砾云母橄榄岩 (次火山结构)，如图 2.1。岩体常成群出现，形态多为岩筒状，少数为岩墙或岩床状。岩石多呈黑、暗绿、灰等色，主要由橄榄石、透辉石、金云母和镁铝榴石组成，其中的镁铝榴石是重要的特征矿物，也是寻找金刚石的指示矿物。

图 2.1　斑状金伯利岩

(6) 霞石正长岩、磷霞岩和碳酸岩杂岩体。多呈岩株状产出，岩体内不同成分的岩相带呈环状分布，与其有关的主要为霞石 - 烧绿石 - 稀土元素矿床和铁矿床。

岩浆矿床产有铬、镍、钴、钒、钛、铁、铜、铌、钽、铂族元素和稀土元素等金属矿产，还有金刚石、磷灰石和建筑材料等非金属原料，在国民经济建设中占据重要地位。例如，原生的铬铁矿和金刚石只产自于岩浆矿床中，铜镍硫化物、钛铁矿和PGE矿床主要产自于岩浆矿床中，其意义十分重要。

2.2 岩浆矿床的成矿作用及矿床类型

2.2.1 岩浆结晶分异作用与岩浆分结矿床

岩浆是一种成分复杂的物理化学系统，一般由硅酸盐、重金属和一些挥发分组成。岩浆在冷凝过程中，各种组分按照一定的顺序先后结晶出来，同时导致液相成分的相应改变。岩浆在冷凝过程中，各种组分按照矿物晶格能、基性和生成热降低的顺序结晶，并在重力和动力的影响下发生分异和聚集过程，称为岩浆结晶分异作用，由此所形成的矿床称为岩浆分结矿床。

岩浆分结矿床是最为多见的岩浆矿床，也是最为重要和经济价值最大的岩浆矿床，此类矿床是内生铬的唯一来源，也是铂族元素的主要来源。

影响岩浆矿物结晶分异顺序的主要因素有矿物的熔点、相对密度以及岩浆中水分和挥发分的含量。在不含水的干岩浆中，矿物结晶主要受其熔点控制，熔点高的矿物先结晶，熔点低的矿物后结晶。当岩浆含有一定量的水及其他挥发分时，挥发分与成矿重金属元素表现出更大的亲和力，降低金属矿物的结晶温度，或者扩大矿物结晶的温度范围，从而影响岩浆中矿物的结晶顺序。当物质浓度较低时，会产生较大的结晶过冷度，矿物将在低于其熔点的温度结晶。例如，橄榄石的熔点约为1800℃，铬铁矿的熔点约为1900℃，铬铁矿理应比橄榄石早结晶，然而实际上铬铁矿的析出更多集中在岩浆结晶过程后期。

矿物从岩浆中结晶出来后，在重力作用下发生相对运动，密度比岩浆大的矿物倾向于向岩浆体的底部或下部运动，而密度比岩浆小的矿物倾向于向岩浆体的上部运动。矿物在岩浆中相对运动的速率与矿物和岩浆的密度差有关，密度差越大，晶体移动的速率就越快；另外与矿物晶体的大小、形状以及岩浆的黏稠度有关。当岩浆中几种矿物的密度相差不太大时，矿物颗粒大小对其运动速率起重要作用，同时结晶、密度相近的矿物，颗粒大的沉降速率快。在基性 - 超基性杂岩中，铬铁矿层常常产于纯橄榄岩或橄榄石层的顶部和辉石岩层的底部，这是由于铬铁矿相对于橄榄石的颗粒较小，沉降速率慢。

矿物相对运动速率与岩浆的黏度存在密切关系，超基性和基性岩浆的黏度比中酸性岩浆的小，结晶分异作用明显，常可形成类似于沉积岩的层状构造和堆晶构造，火成岩体和矿体呈层状产状，这种作用也被称为火成堆积作用。

在岩浆结晶过程中，如果地壳构造活动频繁，岩体规模较小，岩浆冷却速度较快，则先结晶析出的有用矿物在岩浆流动过程中形成不规则的条带状析离体，停积在岩浆流速减缓和流动受阻的地段，形成进一步的富集，这种矿物成分的分异作用称为流动分异作用。

如果含矿岩浆的造岩矿物在岩浆结晶分异作用早期大量结晶析出，直至岩浆结晶晚期近于固结时有用物质以液态形式存在于造岩矿物的晶隙中，尚未完全固结的岩浆如果受到构造应力挤压，液态的熔浆就会从造岩矿物的间隙中被挤出来，汇聚成富含金属的矿浆。含矿熔浆在外力作用下以及残余挥发分的内应力的影响下，被贯入已经冷却固结的母岩原生裂隙或岩体接触面，甚至离开母岩体而贯入附近的围岩中，形成贯入矿体或脉状矿体，这种作用称为压滤分异作用。这种矿体往往赋存品位较高的富矿石，矿体大多成脉状产出，矿脉几乎全部产于母岩体内，只有少数贯入附近的围岩中。

岩浆冷却时，各种物质成分将随着条件的变化先后结晶形成固相，在这个过程中所结晶出来的固相矿物成分和仍处于液相状态的熔浆成分不断发生变化，从而造成不同阶段岩体不同部位物质组成的分异。

在岩浆结晶分异过程中，有用矿物较早或与造岩硅酸盐几乎同时结晶出来，并在重力的作用下发生沉淀，在岩浆房的下部或底部发生富集，形成早期岩浆矿床。岩浆房及岩浆结晶分异过程如图 2.2 所示。较早结晶的有用矿物包括铬铁矿、钛铁矿、自然铂、金刚石、稀土矿物等。

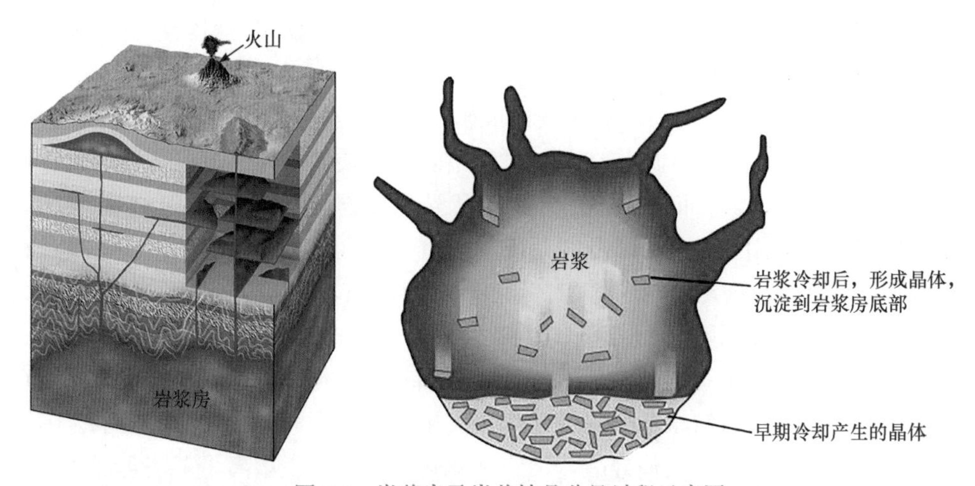

图 2.2　岩浆房及岩浆结晶分异过程示意图

早期岩浆矿床矿体形态产状多为矿瘤、矿巢、透镜状或似层状，位于岩体的底部或边部，与围岩界线不明显，呈渐变过渡。矿石成分与母岩基本一致，密度大，挥发分少。矿石组构为自形 - 半自形晶体结构和包含结构，以浸染状构造为主。金刚石、蓝宝石和橄榄石等宝石类矿物形成于早期岩浆矿床，铬铁矿虽然可以早于橄榄石等主要造岩矿物结晶形成早期岩浆矿床，但是由于铬等成矿金属与挥发分和矿化剂有更强的亲和性，而更多地保留在残余岩浆中，铬、铂等一般只能形成小规模的早期岩浆矿床型的矿体。因此对于金属矿床而言，早期岩浆矿床的意义不大。

当岩浆中挥发分含量较高时，成矿元素与挥发分结合形成易溶的化合物，大大降低了自身的结晶温度，它们在岩浆熔融体中一直残留到主要硅酸盐矿物结晶之后才沉淀富集，形成晚期岩浆矿床。

晚期岩浆矿床矿体形态产状多为似层状，位于岩体的底部，与围岩界线不明显，呈渐变过渡。贯入式矿体为脉状、透镜状，矿体与围岩界线清晰。矿石成分与母岩基本一致。主要矿产为铬云母、铬符山石、铬绿泥石等富含挥发分的矿物。矿石组构多为他形海绵陨铁结构，块状、稠密浸染状构造。晚期岩浆矿床主要矿种包括铬铁矿床、铂族元素矿床、钒钛磁铁矿矿床、铜 - 镍硫化物矿床、富磷灰石铁矿床和一些稀有金属矿床等，工业价值巨大。

岩浆分结矿床的产出与一定类型的超基性 - 基性岩浆岩有关。

2.2.2 岩浆熔离作用与岩浆熔离矿床

在较高温度和压力下均匀的岩浆熔融体，当温度和压力降低时分离成两种或两种以上互不混溶的熔融体，使有用组分高度富集于某分熔的熔体相中的成矿过程，称为岩浆熔离作用，也称为液态分离作用、岩浆不混熔作用，由此种作用所形成的矿床称为岩浆熔离矿床。最典型的是基性岩中的铜镍硫化物矿床，其次为 PGE 矿床。

岩浆熔离作用的实质是在原来物理化学条件下相互溶解的几种物质，当条件改变到超过它们相互的溶解度限度时，从熔体中分离出独立的不混熔液体相。因此，岩浆在较高温度条件下结晶出某种矿物，可以使某些组分相对富集于熔体中，从而促使残余的岩浆发生熔离作用。虽然熔离作用是在液态岩浆中进行的分异作用，但它不排斥早期高温矿物相的析出，并为后来的熔离作用创造更有利的条件。

岩浆熔离作用是岩浆矿床的一种重要的成矿作用，最典型的岩浆熔离矿床是与基性 - 超基性岩有关的铜镍硫化物矿床，在分异过程中随着硅酸盐熔体逐渐凝固，硫化物熔体中硫和铜的浓度不断升高，而镍的含量因其进入造岩矿物晶格而减少。

影响岩浆熔离作用的主要因素是岩浆的总成分，特别是硫和亲硫元素的浓度及铁、镁、硅的含量。硫和亲硫元素的浓度高，有利于熔离作用发生，硅酸盐熔浆中铁的存在，使硫化物的溶解度提高而不利于熔离作用进行。

除岩浆成分、温度和压力外，某些特殊成分围岩的同化作用，以及岩浆体系硫逸度和氧逸度的变化等，也对岩浆的熔离成矿作用产生不同程度和不同性质的影响。岩浆同化围岩破坏了化学平衡，可促使硅酸盐熔浆和硫化物熔浆发生熔离。某些基性岩和碱性岩中的磷灰石 - 磁铁矿矿床，如我国长江中下游宁芜地区的凹山式含磷灰石磁铁矿矿床，以及智利埃尔拉科式火山喷溢铁矿床，可能是在硅酸盐岩浆中同化了一定数量的磷酸盐，从而引发熔离作用形成富铁熔浆而形成的。在磷灰石 - 磁铁矿 - 闪长岩体系中，可以熔离出富磷酸盐相、富磁铁矿相和富硅酸盐相。

根据硅酸盐熔浆冷却时间的长短，硫化物矿体的位置可有下列情况：①快速凝固，硫化物熔浆未能达到侵入体底部，形成浸染状矿石组成的上悬矿体。②缓慢冷却结晶，硫化物熔浆聚集在侵入体下部，形成稠密浸染状和致密块状矿石组成的底层状矿体。③由于构造作用，部分硫化物熔浆从岩体底部和中心部分挤入裂隙或下伏岩石层理中，形成硫化物脉状贯入矿体。④含矿岩浆在深部发生缓慢熔离时，开始可能由硅酸盐熔浆贯入，在其结晶析出后，从深部又有硫化物 - 硅酸盐熔浆迸入，形成后成交切矿体。

根据分熔的硅酸盐熔体与矿浆熔体密度的相对大小，矿浆可以富集在母岩浆体的不同部位。形成金属矿床的矿浆密度一般大于硅酸盐熔体，因此熔离作用形成的矿体倾向于富集在母岩体的下部。但是由于矿浆在岩浆中分离集中是一个缓慢的过程，受到岩浆黏稠度和冷却速度的制约，因此有时形成上悬式矿体。如果熔离出来的矿浆受到外力的作用贯入成矿，则矿体的就位受构造控制，其位置和形态具有多样性。当矿浆在熔离聚集的原地固结成矿时，在矿体与围岩的接触带附近可以发现指示熔离作用的乳滴、泪滴构造，矿石矿物乳滴存在于与矿浆分熔的岩浆岩一侧，越靠近接触带，乳滴的密度越大；而矿体一侧则有硅酸盐岩浆的乳滴，如塞拉利昂的弗里敦铜镍硫化物矿床。熔离成因的矿体中可能含有少量母岩浆的近液相线矿物，如橄榄石等。矿石的地球化学特征元素指示矿浆与硅酸盐岩浆分离于母岩浆演化的早期。矿体产于母岩体的底部，而矿石的结晶温度较硅酸盐岩浆固结的温度低得多，如与辉橄岩熔离的铜镍硫化物矿体的成矿温度可低至 300℃。矿石多具致密块状构造，有时发育条带状、乳滴状构造。除了一些铜镍硫化物矿床属于岩浆熔离矿床以外，一些铬铁矿矿床、与中酸性岩浆有关的铁矿床以及部分稀有金属矿床也是通过岩浆熔离作用形成的。

岩浆熔离矿床矿体形态产状多为似层状，位于岩体的底部，贯入式矿体为脉状、透镜状；与围岩界线不明显，渐变过渡，贯入式矿体界线清晰；矿石成分与母岩基本一致，硫化物含量高，含磷灰石和挥发分矿物；矿石组构为海绵陨铁结构、固熔体分离结构，块状、浸染状构造。主要矿种包括铜镍硫化物、PGE、磷灰石、铁矿床等，工业价值巨大。

2.2.3 岩浆爆发作用与岩浆爆发矿床

经过岩浆结晶分异作用和熔离作用后，岩浆中的挥发分越来越富集，当压力增大到某一阈值时爆发到近地表，称为岩浆爆发作用，由此种作用所形成的矿床称为岩浆爆发矿床。最典型的是产于金伯利岩中的金刚石矿床。

有些岩浆矿床的矿石矿物在地下深处很高的温度和压力下结晶，在其向上侵位的过程中，随着温度、压力等物理化学条件的改变，早期结晶的矿石矿物会被运载岩浆熔蚀，或被其他矿物交代。因此，快速输运和保存机制是爆发成矿作用的必要条件，以使早期在高温高压下结晶的矿石矿物能迅速通过不安全地带而保存下来。例如，只有在地幔 200 ～ 300km 的深处才具备金刚石的形成条件，一些粗粒的宝石级金刚石一般比携带它向上侵位的金伯利岩年龄要老得多，甚至达到 20 多亿年，这些金刚石在地幔深处早已开始结晶，后来被富挥发分的金伯利岩浆带到了地壳的浅处。如果携带金刚石的岩浆绝热上升，即从岩浆源区上侵到浅部就位区过程中，岩浆的温度没有显著降低，含矿岩浆通过石墨区的时间短，最后在近地表快速固结，就能使金刚石被保存下来。如果含矿岩浆随着其所处的深度减小温度明显降低，岩浆上侵速度过于缓慢，含矿岩浆在石墨稳定区停留的时间很长，给石墨交代金刚石充足的时间，以至于原生金刚石被石墨全部或大部分交代掉，则不利于金刚石矿床的形成。也就是说，天然金刚石是在地幔的高温高压环境下结晶析出的比较粗大的晶体，需要在很短时间内，迅速到达地表浅处，否则在上升过程中将被分解、熔融，不利于形成矿床。例如摩洛哥贝尼布塞拉的蛇绿杂岩，由方辉橄榄岩、二辉橄榄岩和纯橄榄岩组成，岩体分布面积 70 余平方千米。已石墨化的金刚石产于橄榄岩体内的榴辉岩捕虏体中，呈八面体、菱形十二面体、双晶和不规则集合体产出，颗粒较大，最大的八面体长 12mm，石墨化的金刚石含量约占该层的 15%。可能正是因为这种岩浆不像金伯利岩岩浆那样富含挥发分，上侵的速度过于缓慢，给石墨置换金刚石充足的时间，金刚石才被交代殆尽。

含金刚石的金伯利岩往往呈岩筒状产出(图2.3)，发育角砾构造，为角砾云母橄榄岩。这说明在岩浆管道中岩浆快速上升，内压增加引起爆发作用，使岩浆中携带的金刚石和早晶出的橄榄石等矿物，连同围岩碎屑呈角砾形式被岩浆胶结成角砾岩。这种反复沿岩筒或其他火山机构发生的爆发作用是含金刚石金伯利岩的主要成因。

图 2.3　金伯利岩筒

岩浆爆发成矿作用发生的条件是岩浆含有足够多的挥发分，岩浆上侵途中构造环境比较封闭，由于岩浆从深部快速上侵而使岩浆中挥发分快速集中于岩浆房顶部，当流体压力超过围压时产生巨大的瞬间压力，为超高压矿物的结晶提供了条件。例如，部分金伯利岩浆在浅部发生爆炸，形成细粒的金刚石。细粒金刚石就是通过多次爆炸作用富集于金伯利岩筒或裂隙构造的某些部位，一般在岩筒上部比下部金刚石更富集。

在地壳与上地幔的结合部位，由于CO_2的还原和CH_4的氧化，有大量无定形碳存在，由于流体积聚引发的爆炸作用可以形成细粒的自形金刚石。另据报道，在美国亚利桑那州的陨石中首次发现了金刚石，分析认为可能是5万年前一颗陨石撞击地面，形成了直径约1.2km的陨石坑(图2.4)，撞击时产生的巨大冲击压力导致陨石中的自然碳转变成了金刚石。

图 2.4　美国亚利桑那州的陨石坑

岩浆爆发矿床矿体形态产状多为筒状、管状，少数脉状，产出往往与深大断裂带有关，尤其是断裂交汇处。与围岩界线因围岩破碎而严重模糊，轻微破碎者较为清晰。矿石成分多为橄榄石、金云母、镁铝榴石、金刚石。矿石组构多为自形 - 半自形晶体结构，以及角砾状、浸染状构造。主要矿种是金刚石。

2.2.4　岩浆凝结成矿作用与岩浆凝结矿床

岩浆凝结成矿作用是指具有某种成分的岩浆在特定的条件下，快速冷凝或结晶而形成矿床，也包括正常的岩浆岩被保存，免遭后来地质作用破坏而形成具有经济价值的矿床的作用。岩浆凝结矿床是指由岩浆的结晶分异作用、熔离作用或岩源物质的分离熔融所产生的具有特殊组分的岩浆，通过固结和结晶作用形成的矿床，以及通常组分的岩浆在特定条件下凝结成保持良好物理性能的地质体所形成的矿床。

由这种成矿作用形成的矿床属于全岩矿床，其形成过程和方式与一般岩浆岩相似。例如，富含水的中酸性岩浆喷溢到地表快速凝固，把所含的水保留在岩石中，形成珍珠岩、浮岩或某些玉石矿床；含有某些变价元素或微量元素的岩浆在一定的物理化学条件下结晶，形成具有某种结构、色泽或纹理的建筑装饰材料矿床；富钾岩浆结晶形成钾长石矿床，富镁岩浆结晶形成化工原料橄榄岩矿床，辉绿岩构成铸石材料矿床，以及多种多样的花岗石矿床等都属于岩浆凝结矿床。

2.3　岩浆矿床中的主要矿产资源

2.3.1　铬铁矿床

铬铁矿是一种极为重要的矿产，是工业铬的唯一矿石矿物。铬是不锈钢及其他一些钢材和非铁合金必不可少的组分。铬铁矿还可作为耐火材料和型砂材料，在电镀、制革、颜料和染料等工业部门用作铬化工制品原料。铬铁矿几乎都采自超镁铁质和镁铁质火成岩中的块状、稠密浸染状矿石，由其风化剥蚀形成的砂矿产量只占产量的一小部分。产于镁质超基性岩中的铬铁矿床常伴生铂族矿物，属于晚期岩浆矿床，早期岩浆矿床除南非的布什维尔德 (Bushveld) 矿床外，一般工业价值较小。

根据产出的地质构造条件和矿床特征，铬铁矿矿床可分为层状杂岩体中的铬铁矿矿床 (占总储量的 98%，总产量的 45%) 和阿尔卑斯型豆荚状铬铁矿矿床 (占总储量的 2%，总产量的 55%) 两大类。

层状杂岩体中的铬铁矿矿床属于早期岩浆矿床，规模巨大，且常伴生有铂、镍及钒钛磁铁矿等。一般位于层状杂岩体的下部或底部，延伸极为稳定，单个矿层厚度为几厘米至一两米，但延伸可达上百米或上千米。铬铁矿储量可达 20 亿吨以上，Cr_2O_3 品位约为 40%，是最重要的铬矿类型之一。典型矿例有南非布什维尔德和津巴布韦大岩墙 (Great Dike)，我国至今还未发现这一类型铬铁矿矿床。

豆荚状铬铁矿矿床多呈豆荚状、透镜状、似脉状或不规则状，常有分支复合现象，矿体与围岩界线截然分明。铬铁矿储量几百万吨，Cr_2O_3 品位约为 50%。典型矿例有津巴布韦 Selukwe、哈萨克斯坦 Donskoy，我国的铬铁矿矿床多属此类，以西藏罗布莎铬铁矿最有代表性 (图 2.5)。

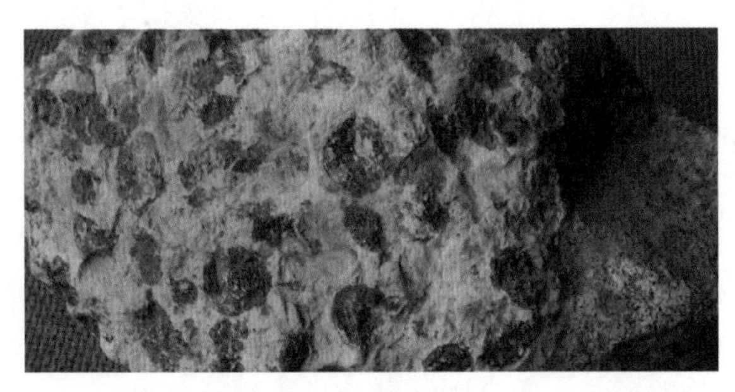

图 2.5　西藏罗布莎铬铁矿中的豆荚状铬铁矿矿石

铬铁矿资源分布极不平衡，南非、津巴布韦和俄罗斯集中了世界储量的 90%，其中以南非储量最大。其他产铬国家有土耳其、伊朗、巴西、古巴、菲律宾及印度等。我国的西藏、甘肃、内蒙古、新疆、青海等地也有铬铁矿矿床产出。

1. 南非布什维尔德铬铁矿

布什维尔德镁铁、超镁铁杂岩体是矿产资源的巨大宝库，产有世界上规模最大的铬铁矿矿床、最大的铂及铂族元素矿床和最大的含钒磁铁矿矿床，位于南非卡普互尔克拉通内，是一个规模巨大的椭圆形岩筒，东西向长轴为 480km，南北向短轴为 380km，中心厚 8km，出露面积约为 67000km^2，年龄约 20 亿年，包含了早期岩浆矿床、晚期岩浆矿床和熔离岩浆矿床。地表有大致成弓形出露在东北、东、东南和西面的 4 个岩带，具有相似的层状岩石序列 (图 2.6)。岩体中的层状序列包括边缘带、底部带、临界带、主带和顶部带等，边缘带包括辉石岩和辉长岩两种岩性，底部带和临界带主要为其旋回性的层序，包括纯橄榄岩→斜方辉橄岩→古铜辉岩、铬铁矿岩→斜方辉橄岩→古铜辉石岩，旋回底部纯橄榄岩和铬铁矿岩中的橄榄石、铬铁矿均是主要堆晶矿物，重要的铬矿层产于临界带，尤其是其下部，厚度在 1cm 以上的铬铁矿岩有几十层，其中主要矿体平均

图 2.6　南非布什维尔德杂岩体中的铬铁矿层

厚度为 0.8 ～ 1.3m，这些层状矿体延伸可达几十千米。一个典型矿床矿石中 Cr_2O_3 含量为 46.0% ～ 47.6%，Cr_2O_3/FeO 为 1.6。临界带顶部含铂族金属矿层厚几厘米到几米，以铂的硫化物、砷化物和铁铂矿为主，并伴有镍和铜硫化物，含 Pt 10g/t。向上为顶部带，有含磁铁矿 1.5% ～ 10% 的磁铁矿辉长岩，含多层钒钛磁铁矿石。

2. 西藏罗布莎铬铁矿

罗布莎铬铁矿已探明储量 460 万吨，是我国已知规模最大的铬铁矿矿床，产于雅鲁藏布江缝合带基性 - 超基性岩带东段。罗布莎含矿岩体沿雅鲁藏布江深大断裂，大致呈东西向分布，长 43km，最宽处 3.7km，岩体形成于燕山晚期 - 喜马拉雅早期。该岩体属正常系列的超镁铁质岩，分异程度较好，自北向南大致可分出 3 个平行的岩相带：第一带为底部纯橄榄岩相带，宽 150 ～ 800m，主要为纯橄榄岩，偶见斜方辉橄岩小异离体，并有零星分布的浸染状、条带状小铬铁矿体；第二带为中部含纯橄榄岩异离体的斜方辉橄岩，宽 200 ～ 1400m，下部纯橄榄岩异离体较多，偶见少量二辉辉橄岩、单斜辉橄岩异离体，这一带的中下部是主要工业矿体产出的部位；第三带为斜方辉橄岩 - 橄榄岩相带，分布于岩体南部及顶部，以斜方辉橄岩为主，也有小型铬铁矿体产出。岩体内已查明矿体 200 余个，断续构成 7 个矿群。矿体的规模不等，最小者直径仅数十厘米，最大者长 325m、厚十余米。长度大于百米的矿体共 13 个。多数矿体长 20 ～ 60m，厚约 2m，深 10 ～ 20m。矿体形态以脉状为主，其次有扁豆状和不规则条带状。矿体与围岩的界线清晰，受断裂控制明显，具侧伏现象。矿石中金属矿物以铬尖晶石为主，少量磁铁矿和微量针镍矿，偶见斑铜矿等，脉石矿物以橄榄石、蛇纹石为主，次为辉石、铬石榴石、铬绿泥石和铬云母等。

罗布莎铬铁矿属大型矿床，矿石储量约 5 亿吨，矿石中 Cr_2O_3 含量在 47% ～ 60%，Cr_2O_3/FeO 为 3.61 ～ 4.76，伴生有铂族金属（以锇、钌为主），综合利用价值高。

3. 甘肃大道尔吉铬铁矿

大道尔吉铬铁矿矿床位于祁连山加里东褶皱带，成矿岩体位于祁连山西段，中祁连地块与南祁连造山带结合部位。出露的岩石单元可分为地幔变质橄榄岩和堆晶杂岩两部分，其中以堆晶杂岩发育为特征，并产有铬铁矿矿体。在岩体南侧发育一套中基性火山熔岩，自北而南，形成带状展布的变质地幔橄榄岩→含铬镁铁 - 超镁铁堆晶杂岩→中基性火山岩的岩石组合，构成较为典型的蛇绿岩剖面。

大道尔吉铬铁矿矿床成矿母岩为堆晶杂岩系，可分为三个堆晶旋回，其中以第三堆晶旋回最为发育，大部分工业矿体均产于该层中。每个堆晶旋回底部为含铬的超镁铁质纯橄岩，向上变为由橄榄岩→透辉石岩→辉长岩等镁铁质和超镁铁质互层的层状杂岩，最终变为单一的镁铁质均质辉长岩，呈韵律层产出。矿体主要由各种浸染状的铬铁矿石组成。矿体围岩为纯橄岩，副矿物铬尖晶石与造矿铬尖晶石的成分相似，表明大道尔吉铬铁矿矿床是由相对富镁及富铬的拉斑玄武质岩浆，在开放体系中，并在较高压力下结晶分异作用形成。结合区域地质资料对比，初步推断大道尔吉镁铁 - 超镁铁杂岩形成时期为早奥陶世。大道尔吉蛇绿岩套壳层熔岩岩石类型为玄武安山岩，属于拉斑玄武岩系列。

大道尔吉超基性岩体长 8.4km，宽 0.5 ～ 0.9km，面积约 $8km^2$。已发现的工业矿体共 338 个，成群出现。矿石中 Cr_2O_3 含量为 10% ～ 43.5%，伴生 Pt、Co、Ni。

2.3.2 钒钛铁矿床

钒钛铁矿与铁质基性岩尤其是辉长岩、斜长岩和苏长岩关系密切，属晚期岩浆矿床，主要矿石矿物是磁铁矿和钛铁矿，两者呈格架状、叶片状紧密连生，含钒 (以类质同象混入物进入磁铁矿)，通称为钒钛磁铁矿矿床。主要包括层状岩体中的钒钛磁铁矿矿床和非层状岩体中的钒钛磁铁矿矿床。

(1) 层状岩体中的钒钛磁铁矿矿床。岩体分异好，韵律层发育，下部韵律层的基性程度和含矿性比上部韵律层好；矿体延伸稳定，厚数米至数十米，延展可达数千米，在岩浆结晶分异过程中，重力分异起主导作用，主要产于稳定地盾或地台区。典型矿床有南非 Bushveld 和我国四川攀枝花。

钒钛磁铁矿矿床不仅是重要的铁矿床类型，也是钒、钛的主要来源，还是钛金属的唯一矿床类型。在我国，这类矿床主要分布于四川西昌及攀枝花、河北承德、陕西汉中以及湖北襄阳地区，储量约占全国铁矿总储量的 15%。此类矿床岩体呈带状分布，受区域内的深大断裂控制。含矿母岩岩性主要有辉长岩、辉长岩 - 橄长岩 - 辉橄岩和斜长岩 - 辉长岩 3 种。矿床与镁铁质岩及镁铁质 - 超镁铁质杂岩中的基性岩相有关。矿体呈层状或脉状，矿石呈块状或浸染状构造，常具典型的海绵陨铁结构。矿石矿物主要由钛铁矿和磁铁矿组成，二者常呈格状或花片状的固溶体分解结构。钒钛磁铁矿矿床是含有多种有用元素的综合性矿床，矿石中含 Fe 35% ～ 45%，TiO_2 6% ～ 16%，V_2O_5 0.5% ～ 2%，钒不形成独立矿物，而是以类质同象代替铁形成含钒磁铁矿，属于结晶分异成矿作用形成的晚期岩浆矿床。

层状岩体底部含一定数量的铬和铂，钒钛磁铁矿矿体大多产于下部的辉长岩、橄榄辉长岩岩相中。矿体底部与围岩界线清晰，顶部和围岩渐变过渡。矿石主要由磁铁矿、钛铁矿、钛铁晶石、镁铝尖晶石组成，含有部分含钒磁铁矿、磁铁矿、赤铁矿以及少量磁黄铁矿、黄铁矿、黄铜矿等。除主元素 Fe、V、Ti 外，常伴有 Co、Cu、Ni、Cr 等有益元素。矿床是由岩浆结晶分异作用形成的含矿残浆于原地结晶而成。

(2) 非层状岩体中的钒钛磁铁矿矿床。岩体为由辉长岩、斜长岩等组成的多次侵位的复式岩体，以斜长岩为主。矿体分两类：辉长岩中的似层状矿体 (重力分异)，斜长岩裂隙和断层中以及辉长岩与斜长岩接触带中的脉状、透镜状矿体 (构造贯入)。主要产于稳定地台或地盾区。

1. 四川攀枝花钒钛磁铁矿

攀枝花岩体是一个北东 - 南西向延长的较大层状侵入体，走向上延长 19km，宽约 2km，向西北倾斜 (图 2.7)。层状岩体主体为辉长岩，具一定的岩相分带，岩石成分基性与铁富集度有规律性变化，在岩体下部辉长岩和层状铁矿体最集中。岩体底部有10～30m的暗色细粒条纹状紫苏辉长岩，有少量伟晶状含矿辉长岩脉穿切，有工业价值的矿体多集中于这一带。矿体成层状，沿走向和倾向延伸都很稳定，矿层产于下部含矿带内。下部为中粗粒辉长岩，厚160～600m，与含矿带为过渡关系，辉长岩中夹含铁辉长岩薄层矿条，厚2～3m。上部含矿带为浅色层状辉长岩，厚10～120m，以含铁辉长岩为主，夹稀疏浸染状矿层及矿条，形成两个矿层。上部浅色辉长岩带厚500～1500m，夹有暗色辉长岩条带及稀疏浸染状矿条，含矿性差。

图2.7 四川攀枝花钒钛磁铁矿

含矿岩体和矿床的韵律结构可分为不同的级次。首先，岩体下部和上部两部分就是最高一级的韵律性表现，根据其结晶作用发展的相似性及中间的不连续性推测是岩浆经深部分异后，不同期侵入的结果。其次，在下部含矿带和辉长岩内可分出三个韵律旋回，上部含矿带与辉岩内分出两个韵律旋回，每个韵律旋回下部含矿性好而上部含矿性减弱，表现在组成矿物含量比例上发生变化，矿石组构类型与形成作用本质相同，只是具体形式有一定变化。每个韵律旋回厚几十米到几百米，认为代表一次岩浆脉动补给过程。更次一级的最为直观的韵律结构是韵律层，一个韵律旋回中可有一个或多个韵律层，其厚度一般为几米到几十米。一个韵律层一般自下而上由致密或稠密浸染状矿石渐变为稀疏浸染状矿石，再由稀疏浸染状矿石渐变为含矿辉长岩和不含矿辉长岩。这种韵律结构直接表明含矿熔浆与辉长岩浆发生了重力分异和结晶分异作用。韵律层内更次一级韵律结构即表现为重复叠置的黑白相间条带，黑色条带主要由铁矿物和暗色硅酸盐矿物组成，白色条带由铁矿物和斜长石显著增多的硅酸盐矿物组成。这类条带中还可以分出以辉石或以斜长石为主的小层，它们常成为自形-半自形板状或条状晶体，显示出定向排列的流层。

攀枝花钒钛磁铁矿矿石很富，主要金属矿物为磁铁矿和钛铁矿，它们成自形-半自形或它形颗粒，紧密镶嵌，集合体与脉石矿物之间呈海绵陨铁结构和填隙结构。部分钛铁矿具有包含结构(指岩石中大晶体包含小晶体的一种结构，大晶体为主晶，小晶体为客晶)，客晶为铬尖晶石和镁铝尖晶石。攀枝花钒钛磁铁矿的地位与意义十分重要。

2. 河北大庙钒钛磁铁矿

属晚期岩浆贯入矿床。位于内蒙古地轴东段南缘，分布在河北承德大庙，受东西向深大断裂控制，东西长 40km，南北宽 2 ～ 10km。岩体主体为斜长岩，其次为苏长辉长岩，矿体集中于斜长岩内破裂带及与辉长岩的接触带中，呈脉状或透镜状。矿体与围岩边界清楚，为贯入式，少部分矿体呈浸染状产于苏长辉长岩边部。矿石中磁铁矿具粗粒结构，紧密镶嵌，磁铁矿颗粒内出溶叶片状及粒状钛铁矿晶粒，有时在磨光块上肉眼即可见固溶体出溶结构。出溶结构 (exsolution texture) 是反应结构的一种，特征是在变质较深的岩石中，可见某种矿物的内部有一种或几种其他矿物的粒状或长条状晶体，大致沿一定方向分布。出溶结构的成因是在变质作用过程中，由于温度或压力降低，原来的固溶体矿物发生出溶作用。

矿石矿物主要由钒钛磁铁矿、钛铁矿、赤铁矿等组成，含少量黄铁矿、黄铜矿、磁黄铁矿、金红石、白钛矿等。脉石矿物有磷灰石、斜长石、绿泥石、辉石和绿帘石等。矿石大多为块状和浸染状构造，偶见斑杂状构造，具有典型的海绵陨铁结构和固溶体分解结构。矿石中除铁外，V、Ti 等可综合利用。

2.3.3 铜镍硫化物矿床

与镁铁质基性岩 (苏长岩、辉长岩)、超基性岩 (辉橄岩、二辉橄榄岩) 有关，主要属岩浆熔离矿床。矿体的产出有底层状矿体、上悬矿体和脉状贯入矿体三类。多分布于稳定地台区及其周缘；时代多数为太古代和元古代，也有古生代和中生代。工业意义巨大，是 Cu、Ni、Pt、Pd 的重要来源。典型矿例有加拿大肖德贝里 (Sudbury)，俄罗斯诺里尔斯克 (Norilsk)，我国的甘肃金川、四川力马河、吉林红旗岭、新疆卡拉通克等。

1. 甘肃金川铜镍硫化物矿床

该矿床是我国最大的镍矿床。矿床位于古隆起边缘深大断裂的次级断裂中，含矿超镁铁质岩带呈岩墙状侵入前震旦系的变质岩中。岩体北西向延伸约 6km，宽度在数十米至 500m。岩体由主体为二辉橄榄岩的纯橄榄岩、二辉橄榄岩、斜长橄榄岩组成，岩相沿矿体走向分带，有的剖面成同心壳状。岩体普遍受蛇纹石化、绿泥石化、透闪石化，局部有碳酸盐化。已勘探矿体有数百个。

矿石的矿物组成除橄榄石和辉石类造岩硅酸盐矿物外，金属矿物以硫化物为主，还有少量氧化物。硫化物中磁黄铁矿、镍黄铁矿、黄铜矿是基本的组合，其次有黄铁矿、紫硫镍铁矿、方黄铜矿、马基诺矿，偶见针镍矿。氧化物类有磁铁矿、铬尖晶石、赤铁矿。矿石中的伴生组分有铂族元素、钴、硒、碲、金和银。铂、钯、金、银在熔离贯入矿石中含量较高，锇、铱、钌、铑在块状矿石中含量较高。

2. 加拿大肖德贝里铜镍硫化物矿床

肖德贝里铜镍硫化物矿床位于加拿大安大略省，是世界最大的镍矿床，镍和铜储量都超过 600 万吨，还有大量的铂和其他金属。成矿岩体出露形态为椭圆形，长约 50km，宽达 25km，下部为苏长岩，上部为微文象岩。侵入体围岩为太古代基底岩石，矿体多数产在侵入体底部的凹陷处，但并不发育在苏长岩底部，而是与底部附近的许多层下侵入体以及由底部带向外撒开的许多岩墙状岩体有关。矿体下部为含超镁铁质包体的块状硫化物，向上为含辉长岩 - 橄榄岩包体的硫化物。

3. 俄罗斯诺里尔斯克铜镍硫化物矿床

矿床位于西伯利亚地台西北边缘。含矿岩体为暗色岩建造的高原玄武岩中的小型浅成基性 - 超基性侵入岩。岩石类型包括苦橄辉长岩、橄榄辉长岩、辉绿岩、粒玄岩。矿化岩体从中心向外或向上穿切沉积岩层序，单个岩床长达 12km，厚 30 ～ 350m。铜镍硫化物呈浸染状和块状堆积体分布在侵入体底部，并在紧邻的下盘岩石内呈浸染带状和块状脉体。矿物组合除磁黄铁矿、镍黄铁矿、黄铜矿外，还有针镍矿、墨铜矿、黄铁矿、斑铜矿、辉砷镍矿、砷铜矿等多种少量矿物，以及铂族元素互化物及碲砷化物。矿石富铜，平均含 Cu 3% ～ 3.5%、Ni 1.5% ～ 2.5%，Ni/Cu = 0.5% ～ 0.77%，同时含有 Co 和铂族元素，经济价值很高。

4. 澳大利亚科马提岩中的铜镍矿床

这是以澳大利亚西部卡姆巴尔达 (Kambalda)、加拿大汤姆森 (Thompson) 等矿床作为典型建立起来的一个铜镍矿床类型。矿床形成的构造背景是太古宙或元古宙绿岩带，与称为科马提岩 (镁绿岩) 的超镁铁质 - 镁铁质喷出岩共生。有关岩石类型有玄武岩、科马提岩、纯橄榄岩、辉石岩等。科马提岩类熔岩流与含硫化物的燧石和泥质岩伴生，矿层呈不规则状产于岩层底部，常位于熔岩流补给地区附近，多在鬣刺结构 (形成于熔岩快速冷凝条件下，是科马提岩特有的结构) 发育带内，而岩石中片状橄榄石或辉石呈骨架状平行或不规则分布。矿石中矿物组合是黄铁矿、磁黄铁矿、黄铜矿和镍黄铁矿，有铂族元素伴生。硫化物从底部向顶部由块状渐变为网状或浸染状。金属镍含量显著高于铜，半数以上矿床的镍品位在 1.5% ～ 3.4%。

2.3.4　铂族元素矿床

岩浆作用过程中一般很少形成铂族元素 (PGE) 的独立矿床，而是与铬铁矿 (铂族金属的天然合金) 和铜镍硫化物 (铂、钯的铋碲化物与砷化物) 共生。绝大部分 PGE 产于层状超基性杂岩体铬铁矿矿床和基性 - 超基性岩中的铜镍硫化物矿床中。

层状杂岩体中 PGE 矿床的典型矿例有南非布什维尔德、美国斯蒂尔沃特、津巴布韦大岩墙。层状杂岩体中 PGE 矿床的金属储量一般在 1000 ～ 100000t，品位 4 ～ 24g/t，平均品位 6 ～ 10g/t。

铜镍硫化物矿床中 PGE 矿床的典型矿例有加拿大肖德贝里、俄罗斯诺里尔斯克。我国的 PGE 矿床多属此类，矿石储量为千万吨到 10 亿吨规模，品位 0.1 ～ 15g/t。

2.3.5 磷灰石矿床

磷灰石矿床的成矿母岩包括正长岩、霞石正长岩、霞石岩、霓霞岩、磷霞岩、碳酸岩及其他超基性岩。分布于地台区，受深大断裂或地幔热点控制，呈点群式或带状分布。岩带中岩浆岩类型多，岩体分异程度高，多为层状侵入体。有关的矿床有磁铁矿、钛铁矿、磷灰石、霞石、蛭石、烧绿石以及铌、钽、铈等稀有金属、稀土金属矿床。矿床规模不等，大型的磁铁矿、磷灰石及霞石矿床的矿石储量可达数十亿吨。

俄罗斯希宾磷灰石 - 霞石矿。希宾磷灰石 - 霞石矿位于俄罗斯科拉半岛，是该区具有代表性的成矿岩体，在平面上呈圆形，出露面积超过 $1000km^2$，剖面上为向岩体中心倾斜的抛物线形，岩体由多种碱性岩组成，为层状杂岩体。磷灰石 - 霞石矿体贯入于上盘霞石正长岩和下盘霓霞岩 - 磷霞岩之间，产于霓霞岩岩带中，该岩带延长 11km，厚达 100m。矿石中含磷灰石 15% ～ 75%、霞石 10% ～ 80%、榍石 5% ～ 12%、钠辉石 1% ～ 25%。氟磷灰石中含 SrO11%、Re_2O_3 约 5%。氟磷灰石储量为 27 亿吨。

2.3.6 金刚石矿床

金刚石矿床在成因上和空间上与金伯利岩有关，岩体主要呈岩筒、岩管状，多位于断裂交汇处，成群出现。岩筒平面上呈等轴状或椭圆状，剖面上呈漏斗状，倾角陡 (80° ～ 85°)，通常上富下贫。金刚石呈斑晶出现，大小不一，一般为数毫米，最大达 6 ～ 8cm，可小至粉末状。

金刚石世界探明总储量 12 ～ 20 亿克拉，主要分布在澳大利亚、刚果 (金)、博茨瓦纳、俄罗斯、南非、加拿大、纳米比亚、安哥拉等国。

原生金刚石矿床主要产于金伯利岩中。自 1870 年南非发现第一个金伯利岩岩体以来，世界上已发现近 5000 个金伯利岩体，其中约 1000 个是岩筒状，而含金刚石的仅约 500 个，有工业价值的仅 50 个左右。空间上，金伯利岩体都产在克拉通地区，从板块构造来看，主要和裂谷构造有关。金伯利岩岩浆活动可分侵入型和爆发型两类，侵入型主要形成岩墙和岩脉，爆发型主要形成岩筒和岩管。

金刚石晶体以阶梯状的八面体和曲面的菱形十二面体为主，晶形常呈破碎状，表面有被溶蚀的现象。与金刚石密切共生的矿物主要有富铬镁铝石榴石、富镁铬铁矿、铬透辉石、镁钛矿、镁橄榄石和铬铁矿等，富铬镁铝石榴石的含量往往和金刚石的含量成正比关系，具有寻找金刚石的指示意义。

金伯利岩岩体内金刚石含量都很低。我国规定，岩脉型矿床最低工业品位为 $0.3ct/m^3$，岩筒型矿床为 0.075 ～ $0.15ct/m^3$。我国山东省蒙阴、辽宁省瓦房店地区的金刚石矿床属于这一类型。我国金刚石保有储量约 2000 万克拉，约为世界总储量的 1%，主要分布在辽宁、山东、湖南和江苏 4 省。

除金伯利岩外，有少量金刚石产于钾镁煌斑岩中。钾镁煌斑岩是 1975 年在澳大利亚西部首次发现的一种含金刚石的新型岩石。主要矿物有橄榄石、透辉石、金云母、斜方辉石、铬尖晶石、白榴石、富钾镁闪石、钙铁矿、磷灰石、硅锆钙钾石、重晶石、红柱石和少量钛铁矿，偶见有镁铝榴石，具斑状结构。钾镁煌斑岩因含有的白榴石、其他非典型矿物及 K_2O、SiO_2、TiO_2、轻稀土和其他不相容元素的含量高而区别于传统的金伯利岩，这类岩石常缺少爆发岩相，为与金伯利岩类似的云母橄榄岩母岩浆分离结晶的产物。典型产地为澳大利亚西金伯利区的伦纳德河。

1. 南非地区金伯利岩中的金刚石矿床

在南非已发现 200 多个金伯利岩体，它们侵入古老的结晶片岩、花岗岩及石炭纪至侏罗纪的砂岩和粗玄岩中。含金刚石的金伯利岩、无矿的金伯利岩和碳酸岩、碱性岩的分布大致呈两条交叉的带：一条呈北东向从桑斯兰起经金伯利地区一直延至东北勒陀利亚；另一条近东西向，由莱索托起在金伯利穿过前一个带延至西北面的波斯特马斯堡。岩筒的分布受太古宙地盾与几个台向斜带交界的隐伏断裂及其交叉处控制。在金伯利地区 $8.5km^2$ 面积内有 15 个岩筒组成岩筒群，它们常几个集中在一起或分布在一条线上，富含金刚石的岩筒位于主干断裂交会部位。

金伯利岩筒平面上多呈不规则椭圆形，直径从 250m 至 850m，在剖面上呈陡立的漏斗状，主要岩筒开采深度已超过 1000m。有些呈岩脉产出的岩体延伸达数十千米。上部火山口，常被角砾物质充填，中心有凝灰质沉积，可有金伯利岩脉穿入；中部火山颈，呈椭圆形，四壁直立或向中心倾斜。角砾状金伯利岩为凝灰物质胶结，向下变为无角砾有同源包体的斑状、隐晶斑状金伯利岩，有的岩筒向下变为岩脉金伯利岩，原生矿物有橄榄石、金云母、少量铬铁矿、锆石和石墨，次生矿物有蛇纹石、石棉、伊丁石、滑石、绿泥石、方解石、石髓等。

在岩筒中金刚石分布很不均匀，有的地方可集中到每立方米内含 0.6 ～ 0.8ct。可采地段平均含量为 0.36 ～ 0.9ppm。金刚石有不同的变种，常见的是一种具平滑的或阶梯状层状晶面的八面体，无色透明或黄色，晶体直径从极微小到 8 ～ 10cm。南非地区金伯利岩中的金刚石见图 2.8。

图 2.8　南非地区金伯利岩中的金刚石

莱索托位于南非地台卡鲁台向斜的中心，该地台基底由老片麻岩组成。金伯利岩成群分布，大体受北东向构造控制。卡奥岩筒是莱索托卡奥地区最大岩筒，亦是非洲南部的第三大岩筒，仅次于博茨瓦纳的欧拉帕岩筒和南非的普列米尔岩筒，它由大小两个岩筒组成，大岩筒占地面积 198km²。大岩筒呈不规则椭圆形，在岩筒的东北和东南方向呈似岩墙状，岩筒产状直立，倾角达 80° ～ 85°。小岩筒呈椭圆形，占地面积 32km²。大岩筒内品位最高达 0.45ct/m³，小岩筒为 0.1ct/m³。

2. 鲁中、辽南金伯利岩中的金刚石矿床

20 世纪 60 ～ 70 年代，先后在山东蒙阴地区和辽宁瓦房店地区发现含金刚石的金伯利岩，是我国重要的原生金刚石矿床。蒙阴有 3 个金伯利岩带，50 多个含金刚石的金伯利岩体。鲁中、辽南地区位于中朝地台上，分布着太古宙的灰色片麻岩和科马提岩组合的花岗岩绿岩带，含矿金伯利岩体局限在郯庐断裂带 (东亚大陆上的一系列北东向巨型断裂系中的一条主干断裂带，在中国境内延伸 2400 余千米，切穿中国东部不同大地构造单元，规模宏伟，结构复杂) 两侧 40 ～ 70km 范围内的次级断裂带中。已知原生矿橄榄岩组合年龄 3100Ma，含矿金伯利岩为 450 ～ 490Ma。

含金刚石金伯利岩呈岩管和岩墙状产出，并集合成岩群，3 个以上岩群构成金伯利岩田，岩管直径为几十米，少数有几百米，出露面积一般不超过 1km²，岩墙长十几米至几千米，宽 0.3 ～ 0.7m，局部达到 20m 以上，向下延伸达数百米。

金伯利岩结构、成分不均匀，岩体边缘相中有震旦系、寒武系和奥陶系灰岩、砂岩、页岩捕虏体，更多的捕虏体是基底的片麻岩和麻粒岩。此外还有纯橄榄岩、石榴子石方辉橄榄岩、石榴子石和铬尖晶石二辉橄榄岩、金云母辉石橄榄岩等地幔岩捕虏体。其大小多为 1 ～ 10cm，浅成相岩石具块状构造，多数橄榄石粗晶假象嵌布在由橄榄石、金云母、蛇纹石、方解石、钙钛矿组成的细粒基质中，有时有富金云母的金伯利岩。岩墙中的岩石含粗晶，少具细粒隐晶结构。两个地区金伯利岩中普遍含铬镁铝石榴子石和铬尖晶石，还有少量铬透辉石、镁钛铁矿、碳硅石等，其中铬镁铝石榴子石、铬尖晶石具有找矿指示意义。

两地金伯利岩产出的金刚石的晶形、颜色和粒度特征有差别。例如，山东岩管中以十二面体金刚石居多，多呈褐灰色，少数为无色和浅黄色，品位为 80 ～ 120ct/100t。辽宁岩管中以八面体金刚石为主，颜色多为无色，品位约为 200ct/100t，最大钻石近 60ct。两地原生矿床附近都发现有河流冲积砂矿床，金刚石质量优于原生矿床。

2.3.7 碳酸岩型稀有金属、稀土矿床

岩浆爆发作用形成的碳酸岩矿床往往富含稀有金属与稀土元素，具有极高的经济价值。

1. 非洲碳酸岩型稀有金属矿床

东非广大地区内都有碱性岩和碳酸岩分布，主要与东非裂谷系有关，产在裂谷系及与之有关的隆起区内部或附近。大多数碳酸岩呈环状杂岩体，碳酸岩与碱性岩共生，较深部位也有超基性岩。碳酸岩体含有不同类型的矿产，如津巴布韦、南非的碳酸岩含中等品位的原生磷灰石矿，马拉维的奇尔瓦岛上蕴藏含磷灰石的白云石、含碳酸岩的透闪石以及碳酸稀土矿，赞比亚、坦桑尼亚和肯尼亚也发现富含稀土的碳酸岩型矿床。马拉维南部主干裂谷内的 Kangankunde 火山口有三个铁白云石 - 菱锶矿碳酸岩构成的矿体，含 4% ～ 7% 独居石、14% 菱锶矿和少量重晶石，是世界上最大的稀土 - 菱锶矿之一。南非的 Palabora 是个少见的含铜碳酸岩 - 碱性岩 - 超基性岩杂岩体，近南北向延长 6.5km，宽 2.5km，侵入于较老的花岗岩中，岩体中部有一个中心式碳酸岩株，碳酸岩周围发育的是磷灰石磁铁矿橄榄岩和蛇纹石化的蛭石 - 辉石 - 橄榄石似伟晶岩。该地区有三个露天矿场，一个开采碳酸岩、磷灰石磁铁矿橄榄岩中的铜矿，另两个开采由金云母风化成的蛭石 - 橄榄石似伟晶岩中的蛭石和辉石岩中富集的磷灰石。杂岩体中心的碳酸岩体有黄铜矿、斑铜矿、辉铜矿，岩体平均含铜 0.69%，副产品有金、银、铂族元素、斜锆石和铀方钍石。

2. 中国碱性岩带中的碳酸岩矿床

我国秦岭的碱性岩类分布在华北地块南缘和扬子地块北缘的深切断裂地带，按岩石组合分为两个系列：一个是碱性岩 - 碱性花岗岩系列，包括霞石正长岩、正长岩 - 粗面岩、石英正长岩、碳酸岩、碱性花岗岩等；另一个是碱性基性岩 - 碱性超基性岩系列，包括霓霞岩、霓辉岩、钛铁霓辉岩、辉石碱长岩、金伯利岩及晚期的碳酸岩等。

竹山庙垭岩体由正长岩、正长斑岩、方解石碳酸岩和铁白云石碳酸岩组成，岩体长 2.95km，宽 580m，岩体几乎全部矿化，已圈定 40 多个矿体，多为层状、不规则层状、透镜状，主矿体长大于 1km，宽数十米至 200m。正长岩、正长斑岩、方解石碳酸岩都含铌与稀土元素，黑云母方解石碳酸岩较富铌，铁白云石碳酸岩和方解石碳酸岩较富稀土元素，主要矿石矿物有铌铁矿、铌铁金红石、独居石、氟碳铈矿，共生矿物有烧绿石、铌钛铀矿、铌钽铁矿、铌易解石、铌钇矿、磷灰石、黄铁矿等。矿石平均含 Nb_2O_5 0.118%，TR_2O_3 0.168%，稀土元素以铈族为主。

华县华阳川碳酸岩矿床由方解石碳酸岩、金云母方解石碳酸岩、磷灰石方解石碳酸岩及白云石碳酸岩脉组成。围岩为花岗伟晶岩、花岗斑岩、碱性岩脉及其蚀变岩。矿体呈不规则透镜状、似板状，长 500 ～ 900m，宽 5 ～ 20m，矿石矿物包括含铌、铀 (钍) 矿物，含钡的天青石、方铅矿、磁铁矿、黄铁矿等，是铀、铅、铌、稀土、锶的大型综合矿床，具有很高的经济价值。

思 考 题

2-1 基本概念。

岩浆矿床，岩浆结晶分异作用、岩浆分结矿床，岩浆熔离作用、岩浆熔离矿床，岩浆爆发作用、岩浆爆发矿床。

2-2 岩浆结晶分异作用、岩浆熔离作用和岩浆爆发作用可分别形成哪些主要矿种?

2-3 列举几种典型的矿产资源及其矿床类型。

03

第3章

热液矿床及主要矿产

岩浆活动后期，残余岩浆变得简单而稀薄，形成富含水分与挥发分的高温高压含矿流体，包括气相、液相或超临界流体，这种含矿热水溶液称为热液。

在一定物理化学条件下，在各种有利的构造与岩石中，通过热液作用而形成的有用矿物堆积体称为热液矿床或岩浆 - 热液矿床。

热液矿床属于后生矿床，其成矿物质的迁移富集与热流体活动有关，特别是与热液作用有关。成矿方式主要是充填或交代，伴有不同类型与程度的围岩蚀变。成矿作用受到围岩岩性和构造条件的控制或影响，成矿物质成分呈现不同级别和类型的原生分带。形成的矿床种类多，除铬、金刚石、少数铂族元素 (如锇、铱) 矿床外，许多金属、非金属矿床的形成均与热液活动有关，如铜、铅、锌、汞、锑、钨、钼、钴、铍、铌、钽、镉、铼、铁、金、银等。矿物成分主要是氧化物和含氧盐类，其次是硫化物，以及含矿化剂的矿物，如电气石、黄玉、云母等。金属矿物有磁铁矿、磁黄铁矿、锡石、白钨矿、黑钨矿、赤铁矿、辉钼矿、辉铋矿、铁闪锌矿、毒砂、自然金等。非金属矿物有石英、长石、锂云母、角闪石、萤石、重晶石、天青石、明矾石、石棉等。

由于成矿时热液温度高，且富含挥发分，因而近矿围岩和岩体内部都发生强烈蚀变。最重要的蚀变种类是云英岩化、钠长石化、钾长石化、电气石化、黄玉化等。矿石多具粗粒结构，带状或对称带状构造。

成矿的热液以液相水为主，含挥发分或高压气相。液体水主要来自于岩浆水、变质水、建造水和地表水。成矿流体具有较高的盐度，临界温度通常在 500℃以上，临界压力与纯水相差不大，容易液化。热液所含的成矿物质主要来自于同生热液和变质热液、热液渗滤的围岩以及残余岩浆。

热液矿床主要包括伟晶岩矿床、夕卡岩矿床、斑岩型矿床，以及云英岩 - 钠长岩型矿床等。

3.1 伟晶岩矿床

3.1.1 伟晶岩矿床的概念

伟晶岩是指矿物结晶颗粒粗大，具有一定内部构造特征，常呈不规则岩墙、岩脉或透镜状的地质体。当伟晶岩中的有用组分富集并达到工业要求时，即成为伟晶岩矿床。伟晶岩的巨大矿物晶体是良好的非金属原料和宝石来源，同时常常有稀有元素的高度富集。

伟晶岩一般可分为岩浆伟晶岩和变质伟晶岩 (混合岩化伟晶岩)。岩浆伟晶岩包括花岗伟晶岩、碱性伟晶岩和基性 - 超基性伟晶岩。花岗伟晶岩的化学成分和矿物成分与有关的花岗岩基本一致，习惯上将单纯由长石、石英、云母组成的伟晶岩称为简单伟晶岩。含有 Li、Be、Nb、Ta 等稀有元素矿化的伟晶岩不仅矿物成分复杂，而且交代现象十分明显和普遍，因此称为复杂伟晶岩，其往往是在简单伟晶岩基础上发展起来的。

3.1.2 伟晶岩矿床的特征

1. 伟晶岩矿床的物质成分特征

1) 化学成分

在伟晶岩矿床中集中有 40 种以上的化学元素，主要包括氧和亲氧元素 Si、Al、Na、K、Ca 等，稀有、稀土、分散、放射性元素如 Li、Be、Nb、Ta、Cs、Rb、Zr、Hf、La、Ce、U、Th 等，以及 W、Sn、Mo、Fe、Mn 等金属元素和 F、Cl、B、P 等挥发分。稀有、稀土和放射性元素在伟晶岩中常高度富集，其含量可能是克拉克值的几倍、几十倍甚至几千倍。例如，Li 和 Be 的克拉克值分别是 $2.1\times10^{-3}\%$ 和 $1.3\times10^{-4}\%$，而在伟晶岩矿床中含量可分别达到 1% ～ 2% 和 1%，富集了 476 ～ 952 倍和 7692 倍。

2) 矿物组成

伟晶岩中的矿物成分丰富多彩，以花岗伟晶岩中的矿物种类最为复杂，据统计有 800 种以上。常见的矿物有以下几类。

硅酸盐类矿物：石英 (包括水晶)、斜长石、微斜长石、正长石、白云母、黑云母、霞石和辉石等。其中，长石、石英和云母构成伟晶岩的主体部分。

稀有和放射性元素矿物：含锂矿物 (图 3.1) 包括锂云母、锂辉石、透锂长石、磷铝石和锂电气石等；含铍矿物包括绿柱石、硅铍石和硅铍钇矿等；含铌、钽矿物包括钽铁矿、褐钇铌矿、烧绿石、细晶石等；含锆矿物包括锆石、曲晶石等；除此之外，还有铯榴石、方钍石、钍石和晶质铀矿等。

稀土元素矿物：独居石、磷钇矿和褐帘石等。

含挥发分矿物：萤石、电气石、磷灰石、黄玉等。

以及其他金属矿物，如锡石、黑钨矿、辉钼矿、磁铁矿和钛铁矿等。

锂云母

锂辉石

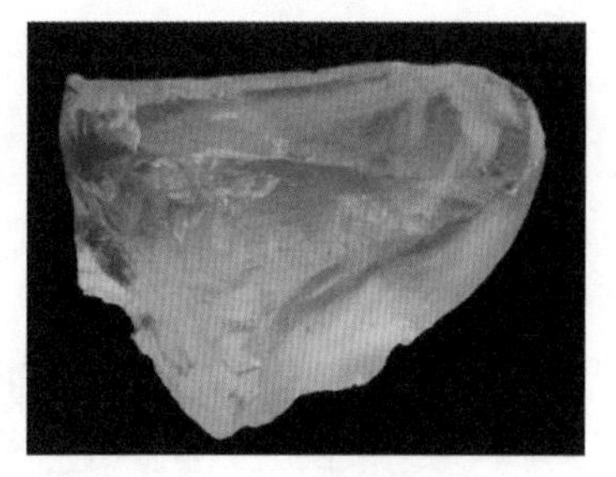
透锂长石

图 3.1　伟晶岩锂矿石

2. 伟晶岩矿体的组构特征

1) 伟晶岩的结构

伟晶岩的结构与构造特征十分独特与明显。最主要的结构特征有以下几种。

伟晶结构。伟晶结构亦称巨晶结构，即矿物晶体巨大(图 3.2)。伟晶岩结构的特征是矿物颗粒粗大，它比相应的侵入岩中同种矿物大几倍、几十倍，甚至几千倍，常由长石、石英、云母及其他一些矿物的巨大晶体组成。这些矿物的晶体大小一般为 10cm 到 1 ～ 2m。也有更为巨大的晶体，有的大晶体可达数公斤至上百吨，如微斜长石晶体 100t，绿柱石晶体 320t，铌钽铁矿晶体 320kg，锂辉石晶体长 14m，黑云母单晶面积 7m^2，白云母单晶面积达 32m^2。

图 3.2 硅铍钇矿（左）和绿柱石（右）的伟晶结构

图 3.3 伟晶岩中的文象结构

文象结构。石英按一定方向穿插在长石晶体中，类似楔形文字(图 3.3)，是伟晶岩特有结构，主要是由长石和石英共结生成，也有部分文象结构是由石英沿长石晶体的解理面形成，或双晶面交代而形成。

粗粒结构和似文象结构。主要由长石和石英组成，颗粒大小 1 ～ 10cm。有时石英呈不规则状分布在长石晶体中，组成似文象结构。

细粒结构。主要由石英、斜长石和微斜长石组成，为半自形或他形粒状结构，有时还有少量的白云母和其他矿物，颗粒一般小于 1cm。这种结构一般产在伟晶岩体边缘。

此外，在伟晶岩中，由于交代作用形成多种交代结构，如溶蚀结构、交代残余结构等。

2) 伟晶岩的构造

伟晶岩的构造比较复杂，有由一种结构单元组成的块状构造，也有由两种或两种以上结构单元组成的混杂状构造、斑杂状构造和树枝状构造等。

带状构造和晶洞构造是伟晶岩特有的构造特征，如图 3.4。

带状构造是由伟晶岩的不同结构类型组成的条带，沿伟晶岩体走向和倾斜，呈有规律的分布。发育完好的伟晶岩体一般可分四个带，从内到外分为内核、中间带、外侧带和边缘带，如图 3.5。

内核具有伟晶结构，矿物颗粒结晶特别粗大，主要由石英、长石、锂辉石等组成，位于伟晶岩体的中心部位，特别是伟晶岩体膨胀部位的中央。在一些巨厚的伟晶岩体的中心或其膨胀部分的中心，可形成晶洞构造，常有水晶等完美晶体及宝石矿物产出。

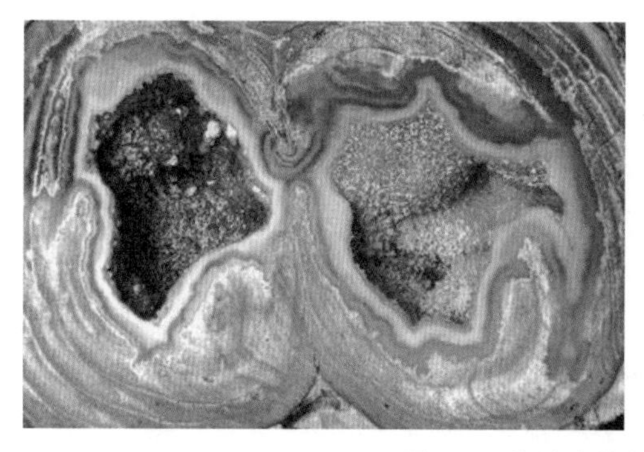

图 3.4　伟晶岩的带状构造与晶洞

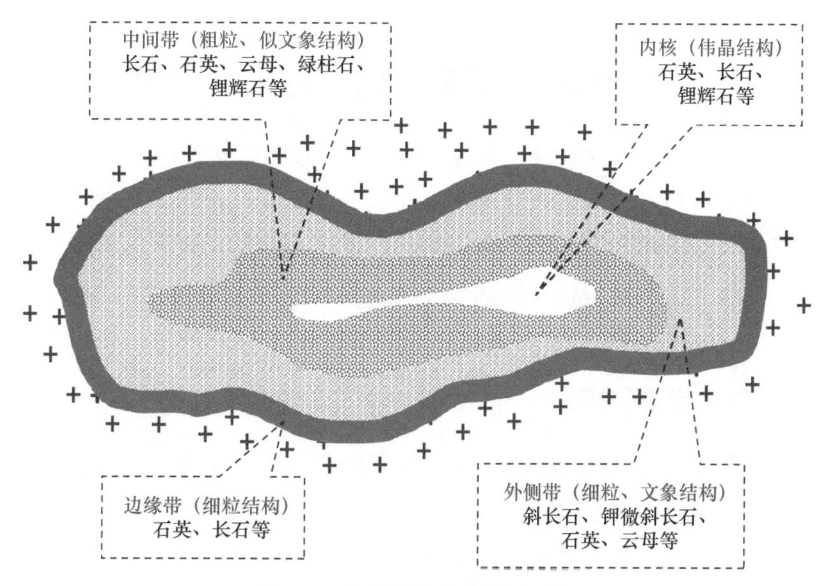

图 3.5　伟晶岩构造分带示意图

中间带主要呈粗粒和似文象结构，主要包括长石、石英、云母、绿柱石、锂辉石等，该区域交代作用比较发育，与交代作用有关的稀有元素矿物也较多，因此常是稀有金属矿化发育的地段。其厚度变化比较大，从几十厘米到数十米，是伟晶岩矿床的主要部分。

外侧带是细粒和文象结构，主要由文象花岗岩和由斜长石、钾微斜长石、石英、白云母等矿物组成，又称文象伟晶岩带，有时也有绿柱石等稀有矿物出现。其厚度比边缘带大，矿物颗粒粗大，不对称，不连续。

边缘带为细粒结构，主要是石英和长石，又称长英岩带。其厚度约为几厘米，形状不规则，不连续。

3) 伟晶岩矿体的产出特征

产出规模差别很大，长几米至上千米，厚几厘米至几十米，延深数百米；矿体形态多样，以脉状、囊状和透镜状为常见；产状复杂，有陡有缓，矿化多富集在脉体的上部或顶部，陡立者 (>45°) 对稀有元素矿化富集最有利。

3. 伟晶岩矿床的工业意义

伟晶岩矿床作为一种独立的矿床类型，有着特殊的成因和工业意义。它是某些稀有元素和稀土元素资源的重要来源，如 Li、Be、Nb、Ta、Cs、Rb、Zr、Hf、Y、Ce、La 等，有些伟晶岩矿床中的 U、Th 以及 Sn、W 等有经济意义。长石、石英和云母等是伟晶岩矿床中重要的非金属矿产。另外，在一些伟晶岩矿床中还产出宝石类矿物，如黄玉、绿柱石、水晶、电气石等。伟晶岩脉很少单独产出，而是成群、成带出现并形成规模较大的伟晶岩区。

此外，伟晶岩被誉为新元素和新矿物发现的摇篮，27 种化学元素是在伟晶岩中发现的，在伟晶岩矿床中发现新矿物 60 余种，可见其工业价值与科学意义十分重要。

3.2 伟晶岩矿床中的主要矿产资源

伟晶岩矿床主要包括花岗伟晶岩矿床、基性 - 超基性伟晶岩矿床、碱性伟晶岩矿床、与混合岩化有关的伟晶岩矿床。以花岗伟晶岩为主，花岗伟晶岩按矿物成分又分为简单花岗伟晶岩和复杂花岗伟晶岩；按成分及与围岩的关系分为单纯花岗伟晶岩与混合花岗伟晶岩；按矿物共生关系和结构特征又可分为文象和等粒型伟晶岩、块状型伟晶岩、完全分异型伟晶岩、稀有金属交代型伟晶岩、钠长石 - 锂辉石伟晶岩。

3.2.1 稀有金属伟晶岩矿床

稀有金属伟晶岩矿床是 Li、Be、Nb、Ta 等矿产的重要来源，与花岗岩关系密切，多分布在花岗岩体的内、外接触带上或围岩中，围岩为各种片岩、闪长岩和辉长岩，具有复杂的钠长石化和稀有元素交代作用，矿物成分极为复杂，工业价值巨大。除微斜长石和石英外，还有钠长石、锂辉石、锂云母、磷辉石、电气石、白云母、绿柱石、铌铁矿、钽铁矿、锡石、磷灰石、透锂长石、铯榴石、硅铍石、黄玉、沥青铀矿、锆石、磁铁矿、钛铁矿及一些硫化物矿物等。这类矿床在我国分布较广，也有规模大的矿床，如新疆阿勒泰可可托海稀有金属伟晶岩矿床、福建南平西坑伟晶岩铌钽矿床、河南官坡花岗伟晶岩金属矿床。国外著名的矿床分布在加拿大、美国、印度、巴西、阿根廷等国，如加拿大伯尼克湖铌钽矿床。

1. 新疆阿勒泰可可托海稀有金属伟晶岩矿床

新疆阿勒泰可可托海稀有金属伟晶岩矿床世界著名，富含锂、铷、铯、铍、铌、钽等，为我国开发最早的稀有金属矿产资源基地 (图 3.6)。产于辉长岩中，分异和交代作用极为发育，带状构造明显。该矿床产有多种稀有金属矿物：锂辉石、锂云母、绿柱石、铌铁矿、钽铁矿、细晶石、铯榴石等，可综合回收铷、铯、锆、铪，属大型稀有金属矿床，伴有海蓝宝石、金绿宝石、彩色电气石、红色磷灰石等宝石矿物产出。矿石类型分为铍铌钽矿石、锂铍铌钽矿石、铌钽矿石和锂铍铌钽铯矿石等。探明储量锂 (Li_2O)15.5 万吨、铍 (BeO)6.5 万吨、钽铌 $(TaNb)_2O_5$ 1314t，绿柱石 32.3 万吨、锂辉石 50 万吨、铯榴石 432.1t。

图 3.6 可可托海伟晶岩矿床

2. 加拿大伯尼克湖铌钽矿床

伯尼克湖矿 (Bernic Lake Mine，图 3.7) 位于加拿大伯尼克湖，为大型锂、铷、铯、钽、铍伟晶岩矿床。共九条矿带，其中钽矿带两条，锂矿带一条，首先开采的是钽矿带。矿石品位 Ta_2O_5 为 0.13%，矿石中钽矿物主要有锡锰钽矿、重钽铁矿、钽锆矿、钽锡矿、铌钽锑矿、细晶石。浮选后钽精矿品位 Ta_2O_5 达到 38.55%，回收率 73%，是目前世界钽原料的主要生产基地。

图 3.7 加拿大伯尼克湖矿

3. 河南官坡花岗伟晶岩

官坡花岗伟晶岩矿物组成复杂，主要矿物包括：钾长石、钠长石、石英、黑云母、白云母、铌铁矿、钽铁矿、铌锰矿、钽锰矿、锑钽矿、细晶石、锂辉石、锂云母、绿柱石、锂电气石 (粉红色、蓝色)、黑电气石、绝榴石、磁铁矿、锡石、黄铁矿、锆石、高岭石、磷灰石、磷锰矿、铁菱锰矿、白云石、磷锂铝石和黑钽铀矿等。分为锂电气石 - 锂云母型伟晶岩脉、锂辉石 - 锂云母型伟晶岩脉和黑色电气石 - 白云母型伟晶岩脉，伟晶岩脉分布集中、延伸稳定、规模较大、结构带发育完整、伟晶岩分带特征十分明显。官坡花岗伟晶岩脉具有高硅及低铁、镁、钙和钛的特点，稀土元素总含量低，为重要的钽铌等稀有金属矿床。

4. 福建南平西坑伟晶岩铌钽矿床

南平西坑伟晶岩铌钽矿床位于华南加里东褶皱带的隆起区，有两个片麻状黑云母花岗岩体，分别位于伟晶岩田的两侧。该区分布有近千条伟晶岩脉，绝大多数分布在变质岩系中，少量分布在花岗岩体中。伟晶岩脉同位素年龄为 254 ～ 361Ma，属海西期。伟晶岩脉的规模大小不等，一般宽数十米、长达百米，呈透镜状、脉状、似层状产出，近矿围岩多为变粒岩。主要稀有元素矿物为独居石、绿柱石、褐帘石、铌铁矿、铌钽铁矿、磷锂铝石、磷钇矿、锆石、锂辉石，以及细晶石、锰钽矿、含钽锡石等富钽矿物。

3.2.2 白云母伟晶岩矿床

云母分布广，但真正有工业价值的云母矿床却极少。自然界中最常见的矿物有黑云母、金云母、白云母、锂云母等，其中工业意义较大的是白云母、金云母及锂云母。白云母具有较高的绝缘性，1mm 厚白云母片可以耐 105V 以上的电压。金云母具有很强的耐热性，能在 1000℃以上的高温条件下不改变性质，还具有很强的抗酸碱及抗压性能。优质白云母必须具备云母片较大，透明且无斑点杂质，云母片之间具有良好的劈开性等特质。优质白云母可用于电容器、真空管、整流器、计算机、雷达、导弹、人造卫星、激光器材等领域；金云母用作绝缘和高强度耐火材料；锂云母用作高级陶瓷、釉料的原料；普通云母用作绝缘、绝热轻质材料及造纸、橡胶、颜料、油漆、塑料的填料等。

白云母伟晶岩矿床多数产于前寒武纪深变质岩中，围岩常为花岗片麻岩、片麻岩、结晶片岩、大理岩、角闪岩等。伟晶岩体呈板状、透镜状，分带清楚，多属块状型和完全分异型，矿物成分相对简单，主要为长石、石英和白云母，次要矿物为黑色电气石、磷灰石、石榴子石，偶见绿柱石、铌钽铁矿、晶质铀矿、曲晶石等，是工业用白云母的主要来源，特别是片度大、纯度高、质量好的白云母。广泛分布于中国、印度、美国、巴西、俄罗斯。

云母矿床的成因类型与分布和花岗伟晶岩脉的长石矿床相同。具有工业意义的白云母、金云母、锂云母矿床与花岗伟晶岩在时间、空间及成因上有密切关系，特别是花岗岩体侵入到富铝质的页岩、石英云母片岩等地层中，经热液交代作用可以形成优质白云母伟晶岩矿床。若花岗岩侵入到富铁镁质的围岩中，可形成伟晶岩型金云母矿床，如新疆阿勒泰富蕴地区的云母矿床。此外，中酸性岩浆侵入到镁质碳酸盐岩地层时，可形成接触交代型金云母矿床，但矿床规模一般较小；在交代蚀变型花岗岩中，可形成锂云母矿床，如江西宜春 414 矿即为此例。

云母矿床主要分布于花岗岩及花岗伟晶岩广泛发育的造山带地区，如新疆海西造山带，东秦岭加里东造山带。

1. 新疆阿勒泰地区云母矿床

新疆阿勒泰地区蕴藏着丰富的白云母矿产资源，该区有10万余条白云母伟晶岩脉，其中进行登记编号的伟晶岩脉有4万余条，发现白云母矿化区120处，经评价勘探的白云母矿脉有360条，探明工业原料白云母储量6.6万吨，居全国首位，是我国最大的白云母矿源基地，如图3.8。

阿勒泰地区的云母矿床类型为花岗伟晶岩型白云母矿床，主要以片状云母为主，该区云母类型有白云母、黑云母、斑点云母。

图3.8　阿勒泰云母矿与云母

2. 内蒙古土贵乌拉白云母伟晶岩矿床

内蒙古土贵乌拉白云母伟晶岩脉产于前寒武纪片麻岩中，呈较规则脉状，长约100m，厚度2～3m，倾角30°左右。伟晶岩分异良好，围岩有明确清楚的黑云母化。由于脉体倾角较小，呈现不对称的带状构造，自下而上分为：①下部细晶结构带，与围岩直接接触，厚约10cm；②文象结构带，呈不连续的带状分布，厚20～30cm；③似文象结构带，位于文象结构带之上，厚0.5～1m；④块状结构带，由石英和长石块体组成，厚1～1.5m；⑤石英-白云母交代带，位于块状结构带的上部，系石英-白云母交代块体长石而成，白云母面积一般小于20cm²；⑥巨晶板状白云母带，位于石英-白云母交代带之上，白云母呈巨大板状或块状晶体，面积可达100～200cm²，个别达600～800cm²，具有重要工业价值；⑦上部细晶结构带，与围岩直接接触，含较多的鳞片状白云母，厚约10cm。

3.2.3　含水晶伟晶岩矿床

石英是SiO_2的结晶矿物，硬度7左右，通常为无色及乳白色，有时因含有某些色素离子而呈现各种颜色。单体无色透明，不含气泡、微包体及杂质的高纯度石英称为水晶。高纯透明石英若含微量着色元素，则分别称为紫水晶(含Mn^{4+}和Fe^{3+})、黄水晶(含Fe^{2+})、蔷薇水晶(含Mn^{4+}和Ti^{4+})等，属于亚宝石类，如图3.9。

图 3.9　紫水晶与黄水晶

单体透明无色石英晶体具有压电效应、旋光性、绝缘性能和透紫外线性能，水晶级石英可用于光学材料，制造各种旋光仪、偏光显微镜等。压电石英在电子工业上用于无线电振荡器、共振器，水下无线电器材如声波回声探测器，以及电子计算机等尖端产品。

水晶级石英矿床是热液交代作用形成的，围岩为千枚岩、千枚状片岩、砂岩等。多分布于花岗岩体的顶部接触带附近，为一种带晶洞构造的伟晶岩 (图 3.10)，晶洞中产压电石英、黄玉、绿柱石、光学萤石等。

图 3.10　晶洞内的石英

晶洞中所含水晶主要是墨晶、烟晶和少数无色水晶。水晶的大小不一，小的几厘米，大的可达几十厘米，巨大的晶体可达几百公斤甚至 10 多吨。国外著名产地有巴西、日本、俄罗斯等。我国水晶资源较为丰富，在海南、青海、山西、山东、河南、陕西、浙江、安徽、江西、湖北、西藏、江苏、新疆等省区均有分布。

3.2.4　长石伟晶岩矿床

长石伟晶岩矿床主要产于花岗岩、片麻岩和结晶片岩中，矿体多呈规则的板状，主要由钾长石和石英组成。此外，有云母和少量的锂辉石、绿柱石和铌钽矿物，常可综合利用。单个矿体不大，但常成群成带分布，总体储量大。主要分布于中国 (西北、东北地区)、加拿大、美国、俄罗斯。

长石族矿物是地壳中主要造岩矿物之一，也是分布最广的矿物，含量约占地壳总重量的 50%，其中 60% 赋存于火成岩中，30% 分布在变质岩中，10% 分布于其他岩石中。长石族矿物为钾、钠、钙的铝硅酸盐，可分为两个矿物系列，即碱性长石系列和斜长石系列。长石族矿物具有熔点高、绝缘性能好、化学性质稳定等特点，广泛用作陶瓷原料、电瓷原料、玻璃原料、研磨材料及钾肥原料等。

工业价值巨大的长石矿床首推伟晶岩型矿床，这类矿床主要分布于褶皱造山带中花岗岩、花岗伟晶岩广泛分布的地区，如我国新疆阿勒泰伟晶岩区。

3.2.5　冰洲石伟晶岩矿床

透明质纯的方解石称为冰洲石，具有极高的重折射率，易于加工，是偏光显微镜最好的材料，主要用于光学仪器制造。主要产自于火成岩或石灰岩中。产于镁铁质火成岩中的冰洲石矿床分布于大面积出露的镁铁质暗色火成岩地区，产于玄武岩、细碧岩、辉绿岩及凝灰岩等岩石的裂隙或孔洞中，规模较小，一般长约 10m，宽约 1m，共生矿物有玉髓、水晶、沸石等。石灰岩中的冰洲石矿床产于石灰岩破碎带和空洞中，共生矿物主要有燧石、石英、重晶石等。

盛产冰洲石矿床的国家主要有巴西、马达加斯加、俄罗斯和中国 (内蒙古、吉林、辽宁、北京、江西、广西、云南、河南、四川等省区)。

3.3　夕卡岩矿床

3.3.1　夕卡岩矿床的概念

夕卡岩矿床也称接触交代矿床，是指产于中酸性侵入体与碳酸盐类岩石的接触带上或其附近，通过含矿气水溶液交代作用形成的并与夕卡岩在成因上和空间上存在联系的一类矿床。

夕卡岩主要由富钙或富镁的硅酸盐矿物组成，矿物成分主要为石榴子石类、辉石类和其他硅酸盐矿物。在中酸性侵入体与碳酸盐岩接触带附近，在热接触变质作用的基础上，在高温气化热液影响下，经交代作用所形成的一种接触交代变质岩。其名称来源于硅 (旧名矽，为 Si 音译) 和钙 (卡为 Ca 音译)。

接触交代作用是夕卡岩矿床成矿的主要方式，主要包括接触渗滤交代作用和接触扩散交代作用。

(1) 接触渗滤交代作用。由中酸性侵入体分泌出来的含矿气水溶液沿着接触带的裂隙系统渗滤，并与周围的岩石发生交代，称为接触渗滤交代作用。该作用过程受温度梯度和压力梯度控制，渗透范围大，可形成厚大的交代带，也可在距接触带较远的围岩中交代成矿。

(2) 接触扩散交代作用。发生在两种不同物理化学性质的岩石接触带上，在上升溶液的影响下，原来两种岩石中的组分通过粒间溶液在横切接触面的方向上发生相向的扩散交代而形成夕卡岩，称为接触扩散交代作用，也称为双交代作用。该作用过程的浓度梯度是扩散运移的动力，因此扩散范围小，难于形成厚大的交代带。

3.3.2 夕卡岩矿床的特征

矿床的产出部位。分布于中酸性侵入体与碳酸盐类岩石的接触带上或其附近，多数产于外接触带的夕卡岩化围岩中，少数产于内接触带的蚀变侵入体内，一般在距接触面100～200m范围内，个别可远离接触带达1km以上。

矿体的形态、产状。规模矿体的形态和产状复杂，明显受接触带构造的控制，多呈不规则状、似层状、透镜状、脉状、巢状等，规模大小不一，有直径仅数米的小矿体，也有长数千米、延伸达千米以上的巨大矿体，但一般为中小规模。

矿石成分。矿石的物质成分极为复杂，主要由金属氧化物、金属硫化物和一组特殊的夕卡岩矿物组成。金属氧化物主要有磁铁矿、赤铁矿、锡石、白钨矿，其次有黑镁铁锰矿、红锌矿、黑锰矿等。金属硫化物主要有黄铁矿、方铅矿、闪锌矿、黄铜矿、磁黄铁矿、辉钼矿、辉铋矿等。夕卡岩矿物按成分不同分为钙夕卡岩矿物和镁夕卡岩矿物两类。

矿石结构和构造。矿石结构多为粗粒结构，矿石构造为块状、浸染状、条带状、晶洞状、团块状等。矿石颜色取决于矿物成分和粒度，常为暗绿色、暗棕色和浅灰色。

矿床的分带性。夕卡岩矿床常具分带性，一般在靠近岩浆岩一侧形成内夕卡岩，称为内接触带，主要由较高温矿物组成，如磁铁矿、赤铁矿、石榴子石、辉石等，次要矿物有符山石、方柱石等。靠近围岩一侧形成外夕卡岩，称为外接触带，主要由中高温矿物组成，如石榴子石、辉石、角闪石、绿泥石、绿帘石、阳起石、黄铁矿、黄铜矿、闪锌矿等。在距接触带较远的围岩中，温度降低，多发育石英、方解石，有时有萤石、重晶石。

夕卡岩矿床是一种有重要工业意义的矿床类型。主要矿产有铁、铜、铅、锌、钨、锡、钼、钴、金、石墨、刚玉、砷、铍、硼、石棉、压电石英、金云母和石榴石等。夕卡岩矿床在世界矿产储量中占富铁矿的25%、钨矿的50%、铅锌矿的25%。

3.3.3 夕卡岩矿床的分类

夕卡岩矿床分类方式有多种。按矿化与夕卡岩的关系分为同时矿化型矿床、继承矿化型矿床和叠加矿化型矿床；按夕卡岩的成分分为钙夕卡岩型矿床和镁夕卡岩型矿床；按多成因及矿化叠加关系分为层控-夕卡岩型矿床、云英岩-夕卡岩型矿床和斑岩-夕卡岩型矿床；按照矿种分，则主要类型有夕卡岩型铁矿床、夕卡岩型铜矿床、夕卡岩型金矿床、夕卡岩型钨矿床、夕卡岩型铅锌矿床、夕卡岩型锡矿床、夕卡岩型钼矿床、夕卡岩型铍矿床等。

1. 按矿化与夕卡岩的关系分类

同时矿化型。夕卡岩矿物和有用矿物同时沉淀。空间上，夕卡岩体和矿体是一致的，夕卡岩体即为矿体，如某些磁铁矿矿床、硼矿床和石墨矿床等。

继承矿化型。有用矿物的沉淀直接交代夕卡岩矿物组合，矿化富集于夕卡岩的局部地段，主要有磁铁矿矿床、辉钼矿矿床、白钨矿矿床等。

叠加矿化型。有用矿物的沉淀与较晚期的热液活动有关，矿体明显地叠加在早阶段的夕卡岩之上。大部分 Cu、Mo、Pb、Zn、Au、Sn、Tb、U 等矿床属此类型。这类矿床中夕卡岩作为围岩，矿体界线与夕卡岩体的界线不一致，矿体局部可超出夕卡岩体进入围岩中。

2. 按夕卡岩的成分分类

钙夕卡岩型。系交代石灰岩而形成，是夕卡岩矿床中分布最广的一种类型。有关的矿床如 Fe、Cu、Pb、Zn、W、Sn、Mo 等金属矿床。

镁夕卡岩型。系交代白云岩或白云质灰岩而形成。有关的矿床除 Fe、Cu 金属矿床外，主要为非金属矿床，如硼、金云母、石棉等。

3. 按矿床的多成因及矿化叠加关系分类

层控 - 夕卡岩型。这类矿床受地层控制明显，后又经夕卡岩化作用的叠加，如我国长江中下游的铁矿以及铜官山型铜矿等。

云英岩 - 夕卡岩型。这是与花岗岩类杂岩体有关的复合矿床类型。我国湖南柿竹园 W-Sn-Mo-Bi 矿床是典型代表。

斑岩 - 夕卡岩型。这是与花岗闪长岩和石英二长岩类具斑状结构的岩株有关的复合矿床类型。在接触带上为夕卡岩矿床，在斑岩内部为斑岩矿床，这在铜钼矿床中尤为明显。美国西南部的斑岩铜矿带中许多矿床，以及我国湖北铜山口、江西城门山、西藏玉龙等矿床都是典型的斑岩 - 夕卡岩复合型矿床。

4. 按矿种的分类

如夕卡岩铁、铜、钨、锡、钼、铅、锌、铍以及硼矿等。这种分类应用广泛方便。

3.4　夕卡岩矿床中的主要矿产资源

3.4.1　夕卡岩铁矿床

夕卡岩铁矿床多产于大洋岛弧带、大陆边缘造山带和大陆边缘裂谷带，有关火成岩呈中性至弱酸性，如闪长岩、花岗闪长岩、石英闪长岩、二长岩等。矿体形态极为复杂，取决于接触带构造形态，非金属矿物以钙夕卡岩矿物为主，有透辉石、钙铁辉石、钙铁榴石、方柱石、阳起石、绿帘石等。矿石矿物主要为磁铁矿和赤铁矿，硫化物较少，常伴有铜、金、钴和锌等，矿化矿床规模一般不大，多为中小型；但矿石品位较高，一般含铁 40% ～ 50%，是我国富铁矿的主要来源之一。在俄罗斯、美国、中国分布广，典型矿例如湖北大冶。

湖北大冶铁山铁(铜)矿床。矿区位于下扬子台褶带西段的鄂东南褶皱束内，是我国著名的夕卡岩型铁矿床。矿床内矿石的矿物成分较为复杂，仅原生带矿物即达40余种。其中主要的金属矿物有磁铁矿、赤铁矿、菱铁矿、黄铁矿、黄铜矿、磁黄铁矿等，主要非金属矿物有透辉石、金云母、透闪石、阳起石、绿泥石、石榴子石、硬石膏、方解石、白云石、石英等。矿石以块状构造、细粒他形结构和交代残余结构广泛发育为特征，并有多种其他结构构造发育，如条带状、浸染状、花斑状、角砾状、多孔状和脉状构造等，自形-半自形粒状结构、交代结构、骸晶结构、碎裂结构等。

该矿床以铁为主，铜为辅，伴生有多种有益组分，有害杂质含量较低。铁品位最高可达70%，最低20%，一般50%～60%，平均53%。铜品位最高12%，最低0.1%，一般0.2%～1%，平均0.58%。可回收利用的有益伴生组分有Co、Au、Ag及Mn、V、Ti、Cr等。有害杂质除S外，As、P、Zn等含量较低。

矿床围岩蚀变较发育，主要有夕卡岩化、钠长石化、钾长石化、硅化、绿泥石化、碳酸盐化和蒙脱石化等。夕卡岩化按矿物组合可分为透辉石夕卡岩和金云母透辉石夕卡岩。前者主要由透辉石组成，并常见少量的石榴子石、阳起石、绿帘石、金云母及方解石等。

3.4.2 夕卡岩铜矿床

夕卡岩铜矿床多产于大陆边缘造山带，次为大洋岛弧环境，有关火成岩主要为花岗闪长岩、石英二长岩、石英闪长岩和二长花岗岩。脉石矿物为钙夕卡岩(钙铁-钙铝榴石、透辉石、绿帘石等)或镁夕卡岩矿物(镁橄榄石、硅镁石、透辉石、金云母、透闪石、蛇纹石等)组合。矿石矿物最主要为黄铜矿，次为斑铜矿、辉铜矿，含磁黄铁矿、黄铁矿、磁铁矿等。铜品位较富，可达2%～8%，可伴生Fe、Mo、Au、Co、W、Sn、Pb-Zn等矿化。环太平洋带和特提斯-喜马拉雅构造带是世界上夕卡岩铜矿分布的主要地区，中-新生代为主要成矿时代。夕卡岩铜矿在我国分布广泛，如吉林的天宝山、石嘴子铜矿床，河北寿王坟铜矿床，安徽铜官山铜矿床，湖北铜绿山铜矿床等。俄罗斯、美国、秘鲁、墨西哥和日本等国家有重要的夕卡岩铜矿床分布。

安徽铜官山铜矿床。该矿床矿石成分复杂，金属主要有磁铁矿、磁黄铁矿、黄铁矿和黄铜矿，次为赤铁矿、镜铁矿、白钨矿、辉铜矿、毒砂、闪锌矿、方铅矿等。脉石矿物主要为一套钙夕卡岩矿物组合(硅灰石、方柱石、透辉石、钙铝榴石、钙铁榴石、符山石、绿帘石、阳起石、绿泥石等)。矿石构造以致密块状为主，次为浸染状。

3.4.3 夕卡岩钨矿床

夕卡岩钨矿床以产在大陆边缘造山带为特征。主要产在石灰岩和花岗岩、石英二长岩、花岗闪长岩岩基或岩株的接触带上。侵入岩的矿物颗粒较粗，且伴有伟晶岩、细晶岩等，是在较高的温度和较深的环境中形成的。当不纯石灰岩与页岩等呈互层时，对成矿最为有利。矿体常呈层状、扁豆状，规模以大型居多。组成夕卡岩的矿物以含铁少为特点，主要为钙铝榴石、透辉石、角闪石、金云母，其次有符山石、萤石、正长石、绿帘石、方解石、石英等。主要金属矿物为白钨矿，其次为黄铁矿、闪锌矿、方铅矿、辉钼矿、辉铋矿、毒砂、锡石等。白钨矿颗粒细，多在 0.5cm 以下。矿石中 WO_3 含量一般为 0.4% ～ 0.7%，有些矿床可综合利用铋、钼。在夕卡岩退化蚀变过程中，辉石、石榴子石等经分解释放出大量钙，促使钨从溶液中沉淀出来，形成白钨矿，白钨矿均匀分布于部分夕卡岩岩体中，富矿中萤石多，贫矿中符山石多。

该类矿床在我国南岭地区分布较多，如湖南瑶岗仙、柿竹园等。它们往往和黑钨矿矿床共生，两种类型的钨矿在同一矿区出现，是由围岩性质不同而引起的差异。在石灰岩中形成白钨矿矿床，在硅铝质岩石中则形成黑钨矿矿床。矿床规模一般为中到大型，除湖南、江西、福建、广东有分布外，在新疆、云南、河南、甘肃等省区也有发现。朝鲜、美国、加拿大等国也有大型夕卡岩钨矿床。

3.4.4　夕卡岩钼矿床

与夕卡岩铁矿、铜矿、钨矿比较，与夕卡岩钼矿床有关的侵入岩分异演化得更为充分。矿床常产于花岗岩、花岗斑岩、花岗闪长岩、斜长花岗岩等岩体与石灰岩的接触带及其附近的围岩中。夕卡岩矿物以钙铝榴石、透辉石为主，金属矿物以辉钼矿为主，有时可和黄铜矿、白钨矿伴生形成铜钼或钨钼矿床。伴生金属矿物有黄铁矿、磁黄铁矿、毒砂、方铅矿、闪锌矿等。辉钼矿常呈小颗粒浸染状散布在夕卡岩内，有时和硫化物一起分布在夕卡岩中的石英脉中，呈细脉浸染状。矿石中钼的含量通常为 0.1% ～ 0.3%。矿体呈似层状、透镜状、不规则的复杂形状。矿床规模一般不大，但也有大型的，如我国辽宁杨家杖子钼矿、河北寿王坟铜钼矿床、河南栾川钨钼矿床等，国外如摩洛哥的阿泽古拉、俄罗斯北高加索特勒尼阿乌兹等钼矿床。

3.4.5　夕卡岩锡矿床

夕卡岩锡矿床主要产在大陆边缘造山旋回的晚期或相对稳定区的构造坳陷带中，产于花岗岩体与石灰岩的接触带及附近围岩中。含矿花岗岩多属于钛铁矿系列花岗岩。矿石中一般含硫化物较多，故又称夕卡岩型锡石硫化物矿床。根据矿物共生组合不同，又可分为锡石 - 黄铜矿、锡石 - 铅锌矿等。也有些矿床含硫化物较少，而氧化物如磁铁矿较多，有时还含有较多的香花石、金绿宝石等，如广东大顶、湖南郴州玛瑙山等。矿石中微量元素的特征组合是 F、Rb、U、Sn、Be、W、Mo。

该类矿床中夕卡岩成分复杂，主要矿物是透辉石、石榴子石、符山石、阳起石、萤石等，并有相当数量的绿泥石和石英。金属矿物除锡石外，还有白钨矿及大量的硫化物，如磁黄铁矿、黄铁矿、辉铋矿、毒砂、方铅矿、闪锌矿等。伴生有用元素有铟、银、镓、砷、锗等。锡石颗粒很细，呈浸染状或与硫化物组成细网脉状分布于夕卡岩中，有时在附近围岩中，甚至远离接触带而伸入围岩中组成致密块状矿石，矿石中含锡量为 23% ～ 28%，可综合利用稀有分散元素。我国云南个旧、广西大厂、湖南香花岭、内蒙古黄岗梁等矿床都属此类型。国外如东南亚地区、非洲西南部和美国阿拉斯加，以及澳大利亚和俄罗斯均有产出。

云南个旧锡石硫化物矿床。云南个旧素以产锡著称，近年来由于综合勘探又发现了铜、铅、锌、钨、铋、铍及稀有、稀土等矿产，综合利用价值极高。

矿区内出露有燕山中晚期侵入的辉长闪长岩、花岗岩及碱性岩类。与矿化关系密切的是酸性花岗岩类。斑状黑云母花岗岩，富钾，特征副矿物为褐帘石、榍石、磷灰石。粒状黑云母花岗岩，特征副矿物为锆石、独居石、磷钇矿，富钾，偏碱性。岩体中锡、铜含量偏高。

矿体形态总体为陡倾斜的脉状、柱状过渡到缓倾斜的透镜状和似层状。矿体规模沿走向长百米以上，最大达 1 ～ 2km，沿倾斜延深数百米至 1km 以上，厚度一般为 5 ～ 30m，局部可厚达 100m 以上。

夕卡岩具分带性，自内向外为黑云母斑状花岗岩 - 石英辉石长石岩 - 方柱石透辉石夕卡岩 - 石榴子石透辉石夕卡岩 - 透辉石夕卡岩 - 阳起石透闪石夕卡岩 - 锡石 - 硫化物矿石 - 大理岩。

矿石中金属矿物有锡石、白钨矿、黑钨矿、辉铋矿、毒砂、磁黄铁矿、黄铜矿、黄铁矿、闪锌矿、方铅矿等。伴生有用元素有钼、银、镓、砷、锗、硫等。矿化具带状分布，围绕小岩体呈环状或半环状分布，由内向外为钨铍带 - 铜钨铋锡带 - 锡铜带 - 铅带，再向外出现脉状铅锌带。

3.4.6 夕卡岩铅锌矿床

夕卡岩铅锌矿床常产于多种多样的地质环境中，主要与花岗闪长岩、花岗岩、石英二长岩有关。夕卡岩铅锌矿产出位置多与侵入体接触带有一定距离，或在岩株附近，或在岩墙附近，也有少数直接产在接触带上。矿体常呈不规则的囊状、柱状、脉状、透镜状等。矿体叠加于夕卡岩之上，常超出夕卡岩的范围而产于围岩之中，热液多次活动的现象明显。其夕卡岩矿物十分复杂，除辉石、石榴子石和角闪石族矿物外，常有相当数量的绿帘石族、绿泥石、绢云母、石英以及碳酸盐类矿物。金属矿物除方铅矿、闪锌矿外，还有黄铁矿、黄铜矿、磁黄铁矿等，有时还有锡石、白钨矿、辉钼矿、辉铋矿、磁铁矿、赤铁矿和罕见的含铍矿物。矿石品位变化大，平均含铅 7% ～ 20%，含锌 5% ～ 15%，还可综合利用 Cu、Au、Ag、In、Ga、Cd 等多种金属，因此这类矿床又称为夕卡岩型多金属矿床。矿床规模一般为中小型。

属于这类矿床的如我国辽宁八家子，吉林天宝山，北京延庆，浙江富阳，湖南水口山、铜山岭、黄沙坪，广东连南，甘肃花牛山等。在俄罗斯、美国、墨西哥和加拿大也有重要的夕卡岩铅锌矿床。

3.4.7 夕卡岩金矿床

夕卡岩型金矿床多产于大陆边缘造山带和大陆边缘裂谷带，有关的火成岩主要为中酸性中浅成侵入岩，如石英闪长玢岩、二长闪长玢岩、二长花岗岩、花岗斑岩等。脉石矿物为一套夕卡岩矿物组合，并发育中低温热液蚀变（绿泥石化、高岭土化、碳酸盐化）。金属矿物有自然金、磁铁矿、黄铁矿、黄铜矿、斑铜矿、镜铁矿等。矿石一般为中低品位，大多为 1.5 ～ 10g/t，最高可达 50g/t，储量一般为数吨至数十吨，常伴生有 Cu、Fe、Ag 等矿化。主要以自然金和银金矿的形式存在，部分矿床还有金 (银) 的碲化物，包括针碲金矿、针碲金银矿、碲金银矿、碲金矿等。主要分布于环太平洋成矿域和特提斯 - 喜马拉雅成矿域，成矿时代主要为中新生代。属于这类矿床的如我国湖北大冶鸡冠嘴、鸡笼山，安徽的马山、包村，山东沂南等。在国外如美国科珀谷、加拿大镍板、澳大利亚雷德多姆、菲律宾碧瑶、印度尼西亚西苏门答腊玛拉西邦其等。典型矿例如朝鲜 Suan 金矿、美国 Fortitude 金矿、加拿大 Hedley 金矿、山东沂南金矿。

除了独立的夕卡岩金矿床外，在许多夕卡岩铜矿床、铁铜矿床和铅锌矿床中还常产有伴生金，可供综合回收利用。

3.4.8　夕卡岩铍矿床

夕卡岩铍矿床产于花岗岩体与石灰岩接触带上的夕卡岩中。岩体一般为中小型，Be、Li 等稀有元素含量比一般花岗岩高，有时也含 F、W、Sn 等元素，常伴有明显的钠化、黄玉化、云英岩化。有时与钨、锡矿共生，同时可综合利用 Li、Rb、Cs、B 及 Cu、Pb、Zn 等多种元素。含铍夕卡岩常具特征性的条纹构造，由颜色不同的矿物组合而成。条纹的宽度一般为 0.1 ～ 1mm，条纹内的矿物颗粒细小，称为条纹岩铍矿。这种条纹岩常形成大的透镜状、薄层状和筒状矿体。

矿物主要为石榴子石、透辉石、符山石、磁铁矿，其次为萤石、电气石、铁锂云母、氟硼镁石等。含铍矿物有日光榴石、塔菲石、硅铍石、金绿宝石、香花石以及含铍符山石、含铍尖晶石等。它们都与萤石、铁锂云母、电气石等矿物共生。由岩体到石灰岩有规律地从磁铁矿 - 符山石 - 石榴子石夕卡岩逐渐过渡为含铍的深色磁铁矿条纹岩、含塔菲石的深色条纹岩和含金绿宝石的白色条纹岩。

这类矿床就世界范围来说分布广、含铍量高、储量大。因颗粒细，选矿难度大，但未来可期。典型矿床有我国南岭地区湖南香花岭铍矿、美国新墨西哥州的铁山矿床等。

3.4.9　夕卡岩硼矿床

夕卡岩硼矿床产在花岗岩体与白云岩的接触带中，主要矿物有镁橄榄石、尖晶石、透辉石、金云母以及透闪石和绿帘石，此外还有粒硅镁石和斜硅镁石。含硼矿物早阶段形成的主要是硼镁铁矿和少量电气石，晚阶段发育有斜方硼镁石、硼镁石和纤维硼镁石，矿床中经常出现磁铁矿，并有少量硫化物，在硼镁石形成时广泛发育有蛇纹石化。矿体的边界常超出镁夕卡岩的分布范围，系交代白云质大理岩而成。根据矿石建造可分为四种类型：磁铁矿 - 硼镁铁矿，含斜方硼镁石大理岩，含硼镁石大理岩，硼镁石 - 磁铁矿建造。由于镁是硼酸盐矿物的重要沉淀剂，因此硼矿常和镁夕卡岩有关。这类矿床在我国、俄罗斯、美国都有分布。

与夕卡岩有关的还有铋矿、砷矿，它们常和夕卡岩型钨、锡矿共生。此外，还有水晶矿、金云母矿、宝石矿、刚玉矿等。

3.5 其他热液矿床及主要矿产资源

3.5.1 钠长岩 - 云英岩型矿床

钠长岩 - 云英岩型矿床是与花岗岩有密切空间和成因关系、以出产稀有金属为主的一类矿床，是人们认识和研究较晚的一类矿床。钠长岩 - 云英岩型稀有金属矿床常规模较大，但金属富集程度一般不太高，有些情况下矿石的综合利用技术与开采条件也制约矿床的工业价值。

我国东南地区的钠长岩 - 云英岩型矿床分布在江西、湖南、广西、广东、福建等省区，如江西省内就有修水、雅山、牛岭坳、大吉山、黄沙、会昌、姜坑里等矿化岩体。

1. 江西宜春 414 钽锂矿床

矿床位于赣西北宜春市东南，是国内含 Ta 最高的钠长岩 - 云英岩化花岗岩矿床，已成为我国钽、锂原料重要生产基地。

岩体主要岩石类型为中粗粒黑云母和二云母花岗岩，其上为细粒白云母花岗岩，其中发生了不同程度的交代蚀变，形成从弱到中等再到强的钠长石化和锂云母化花岗岩，呈似层带状产出。矿体形态简单，呈似层状，最大厚度 196m，一般为几十米。矿化富集部分与富锂云母钠长石花岗岩带基本一致，富矿体的下部和边部为贫矿，产于锂云母钠长石化花岗岩中。矿石中常见矿物为钠长石、锂云母、石英、钾长石、黄玉，少量矿物有绿柱石、黑钨矿、石榴子石、氟磷锰矿、锆石、磁铁矿、黄铁矿，微量矿物还有钛铁矿、金红石、独居石、磷钇矿等。

Ta_2O_5 和 Nb_2O_5 主要赋存在铌钽锰矿和细晶石中，少量分散在锂云母、长石、锡石中，锂和绝大部分赋存在锂云母中，少量分散在长石中。主要矿段富矿中 Ta_2O_5 品位达 0.02% 以上。

2. 江西牛岭坳钽 (铌) 钇矿床

矿床位于江西牛岭坳，成近南北向延伸的透镜状、脉状岩体群，出露面积约 $0.2km^2$，含矿岩石为细粒富钠长石锂白云母花岗岩，矿体呈似层状，顶部成小脉，向下呈岩墙状，厚度 10 ～ 100m。由下而上为白云母花岗岩、钠长石白云母花岗岩、富钠长石锂白云母花岗岩、云英岩和似伟晶岩。其中富钠长石、锂白云母花岗岩带为主要矿体。

含矿岩体上部含钽铌矿物主要有黄钇钽矿、钇钽矿，其次为钇钽铁矿、细晶石、独居石、磷钇矿，还有较多的石榴子石、黄玉、锡石、黑钨矿和少量含铪锆石、绿柱石、萤石、电气石等。岩体下部钽铌矿物黄钇钽矿、钇钽矿显著减少，而出现一定数量的褐钇铌矿，还出现较多的氟碳钙钇矿、硅铍钇矿，以及较多的闪锌矿、黄铁矿、方铅矿。

3. 广东万峰山铍矿床

万峰山铍矿床与钠长石化云英岩有密切关系，是发育典型的云英岩。由于花岗岩岩浆侵入的部位较浅，当含矿气水溶液从花岗岩岩浆中分出时，岩体上部冷凝收缩裂隙及其他构造裂隙已经形成或同时形成，溶液能够有效地利用裂隙空间使云英岩化得到充分的发育，岩体上面的变质岩层起良好的遮盖作用，促进了其下面裂隙带中的云英岩化作用。

华南地区稀有金属花岗岩可分为富稀土 (钇)、富铌、富钽 (锂) 和富铍等类型，常见矿床有 Ta(Nb)-Li 型、Ta(Nb)-Sn 型、Ta(Nb)-W 型和 Ta(Nb)-Y 型等金属组合类型。江西西华山、大吉山和广西栗木等也发现了存在于花岗岩体内的 Ta、Nb、Be、Li 矿床。

3.5.2　斑岩型矿床

斑岩型矿床是指在斑岩类岩体及附近大范围分布的浸染状和细网脉状矿床，是 20 世纪初期采用露天开采和浮选技术而开发利用的一类规模大、品位低的矿种。最早开采的斑岩型矿床是美国的宾厄姆斑岩型铜矿床和南美智利、秘鲁的同类矿床。20 世纪 50 年代以来，在世界各地相继发现了更多的大型 - 超大型斑岩型铜矿床。这类矿床产量已占到世界铜矿资源总量的 50% 以上。斑岩型钼矿床也是钼资源的最主要来源。此外，还有斑岩型锡矿、斑岩型钨矿以及斑岩型金矿等。

斑岩型矿床中有单金属的，如单一铜或单一钼矿，也有两种或更多金属可综合利用的，如斑岩铜钼矿以 Cu 为主的 Cu/(Cu+Mo)>74%，以 Mo 为主的 Cu/(Cu+Mo)<5%，有的斑岩铜矿含金以至富金。在气候和地形条件适合的地区，原生低品位铜矿石可能经氧化和次生富集，从而其矿床的经济价值得以提高，如美国西部和智利一些斑岩铜矿因次生富集而得到优先开采。斑岩型矿床在世界各地分布较为广泛，是一类有特色的热液矿床。

斑岩铜矿特别集中产于环太平洋大陆边缘和岛弧地区，以及阿尔卑斯、喜马拉雅地区，两地区均构成了全球性的大成矿地带。东太平洋带内包括美国西部、加拿大和南美洲阿根廷、智利、秘鲁等的许多重要矿床。

西太平洋带内包括菲律宾、印度尼西亚、巴布亚新几内亚及中国东部的矿床。阿尔卑斯、喜马拉雅地区包括分布于南欧的罗马尼亚、保加利亚、土耳其和亚洲的伊朗、巴基斯坦和我国西藏的矿床。古生代斑岩铜矿分布在亚洲大陆中北部包括乌兹别克斯坦、哈萨克斯坦、蒙古到我国大兴安岭等地区的矿床。

1. 江西德兴斑岩铜矿床

德兴斑岩铜矿位于江西东北部德兴市境内，该区地处扬子地块北部江南隆起的东缘，有区域性赣东北大断裂通过，隆起区出露前震旦纪浅变质火山沉积岩系，矿床附近主要有浅变质凝灰质板岩和凝灰质千枚岩、夹千枚岩、碳质板岩，外围有中生代中酸性火山岩和碎屑沉积岩。燕山期岩浆活动强烈，有侵入基底变质岩系中的浅成 - 超浅成斑岩体和伴随火山岩、火山碎屑岩的次火山岩。

德兴矿区内有三个矿床，分别与铜厂、富家坞、朱砂红三个浅成斑岩体有关。岩体规模均较小，出露面积分别为 $0.7km^2$、$0.16km^2$ 和 $0.06km^2$，呈似筒状向北西西方向侧伏，岩性为花岗闪长斑岩。各矿床主要矿体均产于花岗闪长斑岩体的浅侧部，沿接触带内外分布，呈倾向北西的空心筒状，在水平面上呈环状或半环状，大矿体较规整，延伸可超过 1000m。铜厂岩体较大，矿体也大，斑岩上接触带的矿体厚度大，延伸稳定，下接触带的矿体厚度较小，延伸也小。富家坞岩体较小，上下接触带矿体规模相近。朱砂红浅部见枝丫状岩脉群，矿体为隐伏岩体，矿体产于接触带，为透镜体群。铜厂和富家坞两个矿床中的铜三分之一产于岩体中，三分之二产于接触带围岩中；朱砂红矿床的铜二分之一产于岩体中，二分之一产于外接触带围岩中。矿床围岩蚀变广泛而强烈，包括钾长石化、钠长石化、黑云母化、硅化、绢云母化、水白云母化、伊利石化、绿泥石绿帘石化、碳酸盐化等。以接触带为中心，向外有硅化 - 石英绢云母化 - 绿泥石 (绿帘石) 水云母化 - 绿泥石 (绿帘石) 伊利石化分带。矿体主要分布在石英 - 水白云母化带或石英 - 绢云母化带中，矿化与蚀变作用强度有关。矿石有浸染型、细脉浸染型和细脉型，以细脉浸染状者最多。主要金属矿物有黄铜矿、黄铁矿、辉铜矿、砷黝铜矿、斑铜矿、辉钼矿、方铅矿、闪锌矿。在矿体中辉钼矿 - 黄铜矿 - 方铅矿 - 闪锌矿也有一定分带，黄铁矿则是贯通各带的矿物。原生硫化物铜矿石占总产量的 85% ～ 90%，有少量为次生硫化物铜矿石。铜矿石铜品位为 0.4% ～ 0.5%。综合利用的元素有 Mo、Au、Ag、Re、S。

2. 西藏玉龙斑岩铜矿床

玉龙铜矿位于西藏自治区昌都地区江达县青泥洞乡境内的宁静山下，海拔 4569 ～ 5118m，探明铜储量达 650 万吨，居国内第二位，远景储量达 1000 万吨。特点是矿床规模大，适宜大规模露天开采，有用组分多，有用组分在精矿中富集，可综合利用，经济价值巨大。玉龙铜矿 (图 3.11) 是西南地区金沙江 - 红河斑岩铜矿带中最大的矿床，沿金沙江 - 红河断裂及两侧呈北西向带状分布的斑岩带延伸千余公里。

图 3.11 玉龙铜矿矿区

这一地区是喜马拉雅造山带发展到新生代时，印度板块和欧亚大陆碰撞后，在古板块结合带基底上发展起来的一条板内构造变形带。玉龙含矿斑岩体为复式小岩株，出露面积 0.63km^2，剖面上为蘑菇状陡倾，边缘和顶部多有构造角砾岩或隐爆角砾岩。玉龙铜矿床矿体呈蘑菇状，包括下部的筒状矿体和上部似层状矿体两部分。筒状矿体发育于斑岩内和接触带角岩中，横截面为圆 - 椭圆形，产状陡立。似层状矿体呈环状分布在斑岩体四周，由岩体向外缓倾，呈楔状。昌都地区位于“三江”特提斯成矿带北、中段，是我国著名的有色金属成矿带和海相火山沉积铁带。其中玉龙也有铜铁多金属矿床。玉龙铜矿除铜金属外伴生大量钼、金、银等，其中钼储量 10 余万吨、铁储量 8000 多万吨、金储量约 26t。位于玉龙成矿带上的还有多霞松多、马拉松多、莽宗等大中型铜矿。

该矿床围岩蚀变发育，自岩体中心向外有钾长石化、绢英化、青磐岩化，在含碳酸盐岩层中则发育钙铝榴石夕卡岩。斑岩体内及周围角岩中的矿化为细脉浸染型，可分为铜矿化、铜钼矿化。铜矿化含 Cu 0.68%，铜钼矿化含 Cu 0.33% ～ 0.6%、Mo 0.035% ～ 0.060%。受到氧化和淋积作用的影响，形成由孔雀石、蓝铜矿、赤铜矿等组成的氧化矿石和由辉铜矿组成的次生富集矿石，含 Cu 品位可提高到 5.20%。下部还有主要产于接触带的夕卡岩型矿石，由钙铝榴石、绿帘石、透闪石、阳起石、黄铁矿、黄铜矿组成，并含有少量白钨矿、辉铋矿。铜含量 0.26% ～ 1%、WO_3 0.12%、Bi 0.066%，还有 Au、Co、Ag 可综合利用。玉龙矿床是斑岩型和夕卡岩型铜矿与同一岩体有关的例子，矿床的一部分氧化带和次生富集带发育，矿床规模达超大型。

矿化分布在斜长花岗斑岩及闪长玢岩中，矿化蚀变带长约 3000m，矿体为似层状、透镜状，长 1100m，平均厚 174m，延伸大于 600m，矿石具细脉浸染状构造，金属矿物有黄铜矿、黄铁矿、斑铜矿、辉铜矿、磁铁矿。Cu 品位 0.3% ～ 1.5%，主要集中在石英 - 绢云母化带中。

3. 陕西金堆城斑岩钼矿床

陕西东部与河南西部的秦岭地区是我国重要钼矿分布地区之一。金堆城矿区西南方为老牛山花岗岩基，其围岩是元古界熊耳群变中基性火山岩、板岩及凝灰岩。燕山期花岗斑岩岩株沿北西断裂侵入其中，岩体顶部和旁侧围岩发生角岩化、黑云母化。岩体出露面积 0.067km^2，深部达 0.35km^2。花岗斑岩中 SiO_2 含量平均达 73.83%，K_2O+Na_2O 含量达 8.06%，K_2O/Na_2O 为 1.82，属高硅富钾型。钼矿化发育于斑岩体及其外接触带黑云母化角岩化中基性火山岩中，从斑岩体向外发育钾化、绢英岩化、硅化和青磐岩化蚀变分带。矿体整体形态呈厚大块状，延长近 2000m，延深大于 700m。矿体内部为不同方向不同成分的裂隙脉纵横交织构成的网脉带，单一裂隙脉宽一般为 0.2 ～ 0.5cm，个别宽 1.0cm。常见的是黄铁矿 - 石英脉、黄铁矿 - 钾长石 - 石英脉、黄铁矿 - 辉钼矿 - 石英脉、黄铁矿 - 辉钼矿 - 钾长石 - 石英脉、白云母 - 萤石 - 黄铁矿 - 辉钼矿 - 石英脉以及边部的方解石脉和沸石脉。在偏酸性还原条件下，热液的沸腾是 MoS_2 成矿的重要原因，Mo 和 S 主要来自岩浆。

思 考 题

3-1 什么是热液？如何产生的？有何特点？
3-2 简述热液矿床的概念。
3-3 简述伟晶岩矿床的概念和特点。
3-4 伟晶岩矿床中产出的常见矿种有哪些？
3-5 简述夕卡岩矿床的主要特点和重要矿产资源。
3-6 简述斑岩矿床的概念及主要矿产资源。

第 4 章

风化矿床及主要矿产

4.1 风化矿床的概念与特征

4.1.1 风化矿床的概念

地壳最表层的岩石和矿石，在大气、水、生物等营力的作用下遭受破坏，引起矿物成分和化学成分改组的复杂作用过程，称为风化作用。风化作用后在原地或附近形成的质和量都能达到工业要求的有用矿物堆积体，称为风化矿床。由风化作用产物所组成的岩石圈的这一部分，即地壳表层风化产物的残留地带，称为风化壳。风化矿床也称为风化壳矿床。

风化作用分为物理风化作用、化学风化作用、生物风化作用。

1. 物理风化作用

物理风化作用指地表的岩石或矿石以崩解方式机械破碎成碎屑，而无明显的物质成分变化的过程。主要包括冰楔作用、根劈作用、热胀冷缩作用、冰川刨蚀作用、暴风沙侵蚀作用、叶状剥离作用等。

2. 化学风化作用

化学风化作用指由于化学作用，地表组成岩石的矿物发生分解，直至形成在表生条件下稳定的新矿物组合的过程。主要包括氧化作用(图4.1)、水解作用(图4.2)、水化作用和CO_2作用等。

图4.1 氧化作用

图4.2 水解作用

3. 生物风化作用

生物风化作用实质是化学风化作用的一种，是由生物活动和死亡过程引起的一种特殊的化学风化作用。生物风化的作用方式主要包括：生物通过光合作用、微生物的代谢和有机体的分解等改变大气成分；某些微生物的氧化还原作用，如铁细菌、硫细菌、还原硫酸盐细菌等；微生物通过选择性吸收某些元素而使矿物成分和结构发生改变。

4.1.2 风化矿床的特征

风化矿床大部分形成于近代，产于地表、近地表，埋藏浅，便于露天开采，如图 4.3 所示的高岭土矿床。

图 4.3 高岭土矿床

风化矿床分布范围与原岩或原矿体出露范围一致或相距不远，故除其自身具有工业价值外，常可作为寻找原生矿床的重要标志。矿体出露形态分为面型、线型和岩溶型三类 (图 4.4)。

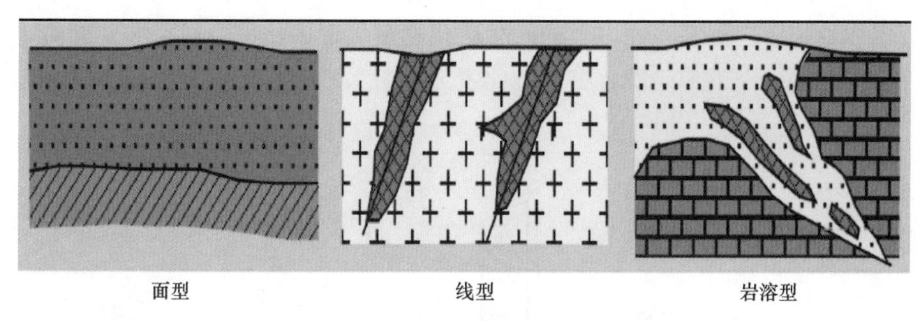

图 4.4 风化矿床矿体出露形态示意图

风化矿床的矿石构造多为多孔状、土状、粉末状、皮壳状、结核状和网格状；矿石结构主要为胶状结构和残余结构。矿石由表生条件下稳定的元素和矿物组成，大多为氧化物、氢氧化物、碳酸盐、硫酸盐、磷酸盐和其他含氧盐类，此外还有一些自然元素 (金、铂、金刚石)。

矿床规模以中小型为主，但若原岩出露面积很广，在有利于风化矿床形成和保存的条件下，规模可以巨大。例如，新喀里多尼亚岛上的面型风化镍钴矿床，分布面积达 6000km^2；古巴的红土型风化铁矿床，储量达 150 亿吨；我国西南地区的风化镍矿床，断续延长达百余千米。

风化矿床具有十分重要的工业价值。最重要的矿产有铁、锰、铝、镍、稀土元素和高岭土。风化镍矿床储量占世界镍矿总储量的 75%，重要矿区如大洋洲的新喀里多尼亚、我国的西南地区。世界上规模最大、品位最富的铁矿为古巴的风化型矿床，世界上规模最大的铝土矿为澳大利亚昆士兰州的风化铝土矿，其储量达 46.5 亿吨。印度中央山脉的风化锰矿规模巨大，储量占印度的 75%，品位高达 75%；加纳、摩洛哥、巴西、古巴等国的风化锰矿也极为重要与著名。陶瓷工业原料高岭土也主要来自风化矿床，如我国江西的高岭土矿床。

4.2 原生矿床的表生变化

各类矿床的近地表和露出地表部分在风化作用下都会发生变化，尤其是金属硫化物矿床的变化比较强烈，这种变化称为表生变化。表生变化改变了原矿体的结构、原矿石的矿物成分和化学成分，并形成一些典型的矿物分带现象，称为表生分带。了解这种变化特点有助于推测深部矿体的类型。此外，铜、银、铀等矿床在表生变化过程中可以发生次生富集，从而大大提高矿床的工业价值。

4.2.1 金属硫化物矿床的表生分带

金属硫化物矿床在地表和近地表的部分长期经受强烈的化学风化作用，可发育完整的表生分带。如图 4.5 硫化物铜矿床的表生分带自上而下为：

(1) 潜水面以上的氧化带，大致相当于地下水渗透带，自上而下发育完全氧化亚带、淋滤亚带、次生氧化物富集亚带。

(2) 潜水面以下、停滞水面以上的次生硫化物富集带，此带地下水水平流动。

(3) 停滞水面以下的原生硫化物带，此带为停滞水带。

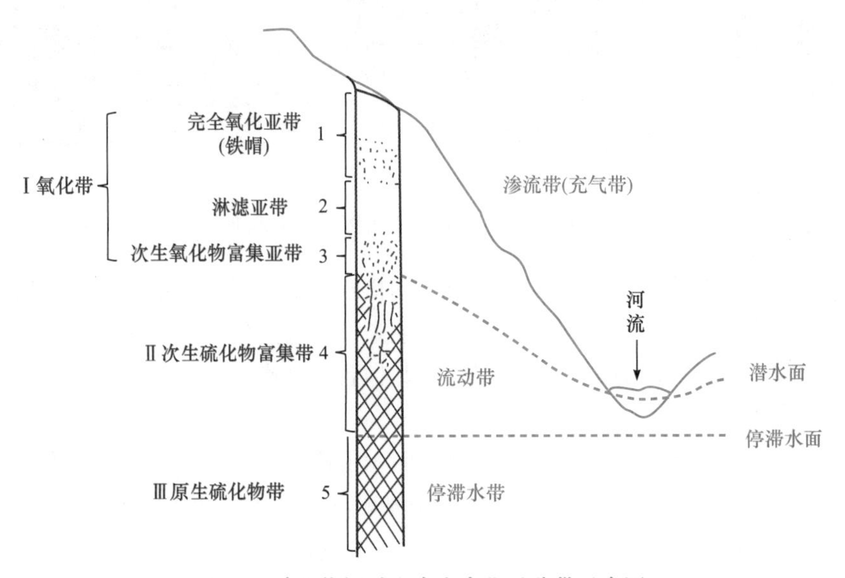

图 4.5 硫化物铜矿床表生变化及分带示意图

4.2.2 金属硫化物矿床的氧化带

在氧化带，金属硫化物主要发生氧化和淋滤，还有次生氧化物的沉淀富集。氧化带分为完全氧化、淋滤、次生氧化物富集三个亚带。

氧化带内有两种主要的化学变化：一种是某些矿物被氧化、溶解和搬运，另一种是使硫化物矿物转变成氧化矿物。氧化带中的硫化物一般很容易转变为硫酸盐，特别是硫化物矿石中常见的黄铁矿和磁黄铁矿，氧化后形成的硫酸（亚）铁和硫酸对其他硫化物矿物的分解发挥着重要作用。化学反应方程式如下：

$$2FeS_2(\text{黄铁矿}) + 7O_2 + 2H_2O \longrightarrow 2FeSO_4 + 2H_2SO_4$$

硫酸亚铁很不稳定，进一步氧化生成硫酸铁：

$$4FeSO_4 + 2H_2SO_4 + O_2 \longrightarrow 2Fe_2(SO_4)_3 + 2H_2O$$

或

$$12FeSO_4 + 3O_2 + 6H_2O \longrightarrow 4Fe_2(SO_4)_3 + 4Fe(OH)_3$$

硫酸铁水解后生成氢氧化铁及硫酸：

$$Fe_2(SO_4)_3 + 6H_2O \longrightarrow 2Fe(OH)_3 + 3H_2SO_4$$

黄铁矿等铁硫化物的氧化产物中，氢氧化铁继而转变成褐铁矿和赤铁矿保留下来，硫酸铁能促使铁、铜、铅、锌等硫化物氧化成硫酸盐：

$$FeS_2 + Fe_2(SO_4)_3 \longrightarrow 3FeSO_4 + 2S$$

$$CuFeS_2(\text{黄铜矿}) + 2Fe_2(SO_4)_3 \longrightarrow CuSO_4 + 5FeSO_4 + 2S$$

$$ZnS(\text{闪锌矿}) + 4Fe_2(SO_4)_3 + 4H_2O \longrightarrow ZnSO_4 + 8FeSO_4 + 4H_2SO_4$$

$$2PbS(\text{方铅矿}) + 2Fe_2(SO_4)_3 + 2H_2O + 3O_2 \longrightarrow 2PbSO_4 + 4FeSO_4 + 2H_2SO_4$$

金属硫化物在氧化带中先氧化成金属硫酸盐，由于 $CuSO_4$、$ZnSO_4$ 等是易溶的，因而被淋失带出氧化带，$PbSO_4$ 难溶则在氧化带中沉淀下来生成铅矾。

在某些情况下，铜和锌等也可在氧化带中形成堆积，如由于围岩或脉石矿物中含有大量碳酸盐或硅质岩，$ZnSO_4$ 可形成菱锌矿 ($ZnCO_3$)、异极矿 $\{Zn_4[Si_2O_7](OH)_2 \cdot H_2O\}$，$CuSO_4$ 可形成孔雀石、蓝铜矿和硅孔雀石，或在干燥条件下因蒸发生成胆矾、水胆矾等矿物，而在氧化带中残留下来。

氧化使大部分矿物发生了变化，完全氧化亚带在氧化带中氧化作用最为彻底，几乎所有的金属硫化物都被氧化分解，铁和锰的硫化物、碳酸盐最终形成氧化物或氢氧化物，即褐铁矿，它们和难溶物质如黏土等残留地表，形成“矿帽”。例如，$Fe_2(SO_4)_3$ 在原地沉淀、脱水后变成褐铁矿、水针铁矿、针铁矿、水赤铁矿、赤铁矿，在氧化亚带残留富集形成铁帽。其他元素也可以形成锰帽、铅帽、砷帽等。

在氧化带中部，从完全氧化亚带淋滤下来的 $FeSO_4$、$Fe_2(SO_4)_3$、H_2SO_4 对矿物发生强烈的溶解淋滤作用，硫化物几乎全部被溶解带走，仅剩下一些极为稳定的矿物，如石英、重晶石、自然金、铁的氧化物和氢氧化物等，构成淋滤亚带。

次生氧化物富集亚带的形成和富集作用与地下水面的升降密切相关，地下水面以下为还原环境，当水面下降时，露出水面以上发生氧化，使原地下水面以下的次生硫化物氧化形成次生氧化物，使金属富集而含量增高。例如：

$$4Cu_2S(\text{辉铜矿}) + 9O_2 \longrightarrow 2Cu_2O(\text{赤铜矿}) + 4CuSO_4$$

含铜量　　79.8%　　88.8%

$$Cu_2S(\text{辉铜矿}) + 2O_2 \longrightarrow Cu(\text{自然铜}) + CuSO_4$$

含铜量　　79.8%　　100%

次生氧化富集作用形成的不同铜矿结构如图 4.6。

图 4.6　自然铜 + 孔雀石 + 蓝铜矿

发育的氧化带要求温暖、潮湿的气候条件，地形切割不大。剥蚀速度小于氧化速度的丘陵地区有利于氧化带的形成。地下水面上升，使氧化带变薄，反之，氧化带变厚。地下水面缓慢持续下降有利于氧化带的形成。

不同矿床留下的铁帽是有差别的，主要表现在铁帽的颜色、孔穴形态、构造及其次生矿物不同。通过铁帽特征可以判断是否有硫化物矿体存在及其类型和规模大小，如栗色、棕色、橘红色是由含铜硫化物氧化而成，砖红色是由黄铁矿氧化而成，黄褐色及浅棕色则来自于闪锌矿的氧化。褐铁矿菱形网状的蜂窝构造意味着原生硫化物中可能有方铅矿，而三角形的褐铁矿网孔则意味着有斑铜矿存在。

4.2.3　金属硫化物矿床的次生富集带

从硫化物矿床氧化带中淋滤出来的某些金属易溶于硫酸盐溶液，当渗透到潜水面之下的还原环境时，以交代原生硫化物的方式生成新的硫化物，这些新的硫化物称为次生硫化物。这种作用使硫化物矿石品位显著提高，称为硫化物矿床的次生富集作用。潜水面以下的还原带就是硫化物矿床的次生富集带。

例如，当硫酸铜溶液交代原生硫化物时，便可产生辉铜矿、铜蓝等次生铜矿物：

$$14CuSO_4 + 5FeS_2(\text{黄铁矿}) + 12H_2O \longrightarrow 7Cu_2S(\text{辉铜矿}) + 5FeSO_4 + 12H_2SO_4$$

$$CuSO_4 + PbS(\text{方铅矿}) \longrightarrow CuS(\text{铜蓝}) + PbSO_4(\text{铅矾})$$

$$CuSO_4 + ZnS(\text{闪锌矿}) \longrightarrow CuS(\text{铜蓝}) + ZnSO_4$$

$$CuSO_4 + CuFeS_2(\text{黄铜矿}) \longrightarrow 2CuS(\text{铜蓝}) + FeSO_4$$

$$3CuSO_4 + 5CuS(\text{铜蓝})+4H_2O \longrightarrow 4Cu_2S(\text{辉铜矿}) + 4H_2SO_4$$

交代会大幅度提高原矿石中金属含量，这类作用称为次生富集作用。次生富集矿石的品位可较原生矿石提高几倍至几十倍。在某些情况下，不具工业价值的原生含矿岩石，经次生富集作用可变为矿石甚至是富矿石。例如：

$$11CuSO_4 + 5CuFeS_2 + 8H_2O \longrightarrow 8Cu_2S + 5FeSO_4 + 8H_2SO_4$$

黄铜矿　　　　　　辉铜矿

含铜量　　34.6%　　　　79.8%

$$7CuSO_4 + 4FeS_2 + 4H_2O \longrightarrow 7CuS + 4FeSO_4 + 4H_2SO_4$$

黄铁矿　　　　　铜蓝

含铜量　　0%　　　　66.5%

$$CuSO_4 + PbS \longrightarrow CuS + PbSO_4$$

方铅矿　　铜蓝

含铜量　　0%　　66.5%

次生硫化物富集带形成的必要条件是有一个很发育的氧化带，氧化带中不含碳酸盐矿物类沉淀剂，同时原生矿物中存在大量的黄铁矿或易被交代的硫化物。

4.3 风化矿床类型

风化矿床根据风化产物状态可分为残积 - 坡积矿床、残余矿床和淋积矿床。

4.3.1 残积 - 坡积矿床

出露地表的岩石或矿床由于遭受风化作用，其中未被分解的重砂矿物或岩石碎屑残留在原地，或沿斜坡堆积起来形成的矿床，称为残积 - 坡积矿床，也称碎屑矿床。图 4.7 为残积 - 坡积砂矿床示意图。

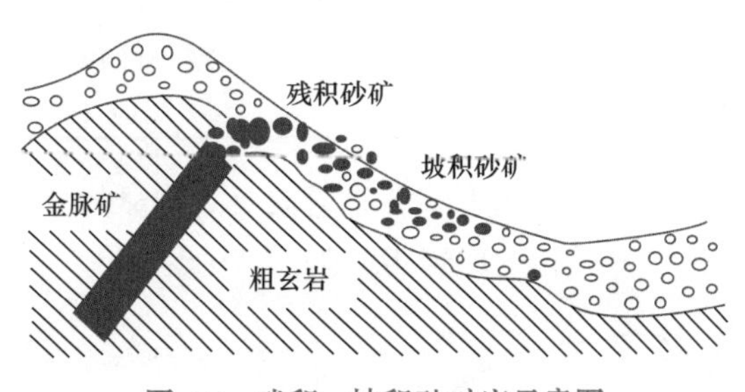

图 4.7　残积 - 坡积砂矿床示意图

此类矿床形成的主要作用为物理风化作用，以机械破碎为主，无物质成分的显著变化。主要造岩矿物为硅酸盐岩类岩石、硅酸盐岩中的副矿物以及原生矿床或矿脉中的稳定矿物或矿石碎块。多分布于干旱地区或高寒地区。

有用组分是耐腐蚀的在表生带稳定的矿物或岩石碎屑，如自然金、金刚石等，物质组成与原岩相似，仅有用矿物含量较高，有用矿物或岩石碎屑一般具明显的棱角或保留了原矿物的外形，有用组分无分选或分选性极差，也无明显的层理构造，一般工业价值相对较低。

主要矿产为残积 - 坡积型金砂矿床、锡砂矿床、铌钽砂矿床、金刚石砂矿床、水晶砂矿床等。

残积 - 坡积砂矿床也是寻找原生矿床的重要标志 (图 4.8)。

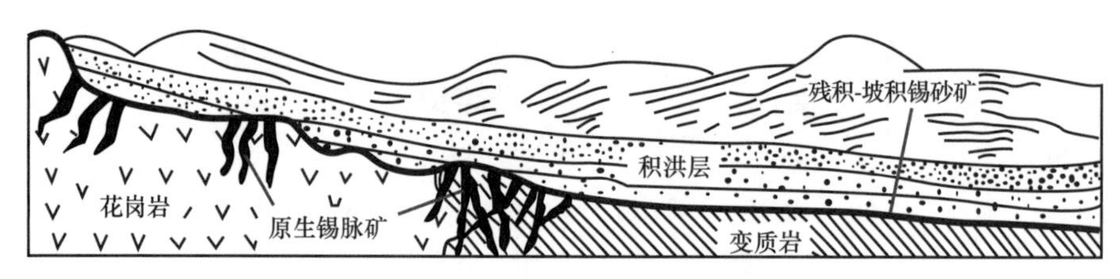

图 4.8 残积 - 坡积砂矿床与原生矿床的关系

4.3.2 残余矿床

1. 概念与特点

出露地表的岩石或矿床，由于遭受化学风化作用和生物风化作用，其中易溶组分被地表水或地下水带走，而难溶组分在原地彼此相互作用，或单独从溶液中沉淀出稳定的新矿物，在原地或附近堆积起来所形成的矿床，称为残余矿床。

在风化作用过程中，由于元素自身属性、矿物抵抗风化能力的不同，以及环境条件的不同，各元素具有不同的迁移能力 (表 4.1)，由此而引起的彼此分离称为风化分异。残余矿床就是风化分异的结果。

表 4.1 风化产物中元素的迁移能力

元素迁移系列等级	迁移的难易程度	元素
Ⅰ	强烈迁移	Cl、Br、I、S
Ⅱ	易迁移	Ca、Mg、Na、K、F、Sr、Zn
Ⅲ	可迁移	SiO_2(硅酸盐中)、Cu、Ni、Co、Mo、V、Mn、P
Ⅳ	慢迁移	Fe、Al、Ti、Sc、Y、TR
Ⅴ	完全不迁移	SiO_2(石英)

残余矿床有面型和线型两种产出形式，垂直向具有明显的分带现象，从上至下依次为完全风化带、半风化带和未风化的原岩带，如图 4.9。

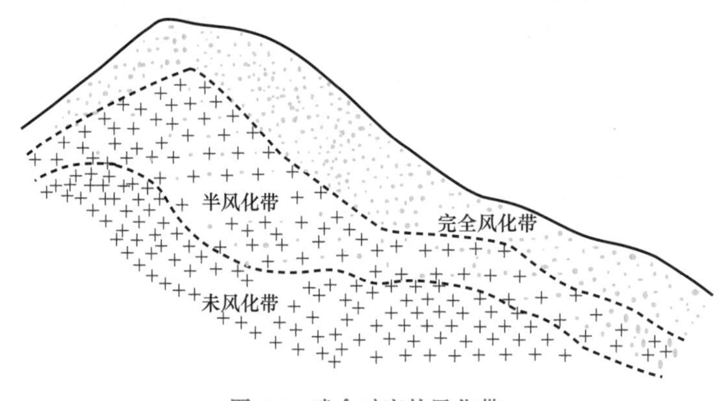

图 4.9 残余矿床的风化带

残余矿床矿体厚度一般为数米至数十米，最厚可达 200m，主要取决于风化程度。有用组分与原岩差别很大，均为地表条件下新生的稳定矿物，即次生矿物。矿石多呈典型的胶状构造。

2. 残余矿床的形成

1) 黏土化作用

温湿的气候条件，化学和生物风化作用强烈，地形微受切割环境下，花岗岩、片麻岩、长石砂岩等铝硅酸盐岩石容易发生分解与氧化，K、Na、Ca、Mg 等碱金属和碱土金属以碳酸盐或重碳酸盐形式被地表水带出风化壳，而 SiO_2、Al_2O_3、Fe_2O_3 等难溶组分在水中形成胶体溶液，$Fe_2O_3 \cdot nH_2O$ 胶体在腐殖酸保护下被带出风化壳，而剩下的 $SiO_2 \cdot nH_2O$ 胶体 (带负电荷) 与 $Al_2O_3 \cdot nH_2O$ 胶体 (带正电荷) 相互作用，彼此凝聚形成稳定的黏土矿物。

代表性矿物有高岭石 ($Al_2O_3 \cdot 2SiO_2 \cdot 2H_2O$)、多水高岭石 ($Al_2O_3 \cdot 2SiO_2 \cdot nH_2O$)、微晶高岭石 ($Al_2O_3 \cdot 4SiO_2 \cdot nH_2O$) 和水云母等。

2) 红土化作用

处于炎热潮湿的热带亚热带气候，化学和生物风化作用剧烈，地形平坦的环境中，富铁贫硅的铝硅酸盐岩石 (霞石正长岩、玄武岩等) 易发生分解，但碱金属和碱土金属不易带出风化壳，溶液呈碱性，剩下的 $Al_2O_3 \cdot nH_2O$ 胶体 (带正电荷) 与 $Fe_2O_3 \cdot nH_2O$ 胶体 (带正电荷) 不能相互结合，而分别凝聚形成 Al 的氢氧化物和 Fe 的氧化物或氢氧化物，包括红土型一水铝土矿 ($Al_2O_3 \cdot H_2O$)、三水铝土矿 ($Al_2O_3 \cdot 3H_2O$)、褐铁矿 ($Fe_2O_3 \cdot nH_2O$)、针铁矿 (FeOOH) 和水针铁矿 ($FeOOH \cdot nH_2O$)。

残余矿床的主要类型包括：高岭土矿床、蒙脱土矿床、红土型铝土矿床、红土型铁矿床、离子吸附型稀土元素矿床等。

4.3.3　淋积矿床

1. 概念与成矿作用

出露地表的岩石或矿床遭受化学和生物风化作用后，一些易溶组分被淋滤带到地下水面附近，由于介质物理化学性质的改变，或通过与周围岩石发生交代作用，有用物质沉淀出来而形成的矿床，称为淋积矿床。

淋积成矿作用方式一是含矿溶液与固体岩石或矿物发生反应使矿物沉淀 (图 4.10)。

$$ZnSO_4 + CaCO_3 + H_2O \longrightarrow ZnCO_3(\text{菱锌矿}) + CaSO_4 \cdot H_2O$$

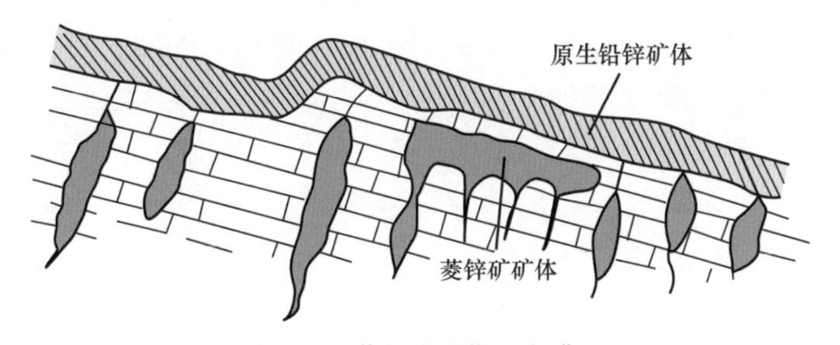

图 4.10　淋积成矿作用方式一

成矿作用方式二是含矿溶液与另一种水溶液发生反应产生矿物沉淀（图 4.11）。

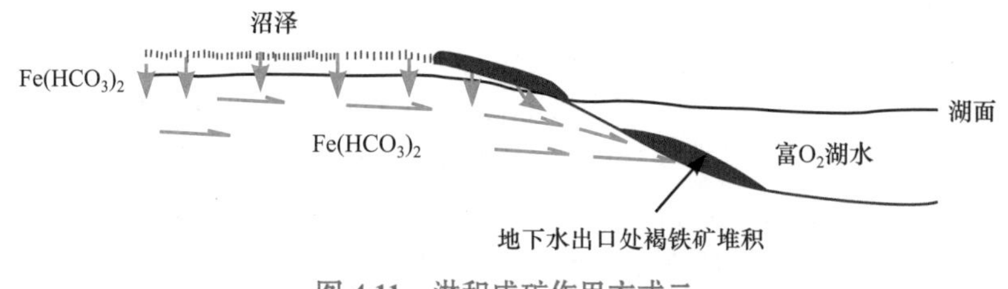

图 4.11　淋积成矿作用方式二

2. 淋积矿床特点

区别于残积 - 坡积矿床和残余矿床，淋积矿体多产于地表以下、潜水面以上的淋滤亚带，矿体的形态多为不规则的脉状、网脉状、囊状、岩溶状等，常穿切地层，有用组分多为化学性质活泼的成矿元素，如 Ni、U、Co、V、Cu、Pb、Zn、Fe、Mn 等。矿物结晶好，矿石交代现象明显，各种交代作用的结构和构造发育。

4.4　风化矿床中的主要矿产资源

4.4.1　风化残余型高岭土矿床

母岩为含二氧化硅较多的酸性岩或中性硅铝酸盐时，容易形成高品位的高岭土矿床，基性岩也可以形成高岭土，但因含铁等其他有色杂质较多，影响高岭土的成色，难形成高品位的高岭土矿床。

我国高岭土矿床分布广泛，花岗岩风化壳中分布有丰富的高岭土，以江西星子、山东烟台午台、辽宁万宝高岭土矿床最为典型，是闻名世界的中国瓷器的原料。

江西星子高岭土矿。江西星子高岭土矿是我国最著名的高岭土矿床，位于江西省景德镇市高岭村，是风化残余型高岭土矿床的典型代表。该矿床自南北朝始采，历经 1500 余年。矿床产于花岗岩、正长岩、伟晶岩和混合片麻岩的风化壳中。矿床的底部界线不规则，矿体呈似层状、漏斗状、透镜状，自上而下依次为由花岗岩风化形成的高岭土 - 风化花岗岩 - 花岗岩，逐渐与母岩过渡。产于燕山期俄湖花岗岩体表面，深度 20 ～ 40m。矿石近地表以高岭石为主，含少量水云母，其他黏土矿物较少，Fe_2O_3 含量 0.7% ～ 1%。地下水面以下以埃洛石为主，含矿率 15% ～ 50%。矿体 4 个，沿断裂分布，长 750 ～ 1000m，宽 20 ～ 300m，厚 5 ～ 30m。矿石分砂状土、块状土、脉状土三类，以砂状土为主。砂状土以晶形不完整、碎片状的无序高岭石为主 (56%)，含伊利石 (23%)、少量埃洛石以及石英、云母和长石。矿石质纯者颜色洁白，若受氧化铁污染则呈黄色或粉红色。

所制瓷器有“白如玉，明如镜，薄如纸，声如磬”的美誉。矿石的缺点是成型性能较差，干燥和烧成收缩率不匀，与其成分复杂有关。有一些脉状土是在裂隙中经地下水渗滤淀积而成，矿物结构细腻纯净。

4.4.2　红土型残余铝土矿床

红土型残余铝土矿床是经红土化作用形成的铝氧化物富集到一定品位的一类矿床。形成铝土矿的母岩主要是硅铝酸盐，硅铝酸盐通过红土化作用去硅而使铝氧化物富集，雨水淋滤使大量硅流失，铝得以保留而富积成矿。含铝丰富的母岩在红土化作用过程中容易形成高品位的铝矿床，如霞石正长岩和玄武岩风化壳中常赋存有高品位的红土型铝土矿床。相对于其他红土型矿床，红土型铝土矿床的形成过程对干湿交替的要求不高，但要求高湿多雨，降雨量大，有利于矿床形成。地形落差大，渗透带厚度较大，能及时排水，也有利于矿床的形成。

福建漳浦铝土矿。福建漳浦铝土矿矿床附近最古老的岩石为片麻状花岗岩，玄武岩覆于其上。铝土矿是由玄武岩风化而成，其风化壳的剖面自上而下为富铝土矿的红土层(1～2m)、贫铝土矿的红土层、风化玄武岩(1m 至数米)、未风化的玄武岩。含矿层按产状大致分为两种：一种呈毯状直接覆于玄武岩之上，与玄武岩风化面形状有关；另一种呈坡积层状，位于山坡上或低地中。矿石在红土中呈碎块或结核状，颜色为棕红、黄褐色，质地比较疏松，暴露在空气中会变得坚硬。矿物成分主要是三水铝石，伴生矿物有褐铁矿、赤铁矿、钛铁矿、高岭石等黏土矿物。矿石质量好，含 Al_2O_3 44%～56%，Al_2O_3/SiO_2 为 4～10。化学成分较复杂，除 Fe、Al 外，还含有 Ti、Ga、Nb、Ta 等。矿石结构和构造较复杂，常见多孔状、鲕状、豆状、钟乳状、肾状、结核状等构造，孔洞形状不规则，孔径一般为 1～3cm。

4.4.3　红土型淋积镍矿床

红土型淋积镍矿床是一种典型的风化淋积矿床，主要产于超基性橄榄岩上部的红土风化壳中，矿体形态简单，呈似层状面形分布，范围大体与红土风化壳一致，明显受地形表面起伏形态控制。红土型淋积镍矿床分布相对集中，主要分布在环太平洋亚热带-热带海洋气候的多雨地区，如印度尼西亚、菲律宾、古巴、巴西、澳大利亚、巴布亚新几内亚等，这类地区典型海洋气候的阵发性降雨和地壳缓慢上升，为该类型矿床的形成提供了有利条件。此外，在亚热带-热带的其他地区也有零星分布，如缅甸北部的达贡山、姆韦当，我国云南省的元江等地。一直以来，由于受矿石选冶技术限制和生产成本的制约，这类矿床没有得到很好的开发利用，大量矿床得以完好保存或破坏较小。随着选冶技术的发展、创新和改进，生产成本大大降低，加之硫化镍可供开发资源的明显减少，红土型淋积镍矿现已得到很好的开发和利用，成为我国乃至全球工业生产镍的主要来源，世界镍产品原料的供给将主要依靠红土型淋积镍矿资源。

红土型淋积镍矿床一般以多个矿体集中连片分布，面积从几平方千米到几百平方千米，单个矿体规模可达大型或超大型，连片矿区蕴藏的镍金属量为几十万吨到几百万吨，甚至可达千万吨以上。矿石自然类型以褐铁矿型和腐岩型为主，工业类型为硅酸镍氧化矿石。镍主要呈类质同象或吸附状态分布在矿物中，分布较均匀。伴生、共生组分较多，常见有铁、镁、铬、锰、钴、钒等元素，矿石综合利用价值较高。大面积广泛分布于超基性岩的红土风化壳，是红土型镍矿最直接、最重要的找矿标志，高差变化不大或是地形缓坡地带更有利于红土型淋积镍矿的形成和保存，勘查手段简单，找矿与开采成本较低。红土型淋积镍矿的选冶工艺和技术已趋于成熟，可以生产出氧化镍、硫镍、镍铁等中间产品。其中硫镍、氧化镍可供镍精炼厂使用，铁镍则主要用于制造不锈钢等。

我国云南南部地区的红土淋积型镍矿床非常典型。风化作用发生在基性 - 超基性岩浆岩出露区，风化成矿作用表现出明显垂向分带，自上而下依次为：红色砂质黏土带，厚 3 ～ 5m，含 Ni 0.2% ～ 0.5%；褐色赭石带，由赭石、水赤铁矿、针铁矿及黏土类矿物组成，底部有绿高岭石、蛇纹石、绿泥石等矿物，也可见铬尖晶石、磁铁矿等未分解的原生矿物，厚 0.5 ～ 3m，含 Ni 0.5% ～ 1%；含镍绿高岭石带，由含镍绿高岭石、含镍蛇纹石、蛇纹石等组成，为工业矿层，厚 2 ～ 10m，含 Ni 0.5% ～ 1.5%，最高 2.2%；淋滤蛇纹岩带，蛇纹岩已部分分解，质地较软，具有网格状构造，厚 2 ～ 3m，含 Ni 0.5% ～ 1%，其上部也为工业矿层，下部为碳酸盐化蛇纹岩，裂隙中常有菱镁矿、白云石等碳酸盐细脉充填，这些碳酸盐是从上面淋滤下来的；未风化蛇纹岩带，含 Ni 0.1% ～ 0.3%。

4.4.4 风化壳淋积型稀土矿床

风化壳淋积型稀土矿床又称离子吸附型稀土矿，是 1969 年在我国江西省首次发现的一种新型外生稀土矿床，主要分布在江西、广东、广西、福建和湖南等省区。具有分布广、储量丰富、放射性低、稀土配分齐全、富含中重稀土元素等特点，是我国特有的一种稀土矿产资源。典型代表有龙南重稀土矿床、寻乌轻稀土矿床、中钇富铕稀土矿床。

风化壳淋积型稀土矿是含稀土花岗岩或火山岩经多年风化形成的黏土矿物，解离出的稀土离子以水合离子或羟基水合离子吸附在黏土矿物上，故又称为离子吸附型稀土矿。矿石多在丘陵地带，为松散的沙黏土，颜色有白色、灰色、红色、黄色，密度为 2.0 ～ 2.5g/cm^3。矿山产品为混合氧化稀土，其稀土配分变化很大，有轻稀土型、重稀土型和中重稀土型。矿体覆盖浅，矿石较松散，颗粒很细。在矿石中的稀土元素 80% ～ 90% 呈离子状态吸附在高岭土、埃洛石和水云母等黏土矿物上。吸附在黏土矿物上的稀土阳离子不溶于水或乙醇，但在强电解质溶液中能发生离子交换并进入溶液，具有可逆反应特征。

风化壳淋积型稀土矿是我国最先工业利用的新型稀土矿，不需要破碎、选矿等工艺过程，而是直接浸取即可获得混合稀土氧化物，开采和浸取工艺简单，中重稀土含量高，冶炼方便，经济意义巨大。

4.4.5 红土型金矿床

红土型金矿 (图 4.12) 是一种重要的金矿。虽然这种矿的品位不高，但其规模大、易采易选、成本低、效益高，有重要经济价值。

由于红土是一种被铁染红的黏土，具有吸附金的能力。金的成矿作用，首先是风化过程中，由于氧化和 pH 的升高，金化合物转化成单质金，岩石经物理或化学风化作用，逐渐形成黏土吸附金。当形成红土的母岩含金量相对较高时，通过红土化作用的富集，红土里的金含量达到目前人类经济技术条件下的要求时，就形成红土型金矿。

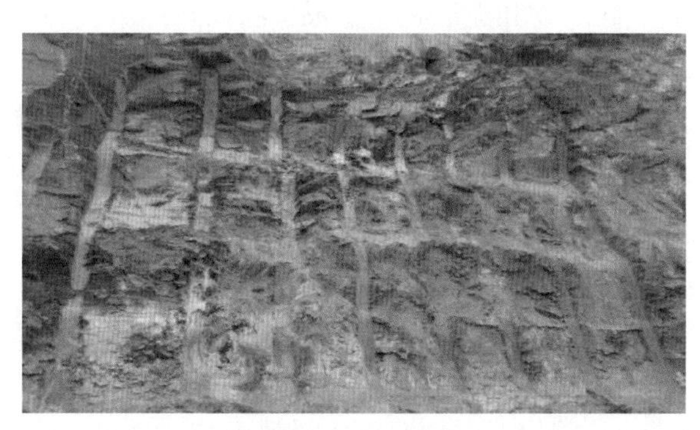

图 4.12　红土型金矿

严格来讲，金成矿和红土化作用所需的条件稍有不同。红土化作用是促使大量的硅流失而留下铁，必须要求有明显的干湿季之分，干湿交替有利于二价铁的氧化和红土化过程的进行，增强吸金效果。而金成矿只要保证一定的氧化性，能使金化合物转化为单质金，并在金富积过程中保持弱还原和弱酸环境，以免单质金再被硫还原为硫化物或卤化物而流失即可，并不要求一定有干湿季之分，相对来说，降雨量越大越好，降雨量越大，硅、铝甚至铁都有可能被大量淋滤掉，而使金迅速下沉而富积。落差较大的区域形成的次生红土，只要其和基岩界面处有凹陷存在，便于金的富存，同样会有高品位的金富积。母岩含金量高，降雨量大，高温，潜水位较低且保持稳定，有利于红土型金矿的形成。

湖北蛇屋山金矿。湖北嘉鱼县蛇屋山金矿是我国第一个大型红土型金矿，位于江汉盆地南缘赤壁以东 15km，地表覆盖着网纹状红土，按 1g/t 的边界品位圈定的矿体平均品位为 2g/t，矿体厚 10 ～ 25m，储量达大型规模。金的粒度极微细，有两种赋存状态，一种是细粒黄铁矿中的包体金，另一种是炭质和黏土矿物中的吸附金。基岩侵蚀面以上的红土平均厚 80m，属残积成因，可明显分为三层：顶部岩块和黏土砾石层、红色网纹状黏土，中部棕色黏土，底部凹凸不平且尚保留灰色泥砾和灰黑色黏土。金在红土中自地表向下含量增高，并在砾石层与红色黏土层间形成工业矿体。蛇屋山金矿矿床成因类型属风化残积型，成矿物质来自下伏矿化围岩，金的富集与第四纪风化作用有关。其成矿风化作用包括前期物理风化和后期化学风化两个阶段，物理风化使原岩破碎、溶蚀和堆积，化学风化则使堆积物红土化，金在红土化过程中活化、迁移、富集成矿。

4.4.6　铁帽型金矿床

各种含铁矿物在风化过程中同时进行氧化和水化，生成褐铁矿，当褐铁矿在金属矿床氧化带露头上分布达到一定面积时，即形成铁帽。根据铁帽的颜色、构造和所含微量元素及次生矿物等标志，可推断深部原生矿床的种类，因此铁帽是很好的找矿标志。在黄铁矿型的硫化物矿床中，含金硫化物经风化、淋滤，在矿床的氧化带下部富集而成铁帽型金矿。铁帽型金矿床埋藏浅，易于露采，一般其金、银品位较原生矿床高，具有重要的工业价值。金属矿物主要有褐铁矿、针铁矿、赤铁矿，其次为水针铁矿、水赤铁矿、硬锰矿、黄铁矿、黄铜矿等。少量矿物有铅铁钒、磷氯铅矿、孔雀石、胶磷矿、自然铜、软锰矿、铜蓝等。脉石矿物主要有石英、方解石、伊利石、高岭土，另外有少量重晶石、菱铁矿、白云石、玉髓、硅质物和泥质物。金银矿物以自然金为主，少量的含银自然金、银金矿、金银矿，银矿物有自然银和角银矿。

铁帽型金矿在我国探明储量与矿点不多，主要分布在长江中下游的湖北黄石 - 大冶、江西九江 - 瑞昌、安徽安庆 - 铜陵、江苏南京 - 镇江以及浙江长兴 - 江苏宜兴等矿带。

4.4.7 风化型磷矿床

风化型磷矿床与原生磷矿床相比，不仅品位高，还有两个突出的优点：一是矿石风化后碳酸盐组分发生流失，使选矿过程难以去除的有害杂质 MgO 的含量降低；二是风化磷矿中被碳酸盐胶结的硅酸盐泥质物解离，脱泥后其含量可以降低，成为满足高浓度磷肥生产所需的高品级磷矿石。风化型磷矿因有害杂质含量低，在使用价值上更优于 I 级品富磷矿石，因此其经济意义更加重大。

风化型磷矿床的矿源层包含多个地层时代的含磷岩系，不仅包括著名的上震旦统的陡山沱组含磷岩系与下寒武统梅树村组含磷岩系，还有晚古生代及中生代地层的含磷岩系。按照矿床产状将风化型磷矿分为两种类型：表生风化型磷矿和风化淋滤残积型磷矿。前者以原生矿相伴生且品位较高为特征，后者以风化残积且大多无原生矿石相伴生为特征，品位相对前者低。风化型磷矿中风化磷矿石的结构疏松多孔，以砂屑、砂质砂屑、泥质砂屑结构为主。在构造上，风化矿原生构造模糊，多显示出较明显的土状构造、蜂窝状构造等次生构造。风化磷矿石的矿物组合无碳酸盐矿物，且强风化时常有次生矿物银星石、次生磷灰石、钙铝磷酸盐矿物等出现。在化学组分方面，风化型磷矿在形成过程中相对于原岩，不仅 P_2O_5 含量增加，Fe_2O_3、Al_2O_3 等组分含量也有所增加，而 MgO、CaO 等组分减少。通过对地幔岩标准化比较，碱金属、碱土金属元素、卤素及放射性元素等微量元素普遍富集。风化型磷矿中稀土元素的总含量普遍较高，表现为轻稀土富集。

风化型磷矿在我国主要分布在原生磷矿密集区，如云南滇池地区、湘鄂东山峰地区以及四川、贵州、广西等省区。

4.4.8 砂岩型铀矿床

砂岩型铀矿床是产于砂岩、砂砾岩等碎屑岩中的外生后成铀矿床，属淋积矿床。形成砂岩型铀矿床的母岩铀含量较高，如长英质岩石、花岗岩、中酸性火山岩、流纹质、英安质火山碎屑岩以及某些含铀量较高的变质岩等。铀源区的岩石要求铀含量高、活性铀多、分布面广，地壳运动引起构造持续缓慢的隆起、风化时间足够长、有足够的铀被淋出均有利于铀矿的形成。矿床中的铀矿物主要是沥青铀矿、铀黑和铀石，某些矿床中铀的次生矿物占重要地位。20 世纪 60 年代地浸技术开采砂岩铀矿获得成功，使砂岩型铀矿床成为世界上最重要的铀矿床类型之一，也成为许多国家首选的找矿目标。砂岩型铀矿床主要类型有潜水氧化带型、层间氧化带型和古河谷型三种。

潜水氧化带型砂岩铀矿床是由含氧地下水垂直向下迁移，使含水砂岩层发生氧化，通过潜水氧化作用把水中铀迁移到隔水层顶板，在此处水中自由氧耗尽，并且其中所携的铀被还原而沉淀富集形成。

层间氧化带型砂岩铀矿床产于两个不透水岩层之间的透水砂岩中，由于携铀的含氧承压地下水沿透水砂岩向下方运移而发生层间氧化，并在水中自由氧耗尽的氧化带前锋处铀被还原而沉淀富集形成。

古河谷型砂岩铀矿床又称古河道型砂岩铀矿床，是空间上严格定位于某一地质时期的古河道范围内的砂岩铀矿床。其矿体定位于河流相粗碎屑岩中，平面上呈带状，与古河道大致平行，剖面上呈似层状、透镜状或复杂的卷状。单个古河道型砂岩铀矿床的规模一般为几千吨至一两万吨，由若干矿床组成的矿田的铀资源量可达几万吨至一二十万吨。

拥有重要砂岩型铀矿床的国家有哈萨克斯坦、乌兹别克斯坦、俄罗斯、美国、中国、尼日尔、加蓬和捷克等。

我国砂岩型铀矿床主要分布于二连盆地、鄂尔多斯盆地、伊犁盆地、吐哈盆地、塔里木盆地北部库车坳陷和兰坪思茅盆地。

内蒙古东胜砂岩型铀矿床。东胜砂岩型铀矿床是我国目前发现的规模最大的砂岩型铀矿床。位于鄂尔多斯盆地北东缘，内蒙古自治区鄂尔多斯市东胜区及伊金霍洛旗境内，构造位置处在鄂尔多斯盆地一级构造单元伊盟隆起北东部位。区内构造相对简单，地层平缓，总体为南西向倾斜的构造斜坡，倾角 1° ～ 3°。含矿主岩为岩屑长石砂岩，碎屑约占全岩总量的 90%，以接触式胶结为主，孔隙式胶结为辅。其中石英碎屑占碎屑总量的 40% ～ 45%，长石碎屑为 30% ～ 35%，岩屑为 20% ～ 25%。岩石中含少量的重砂矿物，以石榴子石为主，其次为锆石、独居石、电气石、绿帘石等，金属矿物主要为钛铁矿。

铀矿体产于古氧化带的前锋线附近，以透镜状、板状为主，少数呈卷状。矿石为块状构造、浸染结构。矿石中的铀矿物以铀石为主，有少量的晶质铀矿和钛铀矿。在富矿石中，铀矿物占总铀量的 30% 左右，反映铀以吸附状态为主。铀矿化的主要伴生矿物为黄铁矿、白铁矿、钛铁矿、锐钛矿、黄铜矿、硒铅矿、硒铁矿等。

4.4.9　红土型残余铁矿床

红土型残余铁矿床是铁矿床成因类型之一，广泛分布于热带、亚热带地区。原岩以富铁的超基性岩和玄武岩为主，在湿热带、亚热带风化条件下，含铁矿物分解而形成由针铁矿、水针铁矿、水赤铁矿、褐铁矿和赤铁矿构成的铁矿床，也包括含菱铁矿或铁白云石的石灰岩以及含铁硫化物矿床。经红土化作用后，高价铁的氢氧化物和氧化物残留地表，构成红土型残余铁矿床。这类矿床往往产于风化壳型硅酸镍矿床的表部，矿体呈似层状或斗篷状。有时斗篷状矿体面积可达几十平方千米，厚从几厘米到几十米。矿石中常有残留的铬铁矿和含镍、钴、锰的矿物。矿石含铁量 30% ～ 50% 或更高，共生有锰、镍、钴等杂质，风化壳之下可发育镍和菱镁矿矿床。该类矿床具有品位高、杂质少、规模大、埋藏浅等特点，单个矿床的储量可达几十亿吨至几百亿吨。

该类矿床在古巴、菲律宾、印度尼西亚等国的铁矿资源中占有重要地位。据统计，目前世界上富铁矿的70%产于此类矿床。另外，含菱铁矿的碳酸盐岩地层经风化作用后，可形成相当规模的喀斯特型铁矿，矿体形态受溶洞形态控制，如我国的山西式铁矿就属于这种类型。

思 考 题

4-1 基本概念。

风化作用，风化分异作用，物理风化作用、化学风化作用、生物风化作用，残积-坡积矿床、残余矿床、淋积矿床，黏土化作用、红土化作用，铁帽，次生氧化物富集作用，硫化物次生富集作用。

4-2 简述残积-坡积矿床的特点及主要矿种。

4-3 简述残余矿床的特点及主要矿种。

4-4 简述淋积矿床的特点及主要矿种。

4-5 研究金属硫化物矿床表生变化和次生富集作用有何意义?

4-6 金属硫化物在氧化带和次生富集带主要发生哪些变化?

4-7 金属硫化物矿床氧化带发育的影响因素有哪些?

4-8 简述次生硫化物富集带形成的必要条件。

第 5 章

沉积矿床及主要矿产

5.1 沉积矿床与成矿作用

5.1.1 沉积矿床的概念

地表的风化产物、火山喷发物以及生物有机残骸，被水、风、冰川和生物等营力搬运到河流、湖泊、海洋等适宜的地质环境中沉积下来，使有用物质富集而形成的矿床，称为沉积矿床。

沉积矿床一般赋存于一定时代的沉积岩系或火山沉积岩系中，受特定的地层层位和岩相古地理控制，属典型的同生矿床。矿体呈整合的层状、似层状或大透镜体状，产状与围岩一致，并与围岩同步褶皱。矿石物质成分复杂，含有氧化物、含水氧化物、含氧盐类、卤化物、自然元素、硫化物等。矿石具层状、条带状、层纹状、块状、鲕状、豆状、肾状等典型的沉积构造，矿石结构与沉积条件和方式有关。矿床规模一般较大，单个矿层延长几十千米甚至上千千米，厚几米至几百米。矿石品位变化小，成分均一。

沉积矿床具有十分重要的工业价值，涉及能源矿产、黑色金属、建筑材料、有色金属、盐类矿产、稀贵分散金属等。人类开采的矿产有 75% ～ 85% 来自沉积矿床，其中 90% 的铁矿、近 1/3 的铜矿、近一半的铅锌矿、绝大部分的锰矿和铝矿均来自于沉积矿床。

5.1.2 沉积成矿作用

沉积矿床的形成需要同时满足源、运、聚三大条件。

1. 源

源，即成矿物质的来源。成矿物质的主要来源分别为大陆风化产物 (图 5.1)、火山喷发物 (图 5.2)、生物质残骸 (图 5.3)，其中以大陆风化产物为主。

图 5.1　大陆风化产物

图 5.2　火山喷发物

图 5.3　生物质残骸

2. 运

运，即含矿物质的搬运，包括搬运介质与搬运形式。搬运介质包括流水 (河水、湖水、海水)、风、冰川、生物，其中以流水为主。搬运形式主要包括碎屑颗粒搬运、胶体溶液搬运和真溶液搬运。

3. 聚

聚，即含矿物质在搬运迁移过程中，随着环境物理化学的变化而发生的分异与聚积作用。

在流水等营力搬运含矿物质过程中，各种因素的影响和条件的变化而使搬运物质按一定顺序依次沉积下来，这种作用称为沉积分异作用，分为机械沉积分异作用、化学沉积分异作用、生物 (化学) 沉积分异作用。

1) 机械沉积分异作用

碎屑物质在被流水等营力搬运过程中，由于搬运能力的减弱，便发生按颗粒大小、形状、密度和矿物成分的差异而依次沉积，这种作用称机械沉积分异作用，是有用物质聚集形成砂矿的主要机制。影响机械沉积分异作用的因素包括密度、颗粒大小、矿物形态、矿物的抗磨蚀和抗腐蚀强度等。颗粒大小相同时，密度大者先沉淀，密度小者后沉淀；密度相同时，颗粒大者先沉淀，颗粒小者后沉淀；圆球状、等轴状矿物沉降速度快，先沉淀，片状、板状矿物沉降速度慢，后沉淀；长距离搬运过程中，矿物按抗磨蚀和抗腐蚀强度由小到大的顺序富集。例如，辰砂、黑钨矿、白钨矿、重晶石等迁移能力小，磁铁矿、独居石、锡石、金石榴石等迁移能力中等，金刚石、刚玉、锆石、金红石、钛铁矿、铂族、铬尖晶石类矿物等迁移能力大。

2) 化学沉积分异作用

含矿物质以真溶液或胶体溶液形式搬运过程中，受溶解度、介质 pH 和 Eh 等化学规律控制而依次沉积，这种作用称为化学沉积分异作用，是盐类矿床、Fe-Mn-Al 胶体沉积矿床和许多金属硫化物矿床形成的主要机制。影响化学沉积分异作用的因素包括溶解度、介质 pH、Eh 等，溶解度小者先沉淀，溶解度大者后沉淀，溶解度特别大者只有在非常特定的条件下才最后沉淀，一般沉淀先后顺序为碳酸盐、硫酸盐、石盐、光卤石。介质 pH 和 Eh 对 Fe、Mn 等变价元素的溶解度影响较大。

3) 生物 (化学) 沉积分异作用

通过生物的生命活动所造成的物质分异称为生物 (化学) 沉积分异作用。例如，生物遗体的直接堆积可形成生物灰岩、硅藻土、磷灰岩等；生物有机体分解产生 H_2S，使金属阳离子形成硫化物沉积；生物腐烂产生有机酸，形成护胶剂，使成矿物质迁移和富集。

5.2 沉积矿床类型

5.2.1 机械沉积矿床

1. 机械沉积矿床的概念

机械沉积矿床是指大陆风化产生的岩屑和矿物碎屑等碎屑物质在被地表流水、

风、冰川等介质搬运过程中，由于搬运能力的减弱便按粒度、形态、大小、密度的不同而发生沉积分异，由此形成的矿床称为机械沉积矿床。有用物质为稳定砂状矿物的矿床称为砂矿床，有用物质为岩屑或矿块的矿床称为岩屑矿床。机械沉积矿床一般指砂矿床。

砂矿床多以松散堆积物形式出现，含矿层埋藏浅或直接出露地表，并大致保持与地面平行，因而其产状与地貌关系密切。有用组分主要为稳定矿物，如金、铂、金刚石、锡石、锆石、铌钽铁矿、刚玉、水晶、金红石和稀土矿物等。砂矿不仅本身具有工业价值，而且是寻找原生矿床的主要标志。砂金矿床在河流中的沉积示意图如图 5.4 所示。

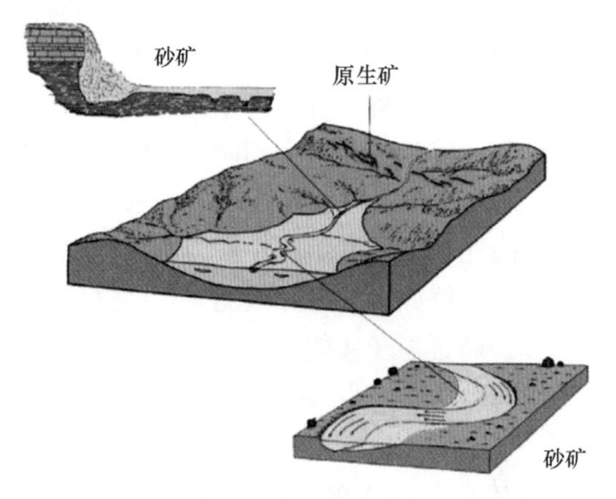

图 5.4　砂金矿床在河流中的沉积示意图

2. 机械沉积矿床的形成条件

1) 源

机械沉积矿床的成矿物质来源于原生矿体或矿脉、火成岩和变质岩中的副矿物或造岩矿物、古砂矿的再冲刷。

2) 运

机械沉积分异前含矿物质的搬运介质有水、风和冰川等，其中水是最有效的搬运介质，水介质包括河流、湖水和海水，其中以河流的搬运最有效。

3) 聚

机械沉积分异作用是有用物质富集形成砂矿的主要机制。如果原始碎屑物中矿物成分简单，通过机械沉积分异作用可形成单矿物的富集堆积，如密度大、体积小的矿物与密度小、体积大的矿物可以一起富集堆积。砂矿分异的最理想气候带是温暖潮湿的热带、亚热带，如我国 80% 以上的砂矿分布在福建、广东、广西、台湾等沿海地区。理想的地理条件是低山丘陵的河谷地区、滨湖地区和滨海地区，有利于碎屑物质的分异和沉积富集。河流切割深度大、水流流速高的高山地区不利于分选和有用矿物的富集；平原地区地形平缓，水流过于缓慢，物质来源不足，也不利于分选成矿。

3. 机械沉积矿床的类型

1) 机械沉积砂矿床

机械沉积砂矿床也称冲积砂矿床，是岩石或矿床的风化破碎物在被河水搬运过程中，通过机械沉积分异作用而形成 (图 5.5)。

图 5.5　冲积砂矿床

适宜于冲积砂矿堆积富集的部位包括：河水流速由快变慢的部位，如河流由窄变宽处、支流入主流的下方、河流内弯处、河床坡度由陡变缓处等，如图 5.6；河底地形变化形成涡流的部位，如软硬岩层互层形成的肋骨状沟槽处硬岩层的后面、灰岩的岩溶凹坑、沿页岩和片岩的层理和片理剥落形成的马牙槽等，如图 5.7；河流穿过古砂矿或原生矿脉的下游一侧。

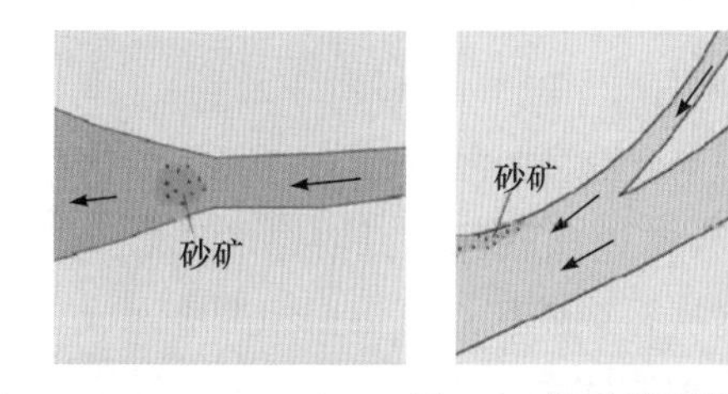

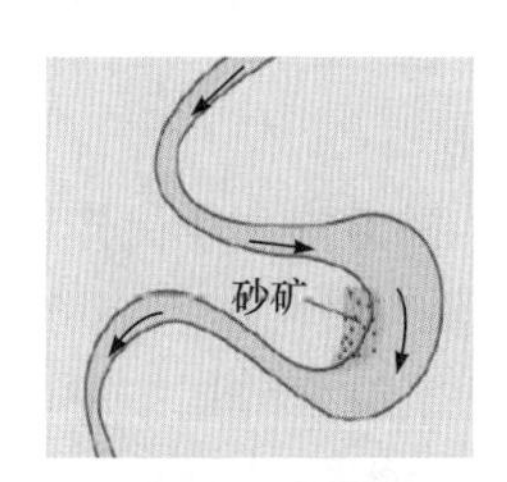

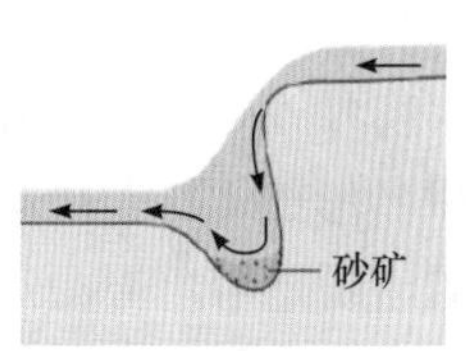

图 5.6　易于堆积富集砂矿的河流流速变慢处示意图

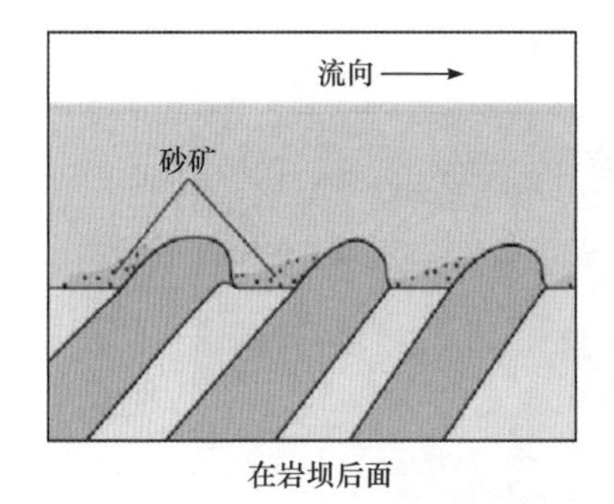

在岩坝后面

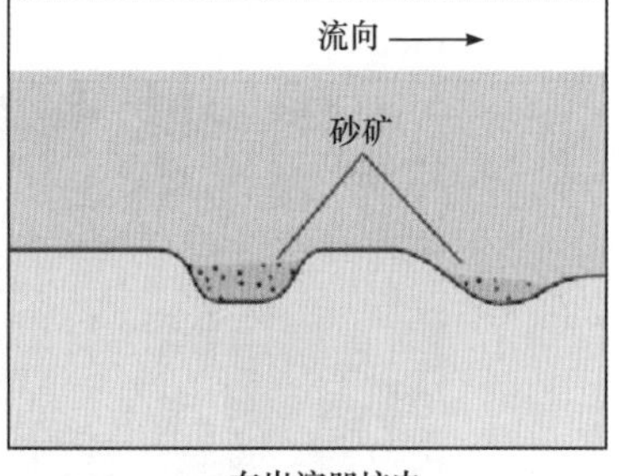

在岩溶凹坑内

图 5.7　河流涡流部位示意图

冲积砂矿床的剖面层序从上至下依次为富含腐殖质和植物残骸的土壤层，由砂、黏土和有机质沉积物组成的泥炭层，有部分重砂矿物的小砾石层，主要含矿层大砾石层，砂矿的基底(基岩)。

冲积砂矿床根据沉积地点位置不同，分为河床砂矿、河谷砂矿和阶地砂矿，如图5.8。

冲积砂矿床是机械沉积矿床中最重要的一类，矿产资源量约占机械沉积矿床的90%，主要矿产包括砂金、砂铂、砂锡、金刚石、白钨矿、黑钨矿、磁铁矿、铬铁矿、铌钽铁矿。图5.9为冲积砂矿中的自然金。

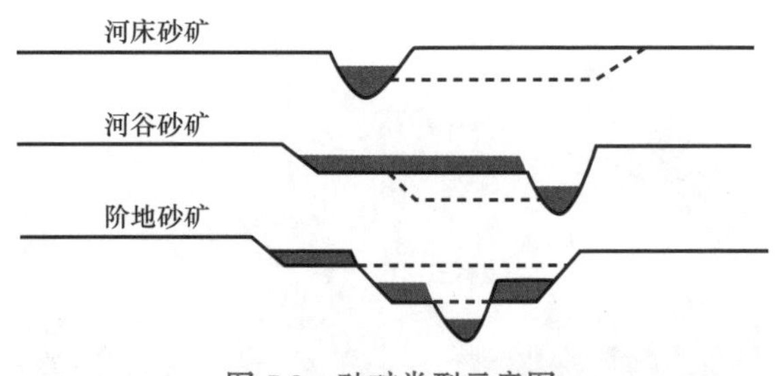

图 5.8 砂矿类型示意图

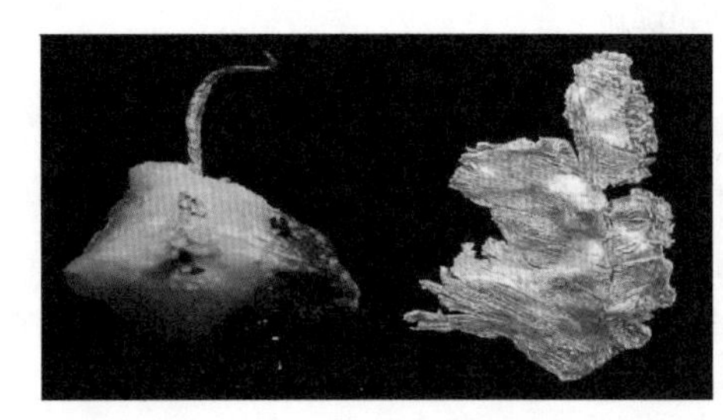
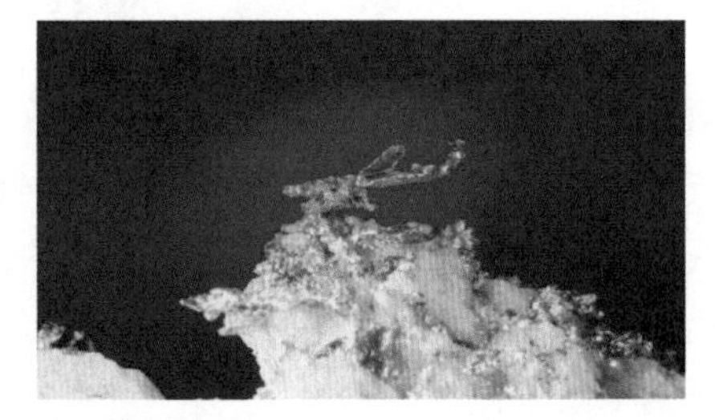

图 5.9 冲积砂矿中的自然金

2) 滨海砂矿床

滨海砂矿床是在海水的波浪和岸流作用下，重砂矿物在滨海的浪击带或潮间带分选聚积而形成(图5.10)。滨海砂矿床主要分布在大片基岩出露的上升海岸的滨海地带，成矿物质是由河流搬运来的陆源碎屑，也可由近岸岩石或矿床经海浪侵蚀冲刷而成。矿体呈狭长带状，沿海岸延伸数千米至数十千米，个别达数百千米，宽几十米，厚数十厘米至数米。矿床规模较大，品位较高，易开采。

图 5.10 滨海砂矿床

滨海砂矿主要矿产包括自然金、钛铁矿、铬铁矿、锆石、金红石、独居石、金刚石、石英砂等，以南非兰德金矿最为著名，其储量占世界的 1/2，产量占世界的 1/4。兰德金矿所处盆地面积约 25000km^2，有 7 个主要金矿田，共 100 多个矿床，其中黄金产量达 900t 以上的大型金矿有 10 个。其中 Crown 矿于 1916 ～ 1975 年开采，采深达 3500m，现已闭坑，被辟为金矿博物馆及游乐园。

5.2.2　蒸发沉积矿床

蒸发沉积矿床也称盐类矿床，是水盆地中某些溶解度较大的无机盐类通过蒸发作用产生沉淀富集而形成的矿床，有用物质为盐类矿物，是以真溶液形式搬运而成的盐类矿床。蒸发沉积矿床的蒸发沉积过程如图 5.11 所示。

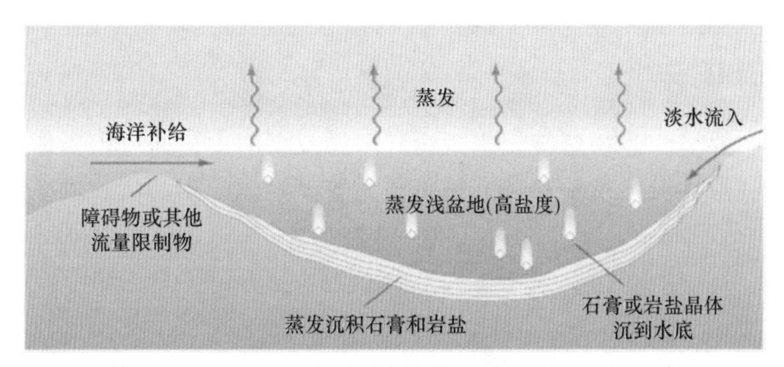

图 5.11　蒸发沉积示意图

蒸发沉积矿床多形成于造山作用之后的山前坳陷、山间坳陷或陆台的内陆坳陷盆地中。含矿岩系多为红色碎屑岩系或蒸发碳酸盐相，反映了干燥炎热的气候条件。矿体常呈层状、似层状或透镜状，也有呈液态的卤水层，如四川自贡地下井盐。但在后期构造的影响下，可产生盐溶崩塌、褶皱变形、盐丘或底辟、盐脉等复杂变形。

矿床通常具有明显的沉积旋回和沉积韵律，盐类矿物按溶解度由小到大的顺序依次结晶，一般的结晶顺序为方解石等 Ca、Mg 的碳酸盐，石膏、硬石膏、芒硝等 Ca、Na 的硫酸盐及其复盐，石盐，钾石盐、光卤石、水氯镁石等 K、Mg 的氯化物及其复盐。

盐类矿物一般是在过饱和溶液中结晶沉淀的，因此矿石的结晶结构非常发育，多为自形的粒状 (图 5.12)、板状及他形粒状的集合体；矿石构造多为块状和条带状。

蒸发沉积矿床的盐源主要为海水、大陆上结晶岩的风化分解、古代沉积盐层的再溶解产物以及深部卤水。其中海水的平均盐度为 35‰，Cl、Na、Mg、S、Ca、K、Br、C、Sr、B、Si、F 等 12 种元素的含量占海水盐分总量的 96% 以上。

图 5.12　石盐的自形晶

成盐地区干旱和极端干旱的气候条件是成盐的必要条件之一，即蒸发量要远大于补给量。现代的干旱气候带主要集中分布在南、北纬 5º ～ 35º 之间，地史时期的干旱气候带随赤道位置的改变而变化。此外，盆地的封闭、半封闭性质也是成盐必不可少的条件之一。地壳振荡运动频繁的山前拗陷、山间盆地和台向斜中，常可形成多旋回多盐层的矿床；盆地的持续下降，常可形成巨厚的盐矿层。同时盐层有不透水黏土层的覆盖，盐矿形成后地壳轻微下降，干旱的气候有利于盐矿层的保存。

蒸发沉积矿床主要包括卤水矿床和固体盐类矿床。卤水矿床分为地下卤水矿床和盐湖卤水矿床，含钾、钠、镁等以及 B、Li、Rb、Cs、Br、I 等稀有元素。固体盐类矿床包括现代盐类矿床和古代盐类矿床，现在盐类矿床主要矿产为天然碱、石盐、芒硝、钾矿等，古代盐类矿床包括海相盐类矿床和陆相盐类矿床两类，海相盐类矿床主要矿床有石膏 - 硬石膏、石膏 - 硬石膏 - 石盐、石膏 - 硬石膏 - 石盐 - 钾镁盐等资源的组合，陆相盐类矿床主要矿产有石膏 - 硬石膏、天然碱、石盐、钾盐、芒硝、硼等矿产组合。

5.2.3 胶体沉积矿床

成矿物质主要呈胶体状态被流水搬运到海洋或湖泊中，通过胶凝作用而聚沉所形成的一类矿床，称为胶体沉积矿床。最重要的胶体沉积矿床为沉积铁矿床、锰矿床、铝矿床。

1. 成矿物质及胶体的来源

胶体沉积矿床成矿物质主要来自于陆地岩石风化产物、海底火山喷发物和海底岩石的分解物。

大陆岩石长期风化作用的产物是铁、锰、铝等矿床最主要的物质来源，源自于地质构造比较稳定的经长期风化的准平原地区，故矿体赋存于沉积间断面之上的海侵岩系中。上部为 Mn，中部为 Fe、Mn，下部是 Al、Fe。矿体常呈层状、似层状或透镜状，产状与围岩一致。常沿海湾边缘或湖盆边缘展布，从岸边向海方向依次出现铝土矿、铁矿、锰矿。

矿石成分主要为金属氧化物、氢氧化物、碳酸盐和硅酸盐等，且常具明显的矿物分带。矿床规模大，分布普遍，具有很大的经济价值。

大陆岩石或矿床在化学风化过程中形成如铁和镁的铝硅酸盐类矿物，其分解可产生铁、锰、铝、二氧化硅等胶体。矿石中溶解度大的元素易形成真溶液，如 K、Na、Ca、Mg 等；溶解度小的元素易形成胶体溶液，如 Fe、Mn、Al、Si 等。胶体的形成一般通过以下几种形式：

(1) 水化作用和水解作用。例如

$$4FeSO_4 + O_2 + 10H_2O \longrightarrow 4Fe(OH)_3(\text{胶体}) + 4H_2SO_4$$

$$4Fe(HCO_3)_2 + O_2 + 2H_2O \longrightarrow 4Fe(OH)_3(\text{胶体}) + 8CO_2$$

$$Fe_2O_3 + nH_2O \longrightarrow Fe_2O_3 \cdot nH_2O(\text{胶体})$$

$$K_2O \cdot Al_2O_3 \cdot 6SiO_2 + nH_2O \longrightarrow Al_2O_3 \cdot 2SiO_2 \cdot 2H_2O(\text{胶体}) + 4SiO_2 \cdot nH_2O(\text{胶体}) + 2KOH$$

(2) 生物活动或生物机体的分解。生物机体分解产生的腐殖酸就是一种胶体。例如，铁细菌、某些有孔虫和水藻可吸收大量的铁，机体内铁含量可达20%以上，它们死亡后机体分解可形成铁的胶体；某些细菌不仅是具有生命力的活的个体，而且其本身就是带有固定电荷的胶体微粒。

(3) 火山活动。特别是海底火山活动，可产生大量的铁、锰、二氧化硅等胶体。

(4) 风化物质在搬运过程中，通过机械作用不断磨损破碎，形成胶体物质。

2. 成矿胶体的迁移

搬运介质主要是地表径流，其搬运成矿物质的能力巨大。河水中Fe的平均含量是0.05～1.5mg/L，Mn为0.007～0.08mg/L，Al一般小于1mg/L。南美的亚马孙河河水含Fe仅为0.003mg/L，仅需17.6万年，就可形成20亿吨的铁矿床。

胶体的带电性能不利于长距离迁移，故水体中必须要有能使胶体物质稳定搬运的护胶剂，自然界最重要的护胶剂是腐殖酸。胶体粒子可以被吸附在腐殖酸大分子的某些链结上，从而阻止胶粒的聚沉。胶粒也可以进入腐殖酸高分子化合物所形成的网状结构中，使得溶胶对电解质变得不敏感。腐殖酸还可与铁、锰、铝等离子结合，形成稳定的腐殖酸络合物。水体中腐殖酸的数量应适中，过多或过少都会引起胶体质点的沉淀。

3. 胶体的聚沉

1) 电解质聚沉作用

电解质的加入使溶胶中离子的总浓度增加，从而给带电的胶体粒子创造了吸引相反电荷粒子的有利条件。导电性离子价数越高，所带电荷越多，其聚沉能力越强。例如，二价阴离子对$Fe(OH)_3$正胶体的聚沉能力是一价阴离子的50倍。由于海水中含有大量盐类电解质，因此江河入海处或滨海地带是河流携带的胶体物质大量聚沉的重要场所。由于铁、锰、铝化学活动性的差异，在沿岸地带发生分异富集。

2) 相互聚沉作用

带电性相反的两种胶体相遇，由于电性中和而发生聚沉。例如

$$Al_2O_3 \cdot nH_2O + SiO_2 \cdot nH_2O \longrightarrow Al_4[Si_4O_{10}](OH)_8\text{（高岭石）}$$

3) 自发聚沉作用

分散介质水的蒸发作用使溶液中的电解质浓度增大，电解质作用增强，同时使胶体粒子的浓度增大，使质点接触碰撞的机会增多，有利于凝聚。

4) pH变化

沉积环境的酸碱度和氧化还原电位等物理化学性质，对成矿胶体物质的聚集起重要控制作用。例如，高岭石在酸性介质中聚沉，蒙脱石在碱性介质中聚沉等。

除此之外，过多的电解质、局部温度的升高、大气放电、剧烈的振荡等，均可促使胶体聚沉。

大多数胶体物质的沉积环境是海盆地，特别是构造稳定、海岸线较为曲折的海湾浅海区，主要是电解质的作用促使胶体聚沉。内陆湖泊或富含有机质的沼泽盆地

也是成矿物质聚集的有利场所，主要是过量的腐殖酸和细菌破坏胶体的稳定性而发生聚沉。

温暖潮湿的热带、亚热带气候极有利于红土化和黏土化作用的进行，使 Fe、Mn、Al 在风化壳中富集，植被发育能提供足够的腐殖酸等护胶剂，土壤因植被的保护不易流失，河水中的机械碎屑物含量少，易形成高品质的矿石。水盆地汇水范围内的准平原化地貌有利于成矿，地壳的升降运动引起的海侵或海退可促进成矿，矿床主要形成于海侵阶段。缓慢而持续的地壳下降有利于形成巨厚的矿层，胶体沉积矿层及地层抬升后风化剥蚀，形成胶体化学沉积地貌如图 5.13。

图 5.13　沉积地貌

5.2.4　生物沉积矿床

在地壳表层，种类繁多的各类生物的活动范围非常广泛，包括大气圈、水圈、岩石圈，地史时期活质生物量巨大，总质量达 4×10^{19}t，大于地壳总质量 3×10^{19}t。组成生物体的元素多达 60 余种，生物对岩石的分解、元素的迁移、富集和成矿起着极为重要的作用。

生物有机体本身直接堆积形成的矿床，以及由生物有机体分解产生的气体和有机酸参与化学作用使成矿物质聚集而形成的矿床，通称为生物沉积矿床，包括 Ni、Mo、U、V、Cu、Pb、Zn 等金属硫化物矿床。

生物有机体本身直接堆积形成的矿床，主要有煤、石油、油页岩、磷块岩、硅藻土、生物灰岩等。例如，海洋中的硅藻虫、放射虫吸收 SiO_2 作为其骨骼，其死亡后大量堆积可形成硅藻土矿床；腕足类、珊瑚、海绵、苔藓虫、海藻等吸收钙质构成自己的贝壳、骨骼和格架，其死亡后堆积可形成生物灰岩矿床；软体虫、鱼类和高等动物骨骼中富含磷酸钙，其死亡后堆积可形成磷块岩矿床。

生物分解产生气体可以改变环境的物理化学条件，如植物的光合作用和动物的呼吸作用改变大气的成分，从而影响成矿作用的过程和方式；硫酸盐还原细菌可把硫酸盐还原为 H_2S，因而有利于自然硫矿床和一些金属硫化物矿床的形成；微生物对氧的消耗所造成的还原环境，对 S、Fe、Mn、V、U 等变价元素产生深刻的影响，如使 U^{6+} 还原为难溶的 U^{4+}，导致铀在炭质页岩和砂岩中富集成矿。

生物有机体的分解产生有机酸，有机酸与金属结合形成金属有机络合物或螯合物，从而促使金属的迁移；腐殖质护胶剂对 Fe、Mn、Al 胶体物质的迁移起重要保护作用；

生物还可以是氧化还原反应的催化剂，通过代谢作用把元素从一种价态变为另一种价态等。

生物沉积矿床中保存有丰富的生物化石，形成于相对还原的环境，常与炭质页岩、炭质粉砂岩、炭质泥灰岩等富含有机质的黑色岩系共生。组成矿床的物质常为各种有机化合物、硫化物、磷酸盐、碳酸盐、氧化物、自然元素等。生物沉积矿床在国民经济中占有十分重要的、不可替代的作用。仅煤、石油、天然气等可燃有机矿产的产量和产值就超过了其他所有金属和非金属矿产的总和，占世界矿产总产量的 3/4。

5.3　沉积矿床中的主要矿产资源

5.3.1　机械沉积砂矿床矿产资源

原岩、矿石风化产生的碎屑，残留原地或经流水、冰川、风等营力搬运后沉积下来，其中的有用矿物富集达到一定品位形成砂矿床。在原岩风化的原地形成残积矿床，风化和分解的物质沿着斜坡移动形成坡积砂矿床，在斜坡山麓和山前堆积则形成洪积砂矿床等，均属于风化矿床。风化碎屑被流水搬运并在河道上沉积形成的沉积砂矿床称为冲积砂矿床，在湖畔或海滨沉积形成滨海 (湖) 砂矿床，冰川活动可以形成冰川砂矿床，风作用可以形成风成砂矿床，这些沉积砂矿床统称为机械沉积砂矿床，其中以冲积砂矿床与滨海砂矿床为主。砂矿床既可以是露天产出的，也可以是埋藏的，即砂矿形成后又上覆了沉积物。砂矿体的形状有钟状、层状、透镜状、条带状、串珠状和巢状。砂矿床的规模相差悬殊。河流上游小的巢状和透镜状河滩或河床砂矿，长轴往往不到 10m，而在成矿条件好的河谷中，砂金矿可延伸几千米甚至 10km 以上，海滨砂矿床矿体延伸更远，如巴西海岸的海滨砂矿床矿体延伸 200 ～ 300km，其单个串珠状矿体就长达 1km。但不是所有的矿物都能富集成砂矿，能富集成砂矿的矿物通常密度大、硬度高，在氧化带中具有化学稳定性。具备这些条件的有用砂矿矿物有自然金、自然铂、辰砂、铌铁矿、钽铁矿、黑钨矿、锡石、白钨矿、独居石、磁铁矿、钛铁矿、锆石、刚玉、金红石、石榴子石、黄玉、金刚石等。

1. 冲积砂矿床

风化作用产生的含矿碎屑在河流水搬运过程中因其大小、密度、形态和水流性质等不同而发生机械沉积分异作用，在河流不同部位先后沉积形成有用物质的富集区，即为冲击砂矿床。按其产出的地形地貌部位可分为河床砂矿床、漫滩砂矿床和阶地砂矿床等。

河床砂矿床分布在现代河床中，是正在形成的现代砂矿床。沉积层一般厚度不大，主要是粗碎屑，细砂和黏土少。河床砂矿床一般存在时间短，随着河流侧蚀改造可逐渐消失或转变为漫滩砂矿床。漫滩砂矿床分布在由冲积层构成的河漫滩中，沿河流方向呈狭长带状、透镜状分布。含矿层较稳定，厚度较河床砂矿床大，伸展可达几百米至数十千米，宽几十米到几百米，是冲击砂矿床中价值最高者。阶地砂矿床分布在河谷阶地上，一般因冲刷侵蚀而保留不全。

1) 黑龙江桦南砂金矿床

矿区位于老爷岭中间隆起桦川复向斜南翼，砂金矿床局部出露第三系含金砂砾岩，大多被玄武岩覆盖。矿区地势东高西低，海拔200～450m，七虎河横贯全区，支流发育，河谷弯曲，谷底开阔平缓，宽窄多变，主要砂金矿床分布于中下游丘陵低山区，如以松花江为一级河流，砂金矿床主要分布在三、四级河流的中上游地段，小而富的砂金矿床分布于五、六级小支流河谷或老冲沟中，主要有漫滩和阶地两种砂金矿床类型。矿体主要赋存于砂砾层中，沿河谷呈条带状分布，连续性好，呈似层状。混合砂金矿层厚度为3～18m，底部含金层厚度为0.2～1m，平均厚0.7m。混合砂金品位为0.212～0.250g/m³，地下开采品位在2～5g/m³。沿河谷纵向稳定，横向变化大。含金层主要为卵砾层、砂砾层，次为砂砾黏土层。砾石圆度中等，粒径一般为0.5～10cm。金粒形态复杂，多呈半浑圆粒状、椭球状、板状及不规则锯齿状或树枝状。平均成色为770～880。主要伴生重矿物有钛铁矿、金红石、独居石、锆石、石榴子石、磁铁矿等50余种。

2) 陕西安康月河砂金矿床

位于陕西安康市月河两岸，属大型砂金矿床，唐代就已开采。月河盆地为新生代断陷盆地，盆地汇水区内尚有原生金矿点数十处。月河由秦岭南坡自西北向东南至安康注入汉江，全长约70km。上游河谷窄坡降大，中下游河谷开阔坡降小，蛇曲。河谷两侧发育四级阶地，各级阶地阶面宽数十米到上千米，河漫滩宽30～450m。砂金赋存在早期沉积的含砾砂层及砂砾层内，以下部含巨砾的砂砾层含金最富，金品位为0.9～2.4g/m³。矿层顶部为砂质黏土，不含金，称为盖层。矿层底板为半胶结砂砾层和粉砂岩，底板上部0.2～0.5m厚度内含金达工业品位。盖层厚度与矿层厚度之比一般为0.5～1。沿月河两岸及北部支流下游均有砂金富集，分布范围长21km、宽400～1400m，分为北矿体和南矿体。北矿体分布于月河北岸阶地和漫滩下部，长15km，宽80～400m，厚3.3～4.7m，金品位0.21～0.26g/m³。南矿体分布于月河南岸阶地和漫滩下部，长20km，宽120～500m，最宽处达1020m，厚3.39～5.44m，金品位0.2～0.4g/m³。砂金多呈薄片状，少数为厚板状、粒状，粒度为0.1～1mm，最大金粒长轴为5.5mm。

2. 滨海砂矿床

滨海砂矿床是重砂矿物在海滨的浪击地带富集形成的。成矿物质来自河流搬运的陆源碎屑，亦可由近岸岩石或矿石经海浪的侵蚀冲刷而来。沿海岸线的不同地貌单元的接触处，有利于砂矿的富集。例如，河流的入海处、海岸孤山处、砂堤发育处都是滨海砂矿富集的有利地段。陆源碎屑在海浪拍岸作用下被推向海滩，回流和底流可带走质轻粒细的碎屑，具有极好的分选效果，重矿物集中，粒径粗大均匀，磨圆度高。砂矿层可有多层，常呈狭长条带状，沿现代海滩展布，延伸可达数十千米至数百千米。含矿层厚度一般从1m到几米，有用矿物在底盘基岩或海成黏土层之上的砂粒层中富集。

古老的滨海砂矿床可能因海岸上升成为海底阶地砂矿床，或因海岸下降而成为滨海埋藏砂矿床。滨海砂矿主要有磁铁矿、钛铁矿、锆石、独居石、石英，具有重要工业意义。我国南海沿海的滨海砂矿，环海呈长条带平行海岸线，矿层多赋存于砂堤、砂垄中的细粒石英砂或黏土石英砂中，矿物颗粒细，磨圆度高。矿体形态较规则，长一般 1 ～ 5km，宽几十至几百米，最宽达 2km 以上，厚 2 ～ 10m，最厚达 26m。矿层一般为单层，向海洋方向倾斜，矿层中以锆石、独居石、钛铁矿、磷钇矿、金红石最为重要。

3. 古砂矿床

新近纪以前形成的砂矿床称为古砂矿床，大多数产在地层不整合面或假整合面之上，已固结成岩甚至遭受变质。古砂矿床比现代砂矿床少得多，具有重要工业意义的有南非维特瓦特斯兰德的元古宙变质含金铀砾岩、澳大利亚东部石炭—二叠纪含金砾岩和俄罗斯西伯利亚的侏罗纪含金砾岩等古砂矿床。我国的古砂金矿床大多产于陆相砂砾岩层中，在数层含金砾岩中，底砾岩含金性最好。其地质背景多出现于内陆断陷盆地边缘，代表性矿床如吉林老头沟、黑龙江小金山等。

5.3.2　蒸发沉积矿床矿产资源

蒸发沉积矿床分为海相沉积和陆相沉积两种类型。大规模的盐类矿床多为海相沉积型，盐层与石灰岩、白云岩、黏土岩及页岩共生，矿物成分复杂，形成于干旱和沙漠地区内陆闭流盆地，闭流盆地不断地接收来自地表水及地下水带入的各种盐类物质，通过蒸发作用最后变成干盐湖。包括现代盐湖沉积矿床、古代盐湖沉积盐类矿床、地下盐卤和盐丘矿床。

现代盐湖沉积矿床常为固、液两相并存，有单一的石盐、天然碱、芒硝及硼砂矿床，也有单旋回和多旋回沉积的复合型盐类矿床。我国新疆、青海、西藏及内蒙古等省区广泛发育这类大小不等的盐类矿床，利用价值较大。

古代盐湖沉积盐类矿床多分布于中生代和古生代海相盆地，部分分布于新生代的山间盆地和裂谷带的陆相红色建造的盆地中，与陆相红色碎屑岩系共生，主要有石膏 - 硬石膏、石膏 - 芒硝、石盐、硼酸盐及石盐 - 钾盐矿床等。

地下盐卤多分布于陆台边缘坳陷 - 褶皱区的前缘坳陷和山间盆地中，地下卤水中含有多种有用元素，如钾、硼、锂、碘、铷、铯、锶等，这些元素被保存在地层之下的浓缩卤水或古盐层再溶解的卤水中。由于盐类物质往往具有流动性，地层深部的盐层具有一定的侵入能力，当地层受到构造挤压或发生断层作用时，深部盐层往往向减压方向流动，形成盐丘矿床。

1. 察尔汗盐湖

察尔汗盐湖位于昆仑山和祁连山之间的柴达木盆地，柴达木盆地以青藏高原“聚宝盆”之誉蜚声海内外，而柴达木盆地的心脏则是赫赫有名的察尔汗。十亿年前，柴达木

曾是汪洋大海，青藏陆地隆起导致海陆变迁，柴达木变成了盆地。盆地内有百余个大大小小的湖泊，以察尔汗盐湖最大最为著名(图5.14)，李时珍的《本草纲目》中的“青盐”源自此地。

图5.14 察尔汗盐湖

察尔汗盐湖位于青海省格尔木市境内，海拔最低点约2200m，平均海拔2670m。盐湖东西长约160km，南北宽20～40km，盐层厚2～20m，自西向东分为别勒滩、达布逊、察尔汗和霍布逊4个湖区，总面积为5856km²。察尔汗是中国第一、仅次于美国大盐湖的世界第二大盐湖，无机盐资源总储量多达3600多亿吨，潜在的开发价值至少在12万亿元。这里是我国最大的钾盐生产基地，还伴生有镁、锂、钠、碘等数十种矿产资源，其中仅累计查明氯化钾资源储量就达到10.3亿吨，占比超过全国的80%；累计查明硫酸镁和氯化镁资源储量62.9亿吨，氯化锂储量1787万吨，均居全国首位。其氯化钠储量大于3500亿吨，可供地球人口食用一千年以上。

察尔汗也是国内著名的旅游区。在察尔汗盐湖一切绿色植物均难以生长，却孕育了晶莹如玉、变化万千的神奇盐花，如图5.15。盐花是盐湖中盐结晶时形成的形状美丽的结晶体。卤水在结晶过程中因浓度不同、时间长短不一、成分差异等，形成了形态各异、鬼斧神工一般的盐花。这里的盐花或形如珍珠、珊瑚，或状若亭台楼阁，或像飞禽走兽，一丛丛、一片片、一簇簇地立于盐湖中，把盐湖装点得美若仙境。

图5.15 湖盐的结晶

2. 罗布泊钾盐矿床

罗布泊钾盐矿床是我国又一超大型钾盐矿床，位于新疆塔里木盆地东端，产在罗北凹地第四纪盐类沉积层中，矿床分布面积约 1344km^2。属于卤水钾盐矿，卤水平均品位 KCl 1.40%，水化学类型为硫酸镁亚型。卤水主要储存于钙芒硝岩中，由 1 个潜卤水层和 5 个承压卤水层组成。钾盐勘探资源储量 2.58 亿吨，给水度资源储量 1.26 亿吨。罗布泊钾盐矿床的形成是一种“反补”或“反湖链”模式，成矿物质来源于塔里木盆地西部古盐层、山区温泉、深层水及地表水。罗布泊钾盐矿床已经开发，其硫酸镁亚型卤水适宜生产高附加值的硫酸钾产品。图 5.16 为罗布泊钾盐矿区一角。

2000 年成立了新疆罗布泊钾盐公司，先后建成年产 150 万吨硫酸钾生产线。为了开发钾肥资源，2002 年国务院批准在若羌县新增罗布泊镇，全镇面积 5.1 万平方千米，几乎相当于宁夏回族自治区的总面积，为我国第一大镇。

图 5.16 罗布泊钾盐出

3. 加拿大萨斯喀彻温钾盐矿床

该矿床已探明钾盐储量数百亿吨，是世界上最大的海相钾盐矿床。矿床位于加拿大地盾西南的地台区，构造稳定。中泥盆统埃尔克点组沉积时，盐盆地范围南起美国的北达科他州，向西北延伸经曼尼托、萨斯喀彻温到阿尔伯达而与大洋相通，盆地长 1500km，宽 300km。萨斯喀彻温盆地中盐层发育好，岩层厚 0 ～ 230m，主要是钾石盐、光卤石、石盐、硬石膏和少量白云石。钾盐位于盐层上部，与石盐成互层，共 5 层，一般厚度为 0.8 ～ 4.6m。矿石中钾盐矿物和石盐共生，石盐含量的多少决定了矿石品位，一般含 K_2O 15% ～ 25%，现在开采的富矿石含 K_2O 25% ～ 35%。

4. 德国施塔斯富特石盐 - 钾盐矿床

西欧晚二叠世成盐盆地是世界上最大的海相成盐盆地，东西 1600km，南北 300 ～

600km，包括立陶宛、波兰、德国、丹麦和英国大部地区。盆地内含盐岩系厚超 1000m，底部自下而上为砾岩、含铜页岩和白云岩。

施塔斯富特盐矿是西欧晚二叠世成盐盆地中著名的石盐 - 钾盐矿床。该矿床产在上二叠统施塔斯富特组中，盐层地层分两部分：下部称老盐系，由老硬石膏带、老盐岩带、杂卤石带、硫镁矾带和光卤石组成；上部称新盐系，由含盐黏土岩带、硬石膏带、新石盐带和红土带组成。

5. 山西灵石石膏矿床

山西灵石石膏矿床位于华北地台山西台背斜沁水台凹之中，含矿岩系由石灰岩、白云岩和石膏层组成，厚 72 ～ 131m。共有两个石膏层：下石膏层以角砾状泥灰岩夹石膏为主，泥灰岩夹石膏次之，厚 22 ～ 40m；上石膏层由石膏、硬石膏、白云岩、泥灰岩组成，厚 36 ～ 73m。矿石主要组成有石膏、硬石膏、白云石、黏土质、方解石、黄铁矿等。

5.3.3 胶体沉积矿床矿产资源

1. 沉积铁矿床

沉积铁矿床以海相沉积矿床为主，约占世界沉积铁矿总量的 87%，而陆相沉积铁矿床约占 13%。海相沉积铁矿床主要分布于长期隆起的古陆边缘，沿海岸线展布，沉积环境为具有局限性或封闭、半封闭的海盆。海相沉积铁矿床矿体呈单层或多层层状，延长及宽度较大，但厚度一般较小，为几十厘米至几十米不等。厚矿体产于海侵岩系的中下部，特别是砂页岩与灰岩的过渡部位。矿石成分主要是氧化物、硅酸盐、碳酸盐和硫化物，并呈规律的矿物相带分布，向海方向依次出现氧化物相、硅酸盐相、碳酸盐相、硫化物相。矿石矿物为赤铁矿或菱铁矿，或两者都有，有的沉积铁矿中发育褐铁矿和鲕绿泥石。海相沉积铁矿床规模巨大，储量和产量均占世界铁矿第二位，一般矿床储量为数亿吨至数十亿吨，个别可达上百亿吨。矿石品位中低，含铁 20% ～ 50%，平均 40% 左右。一般含有 Mn、V、P、S 等杂质元素，含磷含硅较高，选冶难度较大，目前的技术条件难以实现资源综合循环利用。矿石常具胶状结构，具块状、条带状、鲕状、豆状、肾状等构造，可见泥裂、冲沟等浅海相沉积构造标志。

内陆湖相和沼泽相铁矿床，矿体呈似层状、扁豆状或透镜状，长、宽、厚都较小，矿石矿物以褐铁矿和菱铁矿为主，矿石含铁以中低品位为主，也有富矿，但矿石的选矿难度较大，总的储量规模不大。

我国有许多不同地质时代的海相沉积铁矿床，其中最古老的是河北北部等地的宣龙式铁矿，分布最广的是泥盆纪的宁乡式铁矿。宣龙是河北宣化龙烟铁矿山的简称，宣龙式铁矿床以河北宣化庞家堡铁矿床为代表，主要分布在河北北部宣化、赤城、涿鹿一带，重要矿床有宣化庞家堡铁矿床、赤城辛窑铁矿床、宣化烟筒山铁矿床等。宁乡式铁矿分布广泛，主要位于湘赣交界、鄂西、川东、黔西、滇北、甘南、桂中等地，铁矿产于中、上砂页岩中，矿体呈层状，层间夹绿泥石页岩或细砂岩。矿体厚 0.5 ～ 2m，厚度稳定。

矿体延长数百米至数千米，最长达十几千米。矿石由赤铁矿、菱铁矿、方解石、白云石、绿泥石、胶磷矿、黄铁矿、黏土矿物和石英等组成。具有鲕状和粒状结构，豆状、块状、砾状构造。矿床规模以中型为主。

湖相沉积铁矿床主要分布于四川、重庆一带，具有代表性的是重庆綦江式铁矿。有湖相沉积赤铁矿、菱铁矿矿床，伴有磁铁矿、铁绿泥石等，矿床规模为中小型。在我国有山西寿阳式铁矿床、甘肃华亭式铁矿床及广西右江式铁矿床等，矿床规模为小型。

1) 庞家堡铁矿床

该矿带位于华北准地台燕山坳陷带内，北邻内蒙古陆。铁矿位于古陆边缘海湾中。矿区出露地层为片麻岩系，其中含有薄层磁铁矿石英组合的硅铁建造。片麻岩系之上为一套由石英砂岩、粉砂质页岩、灰岩组成的海侵旋回，含矿岩系位于海侵旋回中下部，由铁矿层与砂页岩相间构成。砂页岩中有泥裂、波痕、交错层等，反映出沉积时部分地段可能处于浪基面附近。矿体呈层状、似层状，少数呈透镜状，铁矿层长数千米，产状稳定。主要矿物为赤铁矿，上部矿层有菱铁矿，伴生矿物有石英、方解石等。矿石具鲕状、肾状和豆状结构。鲕粒核心为石英或长石、绿泥石等，鲕粒外圈为多层同心状的赤铁矿和菱铁矿，鲕粒之间充填有土状赤铁矿和石英。矿石品位好，含铁40%以上，硫、磷等有害杂质含量较低，矿床规模大，经济价值高。

2) 长阳火烧坪铁矿床

长阳火烧坪铁矿床是宁乡式铁矿的代表，位于扬子准地台的上扬子台褶带东北部，铁矿层产于上泥盆统。其下为中泥盆统云台观组石英岩，底部偶见砾岩，一般厚40m。下部与志留系上统砂页岩假整合接触。上泥盆统底部为石英砂岩，向上过渡为泥质砂岩、页岩，上部为钙质页岩、泥灰岩、灰岩，顶部为灰黑色页岩和砂岩，构成加里东运动后第一个海侵沉积旋回。铁矿层产于该沉积旋回中下部碎屑岩向碳酸盐岩过渡部位。铁矿体有4层，单层厚一般为0.7～1.5m。主矿层产于砂页岩中，呈层状，连续延长12km，倾斜延深达700m，厚3m。矿石中矿物成分主要为赤铁矿，其次有菱铁矿、鲕绿泥石、方解石、石英、胶磷矿等。矿石中鲕状构造发育，其次为砾状构造。矿石品位变化较大，一般含Fe 30%～40%，含磷较高。

2. 沉积锰矿床

与沉积铁矿床类似，沉积锰矿床分布于长期隆起的古陆边缘，沿海岸线展布，Mn在表生条件下比Fe更为活泼，沉积部位较铁矿稍远离海岸线，即水更深的部位；在剖面上，沉积锰矿位于海侵层序的中上部。由于Mn的活动性较强，在沉积后的成岩过程中，锰矿层内部往往发生锰质的再分配，形成锰矿质的结核体和透镜状锰矿饼，从而提高了锰矿的质量。

矿体总体呈层状或透镜状，延伸较稳定，由单层或多层矿组成；含矿岩系由粉砂岩、黏土岩、硅质灰岩、灰岩、白云岩等组成。矿石成分主要为锰的氧化物和碳酸盐，并呈规律的矿物相带分布，向海方向依次出现软锰矿、硬锰矿、水锰矿、菱锰矿、锰方解石。矿石常具胶状结构、结晶结构，具鲕状或块状构造。

胶体沉积锰矿矿床规模大，矿石品位高，世界上大型的锰矿床均属此类，著名的有乌克兰尼科波尔、格鲁吉亚奇阿图拉锰矿床。我国沉积锰矿分布广泛，有辽宁瓦房店新元古界锰矿床、湖南湘潭震旦系锰矿床、广西大新下雷泥盆系锰矿床和贵州遵义上二叠统锰矿床等。

1) 辽宁瓦房店锰矿床

辽宁瓦房店锰矿床位于内蒙古陆南缘晚蓟县世铁岭期(约 10.5 亿年)燕辽海槽的海进层序中。含矿岩系属泥质岩型，由杂色含锰碳酸盐岩、深灰色和黑色含锰粉砂质页岩、含锰页岩和泥岩以及锰矿层组成，厚约 40m。共有 3 个锰矿层，锰矿层实际由众多大小不等、断断续续和重叠分布的透镜体组成，俗称矿饼。单个矿饼一般长 5m 左右，厚度小于 0.5m。矿石有氧化锰矿石和碳酸锰矿石两种。氧化锰矿石以水锰矿为主，呈鲕状、块状构造，含锰高 (Mn 24.1%)，是主要开采对象。碳酸锰矿石以菱锰矿和锰方解石为主，含锰较低 (Mn 17.9%)，呈竹叶状构造。碳酸锰矿石在靠近地表部分多被氧化成多孔状次生氧化锰矿石，其锰含量较原生碳酸锰矿石大为提高，矿物成分主要为软锰矿和硬锰矿。矿石中伴生矿物主要是碳酸盐，其次为蛋白石、玉髓等。

2) 湘潭式锰矿床

湘潭式锰矿床是赋存于黑色页岩中的一系列沉积碳酸锰矿床，广泛分布于湘、黔、川、鄂等地，重要矿床有湘潭、民乐、大塘坡、棠甘山等锰矿床。民乐锰矿床位于江南古陆南缘。矿层产于震旦系下统民乐组下段，其下为震旦系下统椿木组冰碛层，与板溪群不整合接触。民乐组往上为震旦系下统南沱组冰碛层。含矿岩系由黑色页岩、含黄铁矿粉砂质页岩、硅质页岩和碳酸锰矿石组成，厚约 38m。锰矿有 4 层，以第二层最重要，占矿区储量的 98%，平均厚 2.71m，呈层状、似层状和透镜状。矿石属含铁较高的高磷锰矿石，平均含 Mn 19.86%，含 Fe 2.55%，含 P_2O_5 24%，含 S 1.53%。矿石主要由菱锰矿、锰白云石、含锰白云石等组成。矿石具致密块状、层纹状构造。致密矿石中常见碳沥青小球体和火山凝灰质条纹。矿石由长 0.05 ～ 0.4mm 的显微凝胶集合体组成，显微凝胶集合体由极细的碳酸锰显微球粒组成。

3) 广西大新下雷锰矿床

广西大新下雷锰矿床位于华南褶皱系右江褶皱带南部。矿床产于上泥盆统五指山组硅质岩 - 硅质灰岩 - 钙质泥岩中，属硅 - 泥 - 灰岩型锰矿床。矿体呈层状，共 3 层，每层厚为 1 ～ 3.5m。矿石呈微细粒结构，具豆状、鲕状、条带状和斑杂状构造。矿石矿物以钙菱锰矿、菱锰矿为主，并有少量褐锰矿、锰铁矿等低价态氧化锰矿物，伴生矿物有玉髓、石英、蔷薇辉石、锰铁叶蛇纹石、绿泥石等。矿石品位 Mn 19% ～ 23% 且 Mn/Fe>3，SiO_2<25%。在矿区浅部发育氧化带，氧化锰矿石品位高，为富矿。

3. 沉积铝土矿床

沉积铝土矿床产于长期隆起的古陆边缘碳酸盐岩风化侵蚀面上，沿海岸线展布，产出部位较沉积铁、锰矿离海岸线更近，常具海陆交互相沉积特点。含矿岩系由下至上常由赤铁矿层、黏土岩、铝土矿、黑色页岩夹煤层组成。矿体呈厚层状、似层状、巢状和透镜体状，延伸可达数千米，厚可达数十米。矿石成分单一，由一水硬铝石和一水软铝石组成，伴生有高岭石、针铁矿及鳞绿泥石等。矿石具胶状结构，具鲕状、豆状、块状和土状等构造，如图 5.17。矿床规模一般较大，品位较高，易开采。我国的典型矿床包括贵州小山坝、河南小关和广西平果铝土矿。

图 5.17　铝土矿矿石

1) 贵州小山坝铝土矿床

小山坝铝土矿床位于贵州修文县扬子陆块上扬子台褶带。含矿岩系属于下石炭统，自下而上由赤铁矿质页岩夹赤铁矿扁豆体、铝土质页岩、铝土矿、黏土页岩组成。含矿岩系不整合于中上寒武统白云岩的古侵蚀面上。矿体呈层状、似层状，长 500 ～ 1400m，宽数百米至 1000 多米不等，平均厚 2.18m。矿石具碎屑状、豆状、鲕状、粒状等结构，具致密块状、土状、层纹状等构造。矿石主要矿物为一水硬铝石，矿石中 Al_2O_3 含量为 58% ～ 78%，含 SiO_2 1.5% ～ 24%。

2) 河南小关铝土矿床

小关铝土矿床位于河南巩义市华北地台南部，矿层产于上石炭统本溪组下部。本溪组下伏基岩的主体为喀斯特化的中奥陶统碳酸盐岩，与本溪组呈假整合接触。上覆地层为上石炭统太原组生物灰岩及底部煤层。铝土矿呈层状、似层状，较为稳定，厚度变化不大，为 1 ～ 2m。矿石构造以致密块状为主，次为豆鲕状。矿石以细碎屑结构、粉晶结构为主。铝土矿物以一水硬铝石为主，其他矿物主要为高岭石，另有少量水云母、蛋白石等。

3) 广西平果铝土矿床

平果铝土矿是平果县城西和西北部城关、旧城、太平、果化、新安等乡镇范围内的那豆、太平、教美、果化、新安等铝土矿床的统称。地处右江褶断带中部，北西向褶皱断裂发育，由果化复向斜、那豆背斜、兴宁及陇兰背斜组成。靠近原生铝土矿层露头附近，矿石块度大，含矿率高。平果铝土矿矿床面积 1750km^2，原生铝土矿地表出露长 132km。查明浅、近、易、富矿体 60 个，主矿体长 4675m，平均宽 1560m，厚 7.33m，面积 729 万平方米。矿体大都裸露于地表，其间有大片石灰岩出露，平面形态复杂，在剖面上呈层状、似层状、透镜状。矿石矿物主要为一水硬铝石，次为三水铝石，其他矿物有高岭石、含水绿泥石、针铁矿、赤铁矿、水针铁矿等，延伸较稳定，属滨海沉积型铝土矿床。矿石平均 Al_2O_3 含量 54.55%，Fe_2O_3 23.55%，SiO_2 3.53%，灼失量 13.49%，铝硅比 15.45，矿石中镓的平均含量为 0.0097%。原矿石黏土塑性指数 15.4 ～ 18，属难洗矿石。探明铝土矿矿石储量 5940 万吨，其中工业储量 3368 万吨；伴生镓金属储量 5380 吨。铝土矿远景资源可达 1.6 亿吨。

5.3.4 生物沉积矿床矿产资源

1. 磷灰岩矿床

磷在地壳中的丰度为 0.13%，是典型的生物元素。动物在其生命循环中都要吸收磷以组成其躯体，如骨骼、牙齿、甲壳等。脊椎动物的骨骼含 P_2O_5 达 53.31%，贝壳含 P_2O_5 达 36.5%，生物的粪便也大多含磷。磷一般不进入造岩矿物中，90% 以各种磷灰石存在。主要矿种有氟磷灰石 $3Ca_3(PO_4)_2 \cdot CaF_2$、碳磷灰石 $3Ca_3(PO_4)_2 \cdot CaCO_3$、羟磷灰石 $3Ca_3(PO_4)_2 \cdot Ca(OH)_2$、氯磷灰石 $3Ca_3(PO_4)_2 \cdot CaCl_2$，其中以氟磷灰石分布最广。

沉积磷矿床分为层状磷灰岩矿床和结核状磷灰岩矿床。层状磷灰岩矿床常与硅质岩及碳酸盐岩互层，矿体呈层状，矿石多具致密块状或鲕状构造，一般含 P_2O_5 较富，规模较大，并含钒、铀、稀土元素等，可综合利用，如云南昆阳磷矿。结核状磷灰岩矿床多产于黏土层、磷酸盐和海绿石砂岩中，矿层主要由磷酸盐结核组成，品位较低，常见有丰富的化石。

我国磷矿资源丰富，总资源量位列世界第二，云、贵、川、鄂、湘五省是我国沉积磷矿主要分布区。

1) 云南昆阳磷矿床

云南昆阳磷矿床位于扬子地台西部，康滇地轴东侧。含磷岩系为硅质岩、白云岩、磷块岩组合。磷矿分上下两层，其间被厚约 1.6m 的灰白色含磷水云母黏土岩相隔。矿层东西延长 8km，矿区面积 20.86km²。上矿层厚 1.97 ～ 14.85m，平均厚 5.77m，比较稳定。下矿层厚 0 ～ 6.87m，平均厚 3.5m，变化较大。全区矿石平均含 P_2O_5 为 26.24%，地表氧化矿石品位高，含 P_2O_5 达 30% 以上，有害杂质少；深部矿石品位显著降低，含 P_2O_5 为 20% ～ 25%，CaO、MgO 含量高。矿石类型主要为蓝灰色的富磷块岩和浅灰色的白云质磷块岩。矿石矿物主要为胶磷矿和少量白云石、方解石、玉髓、海绿石、绿泥石。矿石结构以颗粒结构为主，矿石构造有块状、条带状、结核状、砾状等。磷块岩层理类型以水平层理、波状层理和粒序层理为主，其次为交错层理。该矿区向北经昆明、峨眉、川北入陕，构成一个南北长 800km、东西宽 40 ～ 60km 的重要磷矿成矿带。

2) 四川什邡磷块岩矿床

四川什邡磷块岩矿床位于四川盆地西缘龙门山台褶带中段。岩层自下而上为砾屑磷块岩、硫磷铝锶矿层、含磷高岭土黏土岩、含磷炭质水云母黏土岩，上覆白云岩，含矿段平行不整合于藻白云岩之上，矿体为磷块岩矿体和硫磷铝锶矿体。磷块岩矿体主要呈似层状，次为透镜状，其形态和厚度受底板古喀斯特地貌特征和发育程度所控制，在喀斯特凹地内矿体增厚，凸起处变薄。矿体厚 0 ～ 75.3m，一般为 6 ～ 10m，单个矿体长达 4500m，一般长 1300 ～ 3200m。硫磷铝锶矿体呈似层状和透镜状产于含磷段中部，位于磷块岩层之上，二者迅速过渡，多数情况下与下伏内碎屑磷块岩同有同无。矿体长 70 ～ 3100m，一般长几百米至千余米，厚 0 ～ 23.50m，一般厚 2 ～ 5m。矿石中磷矿物主要为碳氟磷灰石和硫磷铝锶，其他矿物主要为黏土矿物和硅质。矿石结构主要有内碎屑结构、胶状结构等，矿石构造主要有角砾状构造、块状构造、层状构造和条带状构造。该矿床为风化再沉积型磷矿床，是早期的含磷层经长期风化淋滤，在泥盆纪经搬运、再沉积形成的。

2. 生物沉积硫矿床

硫可以形成的各种硫化物达 40 余种，自然硫相对较少。在表生条件下，岩石中经风化溶解的硫逐渐汇聚到湖泊及海洋形成 SO_4^{2-}，经生物化学作用可以形成自然硫以及硫酸盐的堆积。因此，硫矿床主要是自然硫、黄铁矿及硫酸盐矿床。

1) 自然硫矿床

自然硫具有不同色调的黄色，透明至半透明，硬度为 1 ～ 2，性脆，相对密度为 2，不导电，见图 5.18。硫是化学工业的基本原料，主要用于生产硫酸，其次用于制造二硫化碳和香蕉水。

图 5.18　自然硫

硫的成矿物质来源于大陆风化壳中沉积的石膏和硬石膏等硫酸盐，溶解的 SO_4^{2-}，石油、天然气、油页岩、煤层中的 H_2S，火山喷发和生物有机体腐烂分解产生的 H_2S，H_2S 氧化形成单质硫。

例如，海盆地中氧化还原界面以下的厌氧细菌分解硫酸盐，形成 H_2S

$$CaSO_4 + 2C = CaS + 2CO_2$$

$$CaS + H_2O + CO_2 = H_2S + CaCO_3$$

H_2S 上升到表层富氧水域被氧化析出自然硫

$$2H_2S + O_2 = 2H_2O + 2S$$

某些细菌选择性吸收 H_2S，将 H_2S 分解为单体硫并在自己躯体内富集，细菌死亡后的残骸在盆地底部堆积形成自然硫矿床。

生物沉积硫矿床的特征是矿床具有稳定的层位和固定的岩相，脱硫螺菌高速度和大规模还原硫酸盐的反应可以发生在大量繁殖有机体的泻湖内，如沿孟加拉湾分布的某些现代沉积物含硫达20%～30%。另外，在含石油的盐类盆地内，当石膏、硬石膏形成之后，被盐层底劈构造带到新地层内，经细菌分解硫酸盐产生 H_2S，再通过氧化作用将 H_2S 转变成自然硫。

层状蒸发岩中的硫矿床及盐丘或石油盐丘冠岩内的硫矿床都是由这种细菌作用形成的。这类矿床多呈层状或巨大透镜状产于灰岩、白云岩、砂页岩或石膏、硬石膏等盐类岩石中，矿石多为块状、浸染状或条纹状，有时与有机质页岩互层产出。

意大利西西里沉积硫矿床。意大利西西里岛盛产自然硫，其产品曾一度控制国际市场。西西里硫矿是世界最早开发的天然硫矿，其含硫层产于一个长 7.5km、宽 1km 的孤立盆地中，矿床由一种蜂窝状的灰岩组成，并与沥青状页岩和石膏成互层，其上为已发生褶皱和错断的泥灰岩、黏土岩、灰岩及砂岩。硫散布于蜂窝状灰岩之中，也呈纯硫层产出，厚约几厘米。含硫量在 22% ～ 50%，平均 26%。

2) 金属硫化物矿床

金属硫化物矿床的形成与生物作用密切相关。例如，在封闭、半封闭的还原环境中，生物分解海水硫酸盐以及生物遗体腐烂产生 H_2S，与介质或沉积物中的金属离子结合，形成金属硫化物矿床。

金属硫化物矿床主要为产于沉积岩系中的层状 Cu、Pb、Zn、Co、Ni、Mo 硫化物矿床和黄铁矿矿床。矿床严格受地层层位和岩相古地理的控制，多赋存于黑色页岩、炭质粉砂岩、炭质泥灰岩等黑色岩系地层中，矿体呈层状，与围岩整合产出，分布面积广，但矿层厚度一般较小。矿床不受岩浆岩和构造控制，也无围岩蚀变，矿层中的硫化物多呈微细粒状散布，且多具草莓状结构，含丰富的生物化石。

世界著名的矿床有德国曼斯费尔德铜矿带、中非铜矿带等，这些铜矿成因可能与生物作用有关。

德国曼斯菲尔德铜矿带。德国东部曼斯菲尔德铜矿带分布在德国、波兰、荷兰和英国非常广阔的地区，但有开采价值的铜、铅、锌矿床仅限于德国曼斯菲尔德和波兰苏台德山区等地。含铜页岩是一种具细纹层的黏土质泥灰岩和含碳质泥灰岩，由于生物残余保存在沥青质组分中，岩石含碳量接近 6%。沉积厚度为 30 ～ 60cm，岩石成分有一定变化，由下而上含碳质降低，碳酸盐增加。最主要的矿石矿物是辉铜矿、斑铜矿、黄铜矿、方铅矿、闪锌矿和黄铁矿，铜富集于含铜页岩层下部，铅锌的高品位通常出现在剖面上部。在空间分布上金属聚集局限在 150m 宽的海岸带范围内，尤其近海岸线的砂坝及海盆内的岛屿地带。在广大的中央海盆里，泥灰岩中只有黄铁矿而无其他硫化物。在含铜页岩中，丰度较高的金属还有 V、Mo、Ni、U 和 Co。一般认为含铜页岩是在无氧底层水中金属物质同生沉积的产物，但金属不可能来自正常海水，而是来自边缘盆地中存在的含铜流体，这种流体提供了由下伏地层硫化物和铁矿物被氧化转移出来的金属。

中非铜矿带。中非铜矿带是世界巨大成矿区带之一。该成矿带长约 500km，宽 60 ～ 100km，由赞比亚中部向西北方向延至刚果 (金) 境内。成矿带内有不少铜矿床，规模大，品位高，铜金属储量达 17 亿吨，矿石平均品位在 4.0% 左右，至少有 8 个储量在 500 万吨以上的超大型矿床。中非铜矿带地层有古老的片岩、片麻岩、花岗岩等基底杂岩和沉积在其上的浅变质沉积岩系。含矿层位均在中下部页岩、石英岩、砂砾岩层中，分布在刚果 (金) 地区矿体上部的碳酸盐岩和页岩中也有含矿层位。赞比亚铜矿床主要受一个轴向北西的大背斜控制，背斜轴部出露的是遭受强烈剥蚀的基底杂岩。铜矿带中矿体均呈板状或层状产出，沿走向延伸较长而且厚度大，沿倾斜延伸距离达 1000 ～ 2000m。含矿岩石可以分为页岩型和粗屑岩型两类。页岩型的矿床在大背斜的西侧，呈线状分布，总长约 128km，矿石占铜矿带总量的 2/3，矿石中 Co 品位超过 0.25%。粗屑岩型矿床矿体的含矿岩石都有相似沉积层序，从粗砂、长石砂岩、杂砂岩到白云岩、泥岩，白云岩、泥岩不含矿。从近岸到深水区的矿物分带为无矿、辉铜矿、斑铜矿、黄铜矿、黄铁矿，但斑铜矿、黄铜矿、黄铁矿之间常有复杂交错的过渡，某些交错层中硫化物成碎屑状与电气石、锆石碎屑一起沿层理分布，钴的含量甚微。矿床普遍有石膏或硬石膏存在，说明硫是通过细菌还原硫酸盐提供的。

云南东川落雪铜矿床。云南东川落雪铜矿床位于云南省昆明市东川区，采矿历史悠久，是我国著名的产铜基地，享有“天南铜都”的美誉，是我国元古宙层控铜矿的典型代表，成矿特征明显，同类矿床分布广。东川铜矿区在大地构造位置上处于杨子板块西缘，康滇地轴的中段东缘——东川块状隆起上，其东、南、西三面被断裂包围，北部与会理昆阳群相连，成矿区带属于康滇 Fe-Cu-V-Ti-Sn-Ni-REE-Au 蓝石棉成矿亚带。位于西部弧形褶皱带中段，落因背斜西翼，落因破碎带西侧。经地质勘查探获矿体 20 个。主矿体 3 个，呈层状、似层状。矿体走向 340° ～ 355°，倾向南西，倾角 55° ～ 80°。其中，一个主矿体长 1725m，延深大于 400m，真厚度 1.21 ～ 12.60m，平均厚度 5.04m，铜平均品位 1.04%；另一个主矿体走向延长大于 1000m，延深大于 560m，矿体真厚度 2.50 ～ 25.80m，平均厚度 11.01m，铜平均品位 1.09%。矿床内各矿体中的金属矿物以斑铜矿、黄铜矿为主，其次是辉铜矿，脉状矿中以辉铜矿为主，除黄铜矿、斑铜矿外还有硫砷铜矿、钴黄铁矿，脉石有石英、白云石、方解石。矿石平均含铜 0.81% ～ 1.53%。

思考题

5-1　基本概念。

沉积矿床，沉积分异作用，机械沉积分异作用、化学沉积分异作用、生物沉积分异作用，机械沉积矿床，蒸发沉积矿床，胶体沉积矿床，生物沉积矿床。

5-2　简述沉积矿床的一般特点。

5-3　简述机械沉积矿床的特点及形成条件。

5-4 河道中有利于冲积砂矿堆积的部位有哪些？
5-5 简述蒸发沉积矿床的特点及形成条件。
5-6 简述胶体矿床的特点和形成条件。
5-7 简述海相沉积铁、锰、铝矿床的主要特征。
5-8 生物在成矿中的作用主要有哪些？

第 6 章

变质矿床及主要矿产

6.1 变质矿床的概念与特征

6.1.1 变质矿床的概念

在地壳形成和发展、演化过程中，早先形成的岩石或矿物在地壳一定深处，由于其所处地质环境的改变，温度和压力的增加，在基本保持固态的条件下，矿物组成、结构、构造、化学成分、物理性质和形态产状发生不同程度的变化，这种地质作用称为变质作用。变质作用包括交代作用、脱水作用、还原作用、重结晶作用、重组合作用等。随着变质作用的增强，原来岩石和矿物中所含的水分，在较高温度和压力下可以转变成热液，并与原岩发生交代作用。深变质条件下，岩石和矿石还会发生部分熔融，发生交代和混合岩化作用。变质成矿作用可以是原岩的固态重结晶作用、重组合作用以及形变作用，还可发生交代作用以及混合岩化作用。

由内生作用和外生作用形成的岩石或矿床，在温度、压力、时间和热液等变质营力作用下发生变质作用，改造原矿床或产生新生矿床，将其称为变质矿床。

变质矿床的成矿物质主要来自原岩或原矿床，因而原岩的含矿性对变质矿床的形成有决定性作用。原岩的含矿性如何，一方面决定了能否形成变质矿床，另一方面决定了形成什么样的变质矿床。不同原岩中成矿组分富集程度差别很大，有些原岩在遭受变质作用之前，其所含的成矿物质达到工业品位，已构成矿床，有的则尚未达到工业要求。

变质环境中的变质矿床依变质前原来矿石、岩石建造的不同，以及在变质前后成矿组分和组构的变化情况，可分为受变质矿床和变成矿床两类。

原矿床经变质作用改造后，原矿石的矿物成分、结构、构造通常发生不同程度的变化，但有用组分含量一般变化不大，局部有成矿组分的迁移，甚至形成一定数量的富矿体，原矿床受变质后称为受变质矿床。这类矿床主要有铁、锰、铜、铅、锌和金等金属矿床及磷灰石等非金属矿床。含矿原岩建造是变质矿床的矿源岩，变质作用使原岩建造中的成矿物质活化、迁移、聚集而形成工业矿床。大多数变质矿床产于含矿原岩建造中，很少超出原岩建造范围，矿石的矿物成分和化学成分与含矿原岩建造有明显一致性，只是在矿体中成矿组分更为富集而已。

由含矿原岩建造受变质后新形成的矿床称为变成矿床，主要是一些非金属矿床。例如，黏土岩变质后形成硅线石矿床、蓝晶石矿床、石榴子石矿床、石墨矿床，广义上说，板岩、大理岩也属此类矿床。

需要指出的是，变质作用的专属特征是其能量和介质主要来自于岩石圈，属于内生地质作用的范畴。例如，沉积物沉积后的成岩、后生和表生作用，外来热液对原岩的交代作用，岩浆岩的自变质作用等，都可使原岩的成分、性质、结构和构造发生一定程度的变化，但不属于一般的变质作用范畴。

6.1.2 变质矿床的特征

变质矿床变质前的原岩特征在浅变质情况下可以明显地保留下来，而在深变质情况下只能残余少部分。由于原岩、矿石性质各异，变质作用类型和程度不同，变质矿床的特征比较复杂，不同类型的变质矿床各具有自身的特点。

变质矿床产于变质岩系中，含矿岩系主要由片岩、片麻岩、变粒岩、大理岩、石英岩、混合岩等各类变质岩组成，一般厚度在百米以上。一些变质岩系仍保留原来的沉积韵律，两种或两种以上的不同变质岩石交互产出。矿体与围岩界线不明显，二者呈渐变过渡关系，围岩仅在接触带处发生变质，而远离侵入体处则变质程度很弱或基本未变质。

变质成矿作用时间长、过程复杂、矿床和资源类型多。变质矿床的矿物成分和组合比较复杂，既有原来岩石或矿石的残留成分，还有大量的新生矿物和组分。常见矿物如自然石墨、自然金等，氧化物类如磁铁矿、赤铁矿、金红石等，含氧盐类如磷灰石、菱铁矿、菱镁矿等，硅酸盐类如红柱石、硅线石、蓝晶石、石榴石、滑石、蛇纹石、叶蜡石、绿泥石、蛭石等，以及铜、铅、锌等金属硫化物。

变质矿床的矿石构造和结构具有对原岩或原矿石特点的继承性和改造性，不仅有残留的变余构造和结构，还具有新生的变成构造和结构。在浅变质条件下，主要形成千枚状构造、斑点状构造，在较深变质条件下，主要形成片状构造、片麻状构造、皱纹状构造和块状构造，少数产生细脉状构造。变成结构主要有花岗变晶、斑状变晶、鳞片变晶等结构以及各种压碎结构。在有变质热液交代作用下可形成各种交代结构。区域变质矿床和混合岩化矿床中往往有程度不同的热液蚀变，蚀变类型与围岩特征有关，常见有绿泥石化、透辉石化、透闪石化、石榴子石化、阳起石化、绢云母化、黑云母化等。

矿体形状和产状复杂。矿体多呈透镜状、串珠状及不规则囊状等复杂形状，少有板状或似层状。产状变化也较大，常有褶曲和断裂，矿体可直立甚至可以倒转。接触变质矿床的矿体常沿接触带发育，形态一般不规则，规模较小；区域变质矿床的矿体形状和产状一般比较规则，规模较大。经过多次变质的矿体形状和产状更为复杂。在变质热液的参与下，可形成不规则似层状或脉状矿体，或使原矿体塑性形变形成复杂的皱褶。

变质矿床矿产种类多、分布广、储量大，除铁、金、铀、铜、铅、锌等金属矿产外，还有磷、硼、石墨、滑石、菱镁矿、石棉、红柱石 - 硅线石 - 蓝晶石、大理石、云母、蛇纹石等大量非金属矿产，变质矿床具有重要的工业意义。变质铁矿床储量占世界铁矿总储量的 2/3 以上，而且产有富铁矿体，为富铁矿石的重要来源之一。变质金矿床是金的重要来源之一，世界著名金矿有美国霍姆斯塔克金矿、南非维特瓦特斯兰德变质含金铀砾岩矿等，其中南非维特瓦特斯兰德变质含金铀砾岩矿床是世界上最大的金和铀矿产地。我国重要的变质矿床包括黑龙江东风山金矿、云南东川沉积岩变质铜矿、山西中条山火山岩变质铜矿、辽宁大石桥沉积变质菱镁矿，江苏、湖北等地的变质磷矿，山东、福建等地的石墨矿等。

6.2　变质成矿作用

6.2.1　变质成矿作用类型

变质成矿作用主要受温度、压力和热液流体控制，温度、压力升高以及由此而产生的变质热液作用使得原岩中矿物成分和组构、矿体形状和产状发生变化。而在不同地质环境和条件下矿床变化特征不同，反映出变质成矿作用发生的过程和方式有一定差异。根据地质构造、温度、压力的不同及其形成的变质岩特征，变质作用可分为接触变质作用、区域变质作用、混合岩化变质作用、动力变质作用、气-液变质作用、埋藏变质作用、洋底热液交代变质作用、冲击变质作用等，不同的变质作用形成不同成因的变质矿床。其中，接触变质作用、区域变质作用和混合岩化变质作用是形成变质矿床的最重要的变质作用。

1. 接触变质成矿作用

接触变质成矿作用主要是由岩浆侵位而引起围岩温度增高所产生的变质成矿作用，压力对成矿过程影响较小，以热力作用为主，因此也称为岩浆热变质作用。变质作用过程中几乎没有外来物质的加入和原有物质带出，挥发分的影响也很微弱。接触变质成矿作用主要通过重结晶作用和重组合作用等形成矿化。重结晶作用方式包括：在岩浆侵入体的热力作用下，原来隐晶质矿物逐渐结晶，显晶质矿物晶粒变粗，如煤变质形成石墨、蛋白石和玉髓变为石英、石灰岩变成大理岩、胶磷矿变为磷灰石；原岩物质在高温作用下产生一系列新矿物，如黏土形成红柱石等；高温下原岩脱水，如褐铁矿和铁的氢氧化物变为赤铁矿或磁铁矿，硬锰矿和水锰矿变为褐锰矿和黑锰矿等；高温还原条件使原岩物质的高价离子变为低价离子，矿物发生变化，如赤铁矿变为磁铁矿，软锰矿变为褐锰矿等。接触变质成矿作用还可导致原岩物质重组合，在围岩条件适宜时，局部可发生一定程度的热液交代作用，强烈交代作用形成的矿床属夕卡岩型矿床。接触变质成矿作用是很多大型铁矿的成因，如俄罗斯外贝加尔巴列伊、波兰的科瓦拉、美国苏必利尔湖附近的贡弗利特和梅萨比铁矿等，我国山西也有类似的铁矿产出。

2. 区域变质成矿作用

在板块运动过程中，由于存在规模巨大的构造应力作用并伴随不同程度的构造热流异常和深部岩浆的上侵活动，在高温、高压以及岩浆活动的联合作用下，地壳中原来的岩石发生大面积的强烈改组和改造，这种变质作用称为区域变质作用。

区域变质成矿作用主要表现为温度、压力、变质热液等因素的影响而使原有矿床改造或成矿元素迁移富集而成矿。变质区域范围大，温度可从低温至高温。在区域变质过程中，除了重结晶作用和重组合作用外，往往可产生变质热液，与原岩或原含矿建造发生广泛的交代作用，促使原岩中的多种组分重新组合形成新矿物。变质热液在变质过程中交代了含矿原岩建造，使成矿物质溶解、活化、迁移、富集，发生矿化和蚀变，导致原有矿床发生矿石类型、矿物成分及组合、结构和构造的变化，促使矿石的进一步富集或贫化。

交代作用在区域变质成矿中相当普遍，尤其是富矿体的形成，如富铁矿、高品位金矿等，矿石中的交代结构、交代残余结构、交代假象结构等十分常见。变质热液的主要成分是 H_2O 和 CO_2，有时还有 F、Cl、B 等，大部分来源于受变质岩、矿石本身，如沉积物成岩之后，孔隙和层间仍含有一定量的 H_2O 和 CO_2，在变质作用中因温度和压力升高而析出，原岩中含水矿物和碳酸盐在脱水和去碳酸盐化的过程中，也会析出大量的 H_2O 和 CO_2。在区域变质过程中，由于区域性构造运动产生较大的应力，在应力的持续作用下，原来的岩石或矿石发生不同程度的变形。一是矿石结构和构造的变化，如产生片状构造、片麻状构造、皱纹状构造、角砾状构造、压碎结构、鳞片变晶结构等；二是矿体形状和产状的变化，甚至可出现脉状矿体。

有些变质前的原岩建造中某些元素的含量稍高或较高，但远未达到工业矿床的要求，在变质和重结晶过程中形成矿床。对于这类矿床，原岩建造的含矿性是其成矿的物质基础，而区域变质作用是成矿的动力因素。区域变质成矿作用的实质是富含有用元素的原岩，或已存的各种成因的工业矿床，在区域变质条件下，通过变质结晶和重结晶作用，改造原有矿床形成新的矿床。大多情况下，区域变质作用对先存矿床的改造是有限的，这类矿床的工业意义主要取决于变质前矿床的特征。

区域变质作用形成的矿床的矿种较多，一般规模较大，具有重要经济意义的有铁、铜、金、铀及磷、硼、菱镁矿、云母、石墨和石棉等金属和非金属矿产。

3. 混合岩化成矿作用

混合岩化成矿作用是区域变质作用进一步发展演化的高级阶段，主要是岩石重熔作用和交代作用，尤以交代作用广泛而强烈。深部上升流体或岩石部分熔融产生混浆，混浆是一种成分和性质介于水溶液和稀薄熔浆之间的混合熔浆，其与不同类型的原岩经过相互作用形成混合岩化热液，是形成混合岩化矿床的主要介质。混合岩化过程中，熔浆主要通过交代方式形成各类混合岩和花岗质岩类，以及使原岩中的成矿物质发生迁移和富集成矿。混合岩化成矿作用属于变质作用后期由固态重结晶转向重熔过程，分为原地交代型和后期热液型。原地交代型发生于混合岩化主期、重熔初期，以交代和重结晶作用为主，如长英质熔浆对原岩的注入交代，形成钾长石、钠长石、白云母等。同时，在交代过程中由于长英质熔浆的加入，温度增高，原岩中的组分主要发生重结晶和重组合作用，使含矿建造中的有用矿物粒度加大和局部富集。交代和重结晶过程中原岩组分常聚集成伟晶或粗晶集合体，矿体常呈顺层状、浸染状并与含矿建造相一致。主要矿产有伟晶岩型白云母、刚玉、石榴子石、石墨、磷灰石等非金属矿产，稀有、稀土元素矿床，混合花岗岩型铀钍矿床等。在混合岩化主期的进一步交代过程中，原岩的矿物大量分解，通过各种交代反应形成一系列新矿物，如透辉石被交代成为阳起石和透闪石，角闪石变成黑云母等。同时由于碱交代，形成大量碱性长石。

混合岩化后期，热液形成于后期的绝热降压阶段。随着交代与重结晶过程的进行，原来的长英质熔浆部分交代原岩形成混合花岗岩，部分演变为热液，以及从原岩中释放出来的各种水分和深部气液形成的变质热液，即混合岩化热液，对围岩有强烈的交代作用。由于这些溶液中携带着主期阶段从原岩中带出的有用组分，因而在交代围岩时可发生围岩蚀变或形成矿床。混合岩化热液的成分与含矿原岩建造的成分有关，主要是铁、镁交代作用和碱性交代作用产物。有些情况下，由于主期交代铁镁质硅酸盐，中晚期热液中含有大量的Fe、Mg、Ca等组分，因而产生Fe、Mg质交代作用。变质的钙镁碳酸盐建造，在主期交代阶段形成富Mg、Ca的混合岩化热液，因而在中晚期热液交代阶段形成滑石和菱镁矿。富硼的含矿建造经主期交代作用之后，分散于造岩矿物和电气石中的硼可与部分铁镁一起进入热液。在中晚期交代过程中，富硼的混合岩化热液交代镁质大理岩可形成硼镁铁矿和硼镁石矿床。代表性矿床有电气石变粒岩中的硼矿床和硅铁建造中的富铁矿床等，还可形成磷、铀、金、铜及某些稀有、稀土金属等矿床。

4. *动力变质成矿作用*

动力变质成矿作用的产生常和一定的构造运动(挤压、剪切等)相联系，是在地壳构造运动过程中所产生的强定向压力(应力)的作用下，岩石发生破碎、变形，在破碎、变形的同时，不同地质体之间的相互剧烈摩擦使巨大的机械能转化为热能，造成原岩石的矿物成分、结构、构造发生变化。在形成的构造动力变质岩中常见有糜棱岩、片岩、碎裂岩等。动力变质的构造体系主要集中于造山带，比较典型的如碰撞挤压形成的逆冲推覆构造体系、隆升作用形成的伸展构造体系、平推走滑运动形成的大型韧性剪切带构造等。其中常产有金、银、铜、蓝晶石矿床等。

6.2.2 变质强度与变质相

变质强度又称变质等级，指岩石变质的程度。岩石在变质过程中，因其所处环境的温度、压力不同，变质程度不同。变质强度与温度、压力有关，而温度、压力又与深度有关，岩石所处的深度越大，其所受改造的程度也越大。据此，把区域变质带分为浅变带、中变带和深变带。由于在变质过程中温度往往起主导作用，也有人曾按温度的高低把变质作用分为三个等级，即低级、中级和高级。

为了量化和描述变质强度，人们曾以变质岩的粒度作为判断变质强度的主要标志，如板岩和千枚岩代表浅变带或低级变质的岩石，片岩是中变带或中级变质的岩石，片麻岩则是深变带或高级变质的岩石。在有些情况下该概念大体符合实际情况，例如在接触带由非晶质或隐晶质岩石变质为显晶质的岩石。但是，岩石的变质过程十分复杂，影响变质岩粒度的因素不仅包括温度和压力，还包括应力和流场等物理场的耦合效应，有些片岩的形成温度和压力比片麻岩还要高。因此，仅靠粒度判断变质程度和过程显然是不够的。

一般认为，一定成分的原岩在没有物质的带入带出情况下，化学反应达到平衡时，则矿物成分应该是一定的，特别是含有一定的标志矿物成分。因此，人们曾经用标志矿物划分变质强度，并以绿泥石带、黑云母带、铁铝石榴子石带、硅线石带等变质带来代表变质强弱。但这种变质带的划分模式仍然无法全面描述复杂的自然变质情况。

研究发现，不同的岩石在一定温度和压力条件下，因化学成分的不同会形成一套独特的变质矿物组合，把这种矿物组合及其代表的物理条件称为变质相。变质相可以更加准确描述变质过程和变质程度。每种变质相用不同温度、压力范围内所出现的代表性矿物组合或相当于该矿物组合特征的岩石命名，如蓝片岩相代表低温高压条件，麻粒岩相代表中温高压条件，榴辉岩相则代表高温高压条件等。

变质相会在时空上反复出现并密切伴生在一起，一个变质相矿物组合和岩体之间有着固定的对应关系，而且这种对应关系具有可预测性。例如，沸石相主要对应自然铜矿床和受变质的火山沉积铁矿；绿片岩相主要对应一些受变质的磁铁矿、赤铁矿、石英岩、含金砾岩矿床和块状硫化物矿床，新疆的硬玉矿床变质相为蓝闪石片岩相；角闪石相主要对应蓝晶石、石榴子石、刚玉、石墨和磷灰石矿床等；麻粒岩相主要对应角闪石 - 辉石 - 磁铁石英岩矿床、江苏东海的变质磷矿以及一些金红石和金云母等矿床；榴辉岩相多产有金红石矿床等。变质相对于研究变质过程与矿产资源预测具有十分重要的意义。

6.2.3　影响变质作用的因素

1. 温度

温度是使岩石产生变质的最主要因素。变质作用的温度和压力跨度比较大：在近地表条件下的低级变质作用，温度范围为 150 ～ 300℃，发生浅变质；深达上地幔的高级变质作用，温度可以接近或达到岩浆的温度范围，一般在 200 ～ 800℃，此温度范围位于成岩后生作用和岩浆作用之间，发生深变质。温度升高促使组分的活动性增强，从而引起成矿物质的迁移，促进交代作用的发生，引起矿物的重结晶、重组合。造成局部地区温度升高的原因主要是岩浆活动和地壳变动应力作用，引起区域性温度升高的原因是深部热流的上升。接触变质和中、深区域变质都属于吸热反应，而动力变质和一部分浅区域变质作用则属于放热反应。变质作用过程中的热力学体系既可以是封闭系统内的化学平衡体系，也可能是开放系统中的化学非平衡体系。因此，变质作用可以是原岩的固态重结晶作用 (如隐晶质蛋白石和石髓变为石英、碧玉岩变为石英岩、煤变质为石墨)、重组合作用 (如黏土物质重新组合为红柱石、蓝晶石、硅线石、刚玉)、脱水作用 (铁的氢氧化物变为赤铁矿或磁铁矿) 以及还原作用 (赤铁矿转变为磁铁矿) 等，还可以是交代作用，甚至混合岩化作用。在上述变质作用过程中，原有的岩石或矿床经过改造而形成矿床，或者原岩中的成矿物质在变质热液作用下发生活化迁移，并在有利的成矿条件下富集而形成新的矿床。

2. 压力

变质作用的压力主要是由上覆岩层重力所产生的均向压力，可引起矿物的重结晶和重组合作用，压力范围在 0.02 ～ 1.5GPa，最大可达到岩浆形成所需要的压力，压力范围表明变质作用发生在地壳内一定深处，即风化带之下，与褶皱造山、板块俯冲和碰撞、岩浆活动、构造断裂以及花岗岩化、混合岩化密切相关。由上覆岩层的重力产生的静岩压力是控制变质反应过程中矿物组合变化的重要因素之一。定向压力可使岩石或矿石破碎、褶皱和流动，并使一向或二向矿物定向排列形成片理、劈理、线理等构造。变质作用过程中，压力和温度常同时起作用，如黏土矿物在高温中压条件下可形成红柱石，而在高压中温条件下则形成蓝晶石，如果温度和压力均很高则形成硅线石和刚玉。

3. 变质热液

随着温度、压力的增加，原来岩石或矿物中所含的水分、挥发分通过变质反应脱离原岩，形成化学性质活泼和渗透性较强的气水溶液，称为变质热液，其以水和二氧化碳为主，包括来自岩浆或地壳深部的F、Cl、B等挥发分。这种溶液通过与原岩的交代作用，可使部分原岩的化学组分(如K、Na、Mg、Ca、S、Cl、F、Si等)进入变质热液中并随之迁移，到达合适的环境中沉淀形成新的矿物。当达到高温、高压深变质条件时，原岩甚至可能发生部分熔融，形成一些硅酸盐流体相，并在开放系统中发生广泛的交代作用以及混合岩化作用。

6.3 变质矿床的主要类型及矿产资源

6.3.1 变质铁矿床

变质铁矿床主要是区域变质铁矿床，是世界最重要的铁矿工业类型。变质铁矿床分布十分广泛，有较多大型、特大型矿床，如北美的苏必利尔湖铁矿、俄罗斯的库尔斯克和克里沃罗格铁矿，以及我国的鞍山铁矿(图6.1)等。该类型铁矿的储量占世界铁矿总储量的60%，占富铁矿储量的70%。在我国约占铁矿总储量的48%，占富铁矿储量的27%。世界上已发现的变质铁矿床实际上是沉积变质铁矿，是形成于前寒武纪的沉积铁矿床或沉积含铁建造，在受到区域变质作用或混合岩化作用改造后形成的。因其矿石主要由硅质和铁质薄层呈互层组成，又称为条带状硅铁建造。多数为贫矿(25%～40%)，贫矿中有不同成因和规模的富矿体(50%～70%)。

图6.1 中国鞍山铁矿区

变质铁矿床多产于古老陆台的前寒武纪变质岩系中。在全球古老陆台变质基底中几乎都有产出，其往往分布面积广、储量大，主要分布于北美地盾、南美巴西地盾、印度陆块、澳大利亚地台、非洲陆块、中朝陆块等。现已发现的含矿带长达数十千米至数百千米，面积可达几百平方千米至几千平方千米，含矿岩系厚数百米，单个矿床的储量由数十亿吨至数百亿吨。变质铁矿床可分为阿尔戈马型和苏必利尔型。

阿尔戈马型铁矿的形成在空间和时间上与活动陆缘裂谷海底火山活动密切相关，世界各地此类含铁建造都发育于新太古界的绿岩带中，原岩为基性火山岩及少量安山质岩石、中酸性火山岩和黏土质沉积岩，经过区域变质作用，原基性火山岩变质为斜长角闪岩、角闪片岩、角闪斜长片麻岩、麻粒岩和变粒岩等，原中酸性火山岩变质成黑云母变粒岩和浅粒岩等。此类铁矿石建造常具灰色、浅黑绿色的铁质燧石和赤铁矿或磁铁矿组成的窄条带状构造。单个矿体的厚度可在几米至几百米之间变化，走向延长从数十米至几千米。含矿建造中的一系列连续的透镜状矿体构成规模巨大的矿带。加拿大的阿尔戈马铁矿和我国的鞍山式铁矿等属于此类。

苏必利尔型铁矿含铁建造形成于被动大陆边缘的开阔海盆地中，其层序自下而上一般为白云岩、石英岩、红色或黑色铁质页岩、铁矿建造、黑色页岩和泥质板岩等。铁矿层中含铁矿物与燧石组成条带状铁矿石，含铁矿物中氧化物相主要为磁铁矿 (图 6.2) 或赤铁矿 (图 6.3)。碳酸盐相以菱铁矿为主，并有磁铁矿和铁硅酸盐类矿物伴生。硅酸盐相中的矿物随变质程度而异。硫化物相主要是黄铁矿 (图 6.4)，常含细粒的富硅质泥岩。苏必利尔型铁矿床多沿古老地台边缘分布，一般可长达数十千米，建造厚度可以从几十米至几百米，偶尔达千米。此类铁矿在各大陆皆有分布，其中著名的有澳大利亚的哈默斯利、加拿大魁北克省的拉布拉多、南非的波斯特马斯堡以及印度的比哈尔、奥里萨等铁矿。我国辽阳弓长岭铁矿属于此类型。

图 6.2　磁铁矿石

图 6.3　赤铁矿石

图 6.4　黄铁矿石

辽阳弓长岭火山沉积变质型铁矿。弓长岭火山沉积变质型铁矿位于辽宁省辽阳市，为本溪 - 鞍山条带状磁铁石英岩建造的一部分，属太古宇鞍山群，包含大峪沟组、茨沟组和樱桃园组。矿区的条带状磁铁石英岩建造位于北西 - 南东向大复背斜东北翼，呈陡倾斜的单斜产状，延长 4 ～ 5km，延深千米以上。矿体呈层状，倾向北东，倾角 60° ～ 90°，有时倒转。富矿体呈层状、透镜状产于贫矿体内，厚度由几十厘米至几十米，延长由几十米至千余米，延深由几十米至千米以上，形成了本溪 - 鞍山地区最大的富铁矿体。富矿与贫矿之间呈渐变过渡关系。富矿的矿石成分主要为磁铁矿和石英，其次有角闪石、镁铁闪石，局部有少量的赤铁矿。矿石构造主要为致密块状。矿石品位一般为含铁 25% ～ 40%，富矿石含铁可达 60% 以上，硫和磷含量均较低，工业价值较大。富铁矿体附近具有明显的近矿围岩蚀变，呈单侧带状分布，一般宽十几米，自富矿体向外依次为镁铁闪石化、石榴子石化、绿泥石化。围岩蚀变强度与富铁矿体的发育程度成正比。通常围岩蚀变强烈，蚀变带厚大之处，富铁矿体规模也较大。

6.3.2 变质磷矿床

变质磷矿床主要由海相沉积磷块岩、火山沉积含磷岩系经过区域变质作用而形成，矿体产在前寒武纪变质岩系中，变质岩包括云母片岩、石英岩、石英云母片岩、白云质大理岩，其围岩主要为云母片岩、石英白云母片岩和白云质大理岩，少数含绿泥石片岩、千枚岩等。矿体呈多层状、透镜状，与变质白云岩层密切共生。矿石主要由细晶磷灰石组成，含少量白云石、金云母、石英；含 P_2O_5 一般为 8% ～ 9%，高者可达 20% ～ 30%；矿石为晶质结构，条带状、条纹状构造。变质磷矿品位高、规模大，具有重要工业价值。该类矿床在世界范围分布广泛，也是我国主要的磷矿床工业类型，主要分布于江苏、安徽、湖北、吉林等地，江苏海州锦屏磷矿床曾最具代表性。

江苏海州锦屏变质磷灰石矿床。锦屏变质磷矿位于江苏省连云港市海州区，是我国第一座大型磷矿。作为我国“一五”计划重点工程之一，于 1959 年建成为年产原矿 112 万吨、磷精矿粉 30 万吨的现代化采选联合企业。该矿在几十年中援建了当年全国几乎所有化学矿山，被称为“中国化学矿山的摇篮”。锦屏磷矿曾为国家发展做出巨大贡献。随着地下矿粉不断采掘减少，2004 年宣布破产重组。

该矿床位于中朝陆块山东地块南缘。区域地层为前震旦纪变质岩系，包括混合岩系、含磷岩系、白云母片岩系。下部含磷岩系由变质白云岩、石英云母变质白云岩和磷灰石矿层组成，夹有白云质石英岩，矿层底部有一层锰土层。主矿体长 900m，厚 14 ～ 40m，产状较缓，与围岩片理平行。下部和上部的白云质云母片岩系岩性相似，片理发育，且残留原始产状。含矿层的围岩主要由白云质云母片岩、石英云母片岩、含石英白云质云母片岩组成。下部白云质云母片岩层一般厚 65 ～ 250m，上部白云质云母片岩层厚约 300m。上部含磷岩系主要由磷灰石矿层、变质白云岩、含磷石英岩组成，此外还有堇青石片岩、石榴子石变质白云岩等。磷矿层的产状变化较大，倾角 50° 左右，局部有直立和倒转，矿体和围岩呈渐变过渡关系。矿层中磷品位变化较大，含 P_2O_5 10% 左右，局部地段较富，可达 34.2%。

锦屏磷矿矿体中最主要的矿石类型是块状磷灰岩，以氟磷灰石、细晶磷灰石及白云石为主，含有石英及白云母，矿石为变均粒结构，致密块状构造，常有一定方向的拉长排列。其次为锰磷矿石，为疏松土状构造，或褐黑色锰质层与白色磷灰石互层，形成明显的条带状构造，以细晶磷灰石、土状锰矿物、软锰矿和硬锰矿为主，并有石英、白云母和白云石。云母磷灰石岩分布于矿体下部含磷层的底部，以细晶磷灰石、石英和白云母为主，致密块状构造。

图 6.5 磷灰石矿石

磷灰石矿石如图 6.5。

6.3.3 变质金矿床

变质金矿床是全球金的主要来源。变质金矿床的主要工业类型有两种，前寒武纪绿岩带金矿床和元古宙含金铀砾岩型矿床。

1. 前寒武纪绿岩带金矿床

世界上绝大多数变质金矿床都分布于前寒武纪绿岩带。加拿大、澳大利亚、印度、津巴布韦、美国、巴西等国在太古宙克拉通区域内都发现了绿岩带中的大量金矿。我国在小秦岭、胶东、夹皮沟、辽西、冀北、冀东、五台、乌拉山等地区的绿岩带中也发现了大量金矿床。

所谓绿岩带，一般认为是由以镁铁质火山岩为主的变质火山沉积岩系组成，呈带状或不规则的复杂构造，分布在同构造期的花岗岩或片麻岩内，可能是火山沉积岩的变质残留体。绿岩带主要形成在太古宙—古元古代，形成时期为 2000 ～ 3400Ma。绿岩带原岩一般由下部的火山岩系和上部的沉积岩系组成。火山岩系的下段以镁铁质 - 超镁铁质火山岩为主，以广泛产出科马提岩为特征；上段为钙碱性的低钾玄武岩、安山岩 - 流纹岩组合或双峰式的镁铁质 - 长英质火山岩组合，该段的火山碎屑岩的数量明显多于熔岩。沉积岩系一般也分上、下两段：下段为深水沉积泥质岩组合，主要为页岩、泥质砂岩、杂砂岩及铁建造；上段为浅水沉积岩组合，主要为砾岩、石英岩、碳酸盐岩和硅铁建造。绿岩带的构造相当复杂，逆冲断层、平卧褶皱、走向平推断层、韧性剪切带等在绿岩带中广泛发育，一般经历了两到三期的变形和变质作用。变质程度从低到高均有，以绿片岩相为主，也可见角闪岩相，局部可达麻粒岩相。世界上前寒武纪绿岩带都经历了太古宙—古元古代形成期和古元古代后的活化改造期。

我国的绿岩带同其他国家的绿岩带相比较，分布面积小，科马提岩不甚发育，变质程度较高，赋存的金矿类型多样，受后期的活化改造作用强烈。

根据绿岩带中金矿床成矿元素来源、成矿地质特征、成矿作用和成矿时代等，初步把产在前寒武纪绿岩带中的金矿床分为原生型金矿床和再生型金矿床两类。

原生型金矿床是指金矿床和绿岩带形成于同一地质事件，处于相同的地质构造环境，也就是从火山沉积作用开始，经区域变质和钾质花岗岩的侵入，随后的线形变质带的叠加及金矿床形成的整个地质演化过程，包括花岗岩 - 绿岩带和金矿的形成，而金成矿是这段地史中最晚的一次地质事件。原生型金矿床按产状可分为顺层细脉浸染状金矿床和石英脉状金矿床两个亚类。顺层细脉浸染状金矿床根据围岩不同可进一步细分为两类，产在变质硅铁建造中细脉浸染状金矿床和产在变质火山沉积岩中细脉浸染状金矿床，前者如美国的霍姆斯塔克金矿床，后者如加拿大的赫姆洛金矿和我国的辽西排山楼、内蒙古新地沟金矿等。

再生型金矿床是绿岩带中的原生金矿床或在其中的含金岩系在绿岩带形成之后的地质构造演化过程中，经内生和外生作用，绿岩带岩系中的金或金矿床重新改造，进一步富集形成的金矿床。我国绿岩带中，再生型金矿床比较发育，如小秦岭、胶东地区的一些金矿，都是在中生代构造 - 岩浆活动中，由绿岩带中的金经过活化、迁移、富集形成的，属于岩浆期后热液金矿，严格来讲不应属于变质金矿床。

1) 美国霍姆斯塔克金矿床

霍姆斯塔克金矿床产出在前寒武纪地台隆起边缘的变质绿岩带中，绿岩带中有结晶片岩、片麻岩、变质基性和酸性火山岩及变质的含铁碳酸盐岩。已知有多个金矿化层位，如镁菱铁绿泥片岩、含铁碳酸盐岩、含铁绿泥石岩、含硅含铁碳酸盐岩中都有这类矿床产出。大部分矿化体与含铁硅质岩有成因联系，但工业矿体多赋存在含铁碳酸盐岩地层中，层位稳定。矿体多呈透镜状、扁豆状、似层状和层状，也有切层的网状矿脉，表明成矿热液活动明显。金的矿化富集受变形构造控制，金矿体多位于紧密交错褶皱和早期同斜褶皱的核部。矿体由大量短小的含金石英细脉构成，附近的围岩遭受明显的蚀变，蚀变以绿泥石化为主。矿床规模巨大，但品位不高，一般不超过 10g/t。早期成矿作用属热水喷流沉积作用，晚期区域变质作用后期的变质热液使金迁移，于有利的构造部位富集成矿。霍姆斯塔克含金建造于古近纪—新近纪火山活动中使金进一步向矿体中富集，矿石品位大为提高，局部可高达 500g/t，属于多次成矿作用复合的多成因矿床。

2) 黑龙江东风山金矿床

东风山金矿床产于东风山群一套含金地层，受麻粒岩相变质作用，由三部分组成：上部微晶石英片岩组、中部结晶大理岩组、下部条带状硅铁建造组，金、铁矿体即赋存于硅铁质岩组中。条带状硅铁岩组由硅质层、铁矿层和含锰硫化物矿层组成。金矿体赋存在该建造下部含锰硫化物矿层中，呈似层状、透镜状。金主要以自然金独立矿物赋存于硫化物及脉石矿物中。金的成色平均为 933.5。

东风山金矿体分为钴金矿层控型与含金石英脉型两类。钴金矿层控型金矿体一般有规律地产出在条带状黑云石榴长英角岩和条带状磁黄铁矿角闪长英角岩中，随岩层的褶皱而褶皱，矿体多呈层状、似层状，局部呈透镜状。矿体数量多、规模大、品位高，与含金地质体呈整合产出。矿体延长 50 ～ 460m，延深 40 ～ 500m，厚度 1.50 ～ 2.87m，平均品位为 2.95 ～ 14.80g/t。

含金石英脉型金矿体往往产出于含金黑云石榴长英角岩层的切穿部位，矿体多呈脉状，局部呈网脉状。矿体数量少、规模小、品位低。矿体地表出露长度 3 ～ 8m，脉厚 0.29 ～ 0.44m，地下延长 12 ～ 75m，延深 7 ～ 68m。矿脉厚度 0.34 ～ 1.02m，平均品位为 1.38 ～ 4.11g/t，工业价值相对较小。

硫化物钴金矿石为钴金矿层控型矿体的主要矿石，成矿岩性为石榴石铁闪石角岩，以不等粒结构为主，矿石的矿物成分较复杂，金属矿物主要有辉钴矿、磁黄铁矿、毒砂、黄铁矿、磁铁矿、钛铁矿、自然金、银金矿等。矿石主要成分是 SiO_2，含量在 50% 左右，其次是 Al_2O_3、MnO、CaO 等，黄铁矿含量较高，硫含量为 2.14% ～ 4.29%，矿石金品位在 10g/t 以上。石英脉型矿石的矿物成分简单，金属矿物主要为磁黄铁矿，少量黄铁矿、黄铜及自然金等。矿石主要成分为 SiO_2，含量在 80% 左右，其次是 TiO_2、CuO、ZnO、H_2O，矿石金品位多在 5.0g/t 以下。

东风山金矿床矿石中金主要赋存在锰铝榴石、锰铁闪石、毒砂、磁黄铁矿中，其次赋存在辉钴矿、含锰菱铁矿、黑云母、石英中。不同类型矿石赋存金的矿物也有所不同：

贫硫钴金矿石，金主要赋存在硅酸盐矿物中，硫化物、砷化物次之；富硫钴金矿石，金主要赋存在硫化物、砷化物中，硅酸盐矿物次之；石英脉金矿石，金主要赋存在磁黄铁矿、石英中。自然金在矿石中呈不规则粒状、团粒状、棒状、长条状、板状，金粒度一般为 0.01 ～ 0.03mm。

3) 内蒙古新地沟金矿床

新地沟金矿床包括新地沟和油篓沟两个矿段，二者赋矿岩层为色尔腾山群柳树沟岩组，主要岩石类型包括绿泥绢云石英片岩、绢云石英片岩，具糜棱岩化。

新地沟金矿段矿化带总体规模长 23km，宽 150m。含矿岩石为绿泥石英片岩，底板为薄层大理岩。蚀变主要有硅化、黄铁矿化、绢云母化等。矿化带较连续，但成矿期后断裂较发育，使得矿体连续性受到破坏。该矿段主要有两个矿体，其Ⅰ号矿体产于含矿层下部，呈似层状、透镜状，走向 330°，倾向南西，倾角 45°。地表出露长度大于 270m，矿体平均品位 4.49g/t，矿石类型为片岩型夹石英细脉型。Ⅱ号矿体产于含矿层上部，与Ⅰ号矿体平行产出，二者相隔 15 ～ 30m，矿体地表出露长 260m，矿体平均品位 2.87g/t，矿石类型为片岩型。

油篓沟金矿赋存在糜棱岩化绿泥绢云石英片岩内，大理岩为顶板或底板，矿体呈层状、似层状产出，与容矿围岩呈渐变过渡关系。矿层产状与片理产状一致。该矿段共圈定金矿体 3 个，Ⅰ号矿体规模最大，为主矿体。Ⅰ号矿体地表控制长 743m，呈似层状，平均厚 8.6m，最厚 24.75m，矿体平均品位 2.01g/t。沿倾向控制延深 227m，局部被推覆构造破坏，矿体厚度、品位均较稳定。

该地区矿床矿石分为原生矿石和氧化矿石两大类，其中以原生矿石为主。原生矿石根据组构特征与矿物组成不同，可以分为片岩型、石英脉型和长英质糜棱岩型，以片岩型和石英脉型为主。矿石中金属硫化物较少，含量小于 5%，以褐铁矿、黄铁矿为主，其次是斑铜矿，含少量赤铁矿、自然金。金呈微细粒状嵌布于石英晶隙或褐铁矿中，金粒度小于 0.008mm。脉石矿物以石英、斜长石为主，绿泥石、绢云母次之，黑云母、白云母少量。矿石呈褐黄色，具糜棱结构、鳞片变晶结构、碎裂结构、交代残留结构，矿石构造主要有片状、浸染状、网脉状、眼球状、梳状、块状等。围岩蚀变主要有绢云母化、钾化、硅化、黄铁矿化等，强烈蚀变地段一般为矿体本身或矿体的顶底板直接围岩。褐铁矿化、黄铁矿化和硅化可作为直接找矿标志。矿体围岩由糜棱岩、千糜岩及硅化微晶灰岩组成。硅化微晶灰岩与矿体呈断层接触关系，糜棱岩、千糜岩与矿体呈整合过渡关系。矿床的矿化蚀变可划分两个阶段，早期阶段形成蚀变绢云石英片岩型金矿，晚期形成含黄铁矿长英质糜棱岩型金矿。

矿床具有层控特点，为沉积变质层控型金矿床，成矿时代为元古宙，与绿岩带形成同步或稍晚一点。

2. 含金铀砾岩型矿床

含金铀砾岩型矿床具有沉积和变质热液成矿的双重特征，一般把其列入变质矿床范畴。这类矿床产于前寒武纪石英片岩系的变质砾岩层内，目前世界上仅在南非、加拿大等少数国家和地区发现，但其规模巨大，有重要的工业意义。这类矿床以南非维特瓦特斯兰德含金铀矿床为代表，故也被称为兰德型金矿，是全球最富的金矿。

南非维特瓦特斯兰德金矿。兰德金矿产于古元古界维特瓦特斯兰德变质岩系中，该岩系形成年龄为2200Ma，主要由云母片岩、石英岩、长石石英岩及砾岩组成，不整合产出于太古宙片麻岩和花岗岩之上。砾岩和石英岩成互层产出，为古老的河床洼地沉积而成，也有人认为是经海流改造的三角洲沉积。金矿层产于岩系上部的砾岩层中。含金砾岩全区有10个层位，沿走向稳定延伸290km，单层厚15cm～4m。含金砾岩层大多位于不同层位的侵蚀面上。砾岩层中的砾石主要为脉石英，砾石中不含金。胶结物为硫化物、石英、绢云母、叶蜡石、绿泥石等。金呈微粒状与黄铁矿、磁黄铁矿等硫化物一起散布于胶结物中。砾岩胶结物发生金、铀矿化，矿石的金品位为10～17g/t。砾岩层中还含有铀矿物，主要为晶质铀矿、沥青铀矿等，含U_3O_8为0.03%，属含金砾岩经过区域变质而形成，古大陆的含金硅铁建造。铁和金来源于原始海底火山喷发沉积物，经中、低级变质作用，金在变质作用中得以活化富集成矿。含矿岩系中的金与砾石同沉积，在后期区域变质过程中，部分金被变质热液活化、迁移，并与硫化物一起沉淀于胶结物中。有的金与沥青铀矿充填于砾石或黄铁矿的微细裂隙中，并有交代作用发生，与变质热液有关，属沉积变质矿床。

6.3.4 石墨矿床

石墨矿床主要有两种类型：一类是产于结晶片岩中的石墨矿床，属区域变质矿床；另一类是含煤岩系经岩浆接触热变质成矿作用而形成的接触变质矿床。

区域变质石墨矿床通常产于前寒武纪片麻岩、片岩、大理岩等区域变质岩系中。矿体多呈似层状或透镜状，长数百米至数千米，厚数米。石墨呈鳞片变晶状，品级多属晶质石墨，质量较好，石墨片径零点几毫米至几毫米，可选性好，但含量较低，一般为3%～5%，最高为20%～30%。矿石中脉石矿物有云母、石英、方解石和长石等，是沉积岩中有机质经区域变质重结晶而成，属变成矿床。原岩多属近陆源的滨海（湖）黏土碎屑岩和碳酸盐岩沉积，部分夹有基性火山岩。区域变质石墨矿床分布于黑龙江柳毛、河南灵宝、山东南墅和刘戈庄、内蒙古兴和、湖北三岔垭等地。

接触变质石墨矿床是由含煤层系经接触变质而形成于侵入接触带，随逐渐远离接触带，石墨渐变过渡为煤层。这类矿床中的石墨含量高，有时可达到90%，但多数为隐晶质石墨，质量较差。湖南郴州、吉林烟筒山等地有此类矿床。

1. 山东南墅石墨矿床

山东南墅石墨矿床矿区地层为古元古代荆山群变质岩系。含矿岩系下部为角闪混合片麻岩、斜长角闪岩、石榴斜长片麻岩和浅粒岩等，除石榴斜长片麻岩含少量石墨外，其他岩石都不含矿；上部为白云质大理岩、斜长角闪片麻岩和石墨片麻岩，夹薄层为斜长角闪岩、透辉岩、黑云变粒岩等。石墨矿体主要产于上部岩层内。根据矿体产出位置及与围岩的关系，矿体分为产于大理岩与片麻岩接触带的矿体、产于石榴子石斜长片麻岩与角闪斜长片麻岩之间的矿体、产于大理岩中的矿体。矿体均呈似层状及透镜状沿一定层位产出，产状与地层一致，倾角在 50° 左右。矿石具浸染状构造、片麻状构造、花岗变晶结构、纤维状变晶结构，矿石中的石墨都是晶质石墨。石墨晶片长一般为 150μm ～ 1.5mm，个别可达 7.5mm。脉石矿物主要为斜长石、石英、透辉石和透闪石等。近矿围岩有明显的蚀变，主要是透辉石化、透闪石化、金云母化和阳起石化等，这些蚀变是变质热液改造的产物。南墅石墨矿床属沉积变质矿床，变质热液及混合岩化热液对石墨的形成有一定作用。

2. 黑龙江柳毛石墨矿床

柳毛石墨矿床是超大型石墨矿床，位于黑龙江省鸡西市境内，位于佳木斯隆起南段与五常鸡西东西构造带交汇处。矿区含大西沟、郎家沟及站前 3 个矿段，面积 $47km^2$。矿床赋存于太古界麻山群西麻山组深变质岩系中，矿体呈复层状产出，与围岩产状一致。全矿区共有大小矿体 56 个，单矿体长数百米至一千多米，厚 15 ～ 17m。矿石为鳞片状晶质石墨，平均含固定碳 9.7%，最高达 26.34%。矿床储量大、品位富，累计探明储量和资源量达 2954 万吨。

6.3.5　混合岩化热液硼矿床

混合岩化热液硼矿床又称前寒武纪沉积变质再造硼矿床，主要分布于我国辽宁 - 吉林东部前寒武纪地层左 - 中太古界龙岗群、鞍山群，新太古界宽甸群，古元古界草河群和大栗子群，中元古界辽阳群、许屯群，新元古界震旦系下统。其中的宽甸群产有铁、铅、锌、金、钴、硼、黄铁矿、磷矿、菱镁矿、滑石、玉石等金属和非金属矿产，是一个区域上重要的含矿层位。宽甸群以富硼的变粒岩、浅粒岩为主，混合岩化强烈，重熔交代混合岩和层状混合岩发育，并夹有富镁大理岩，厚约 3600m。含硼岩系的原岩为一套海底火山喷发沉积黏土岩与镁质碳酸盐岩建造。硼矿体产于含硼岩系的蛇纹石化白云岩和白云菱镁岩层中，与围岩整合产出。矿体形态多为大小不等的透镜状似层状，长数十米到数百米。矿体常沿走向和倾向呈断续分布的透镜体，或数个透镜体、似层状体相互平行产出，或在含矿层中呈不规则的斜列展布。矿体多赋存于含矿层膨大部位，常出现在褶皱的脊部或转折部位。第三含硼岩系中的硼矿石为遂安石 - 硼镁矿组合，磁铁矿和硼镁铁矿含量少，称为白硼型。例如，营口后仙峪、凤城二台子、宽甸杨木杆、栾家沟、花园沟、二人沟等硼矿床，矿床平均 B_2O_3 含量一般大于 12%。第二含硼岩系的硼矿石为磁铁矿 - 硼镁石组合，含少量硼镁铁矿，Fe 平均含量 10% ～ 15%，B_2O_3 平均含量 7% ～ 10%，如集安高台沟硼矿床。第一含硼岩系中的硼矿石为硼镁铁砂 - 磁铁矿 - 硼镁石组合，Fe 平均含量 25% ～ 30%，B_2O_3 平均含量 7.23%，如凤城翁泉沟硼铁矿床，矿石中普遍多硫和含铀。近矿围岩蚀变分带明显，每个蚀变带宽几厘米至十余米不等。硼可能来源于地壳深部，其含量低于海相沉积硼矿物。含硼岩系主体分布于辽吉裂谷盆地的轴部，硼矿床集中分布于营口、凤城、宽甸、集安四个地区，是古裂谷带内的四个次级火山沉积盆地，蒸发沉积环境有利于硼酸盐的浓缩富集。区域变质作用和混合岩化作用使含硼岩系的硼组分进一步迁移富集，并发生多次强烈的变质热液交代作用而形成硼矿床。在俄罗斯的阿尔丹地区、外贝加尔地区和波罗的海地区，以及瑞典中部、美国东北部和斯里兰卡等地，也有类似的前寒武纪硼矿床。

6.3.6 变质石棉矿床

石棉是纤蛇纹石、纤钠铁闪石等矿物的总称，为纤维状集合体，具有抗拉强度高、柔韧性好、耐热、高熔点及抗腐蚀等特性，可作石棉水泥制品、热管保温外套、石棉板、刹车片、离合器衬片及高强耐热部件。高级蓝石棉有较强的吸附性能，具有分子筛功能，用于防辐射、空气净化等领域。石棉耐温、质轻，用途广泛，其制品多达3000余种。

变质石棉矿床包括两类，一类为产于变质基性火山岩及铁质岩石中的蓝石棉矿床，另一类为产于镁质碳酸盐岩石中的透闪石石棉矿床，均为区域变质作用形成，通常呈脉状产于铁质和硅质的沉积变质岩中及某些碱性变质岩中。多数矿床分布于造山带褶皱带内，有的位于两个板块构造的接触缝合带附近。矿床产于细碧岩或角斑岩内，明显受构造裂隙控制，矿体呈层状、透镜状，大多由各种脉状石棉脉组成，棉脉中蓝石棉呈横纤维或纵纤维者皆有。

棉脉中共生矿物有纤铁蓝闪石、镜铁矿、方解石、钠长石、重晶石、石英、玉髓、虎睛石、绿泥石等。该类矿床规模有大有小，棉质优良，并可综合开采虎睛石。我国河南有此类型矿床分布。

有些石棉矿床产于前寒武纪变质碧玉铁质岩层内，如南非开普省的蓝石棉矿分布于德兰士瓦系的含铁岩层内，由铁质砂岩、铁质石英岩和碧玉岩组成，产于铁质砂岩中或其与白云岩接触带附近。矿体呈脉状，成群出现，构成石棉脉带。

南非开普省德兰士瓦蓝石棉矿棉脉中蓝石棉为横纤维，平均长度为几厘米，矿石质量较好，可用于纺织的纤维很多。此类矿床极为罕见，可获得较为贵重的蓝石棉（开普蓝），南非德兰士瓦蓝石棉矿床与铁石棉矿床共生，以开采铁石棉为主。

1. 澳大利亚哈默斯利石棉矿

西澳大利亚哈默斯利石棉矿床产于前寒武纪碧玉铁质岩层内，石棉矿化带长达数百千米。镁质碳酸盐岩石中的透闪石石棉矿床主要分布于造山带中的褶皱带。含矿岩系为泥质板岩、硅质板岩、夹透镜状的白云质灰岩。白云质灰岩因受变质而发生不同程度的透闪石化，直到形成透闪岩。石棉带产于透闪岩或白云质灰岩与顶底板围岩接触处，棉带由一至数条棉脉组成，间夹薄层碳质板岩，棉脉在构造简单地段以平行脉为主，褶皱发育部位以鞍状、复式脉为主。脉中组成矿物有柔性透闪石棉、脆性透闪石棉、纤硅石、石英、方解石等。石棉以横纤维为主，斜纤维次之。纤维长度一般为1～5.5mm，最长16～18mm。石棉密度中等，纤维分裂性强，抗张力较高，耐酸耐碱性强，耐热性接近蓝石棉。矿床规模较小，但产出的石棉具有温石棉、蓝石棉的性能，棉质较好，有一定的工业意义。

2. 安徽宁国透闪石石棉矿床

安徽宁国透闪石石棉矿床位于虹龙到狮桥一带，矿带延长 20 余千米。矿区范围内共发现含棉层 4 层，皆赋存于荷塘组中。除最上部第 4 含棉层沿泥质板岩层理面以单脉状延伸外，其他 3 层均与透闪岩化含灰泥云岩透镜体有密切关系。棉带产于透闪岩化透镜体顶底板围岩中。棉带由柔性棉脉、脆性棉脉和碳酸盐(方解石为主)或纤硅石(纤维状石英)及石英脉和围岩组成，由于透闪岩化程度不一而呈两种基本组合类型，即透闪岩化好的为柔性棉 - 脆性棉 - 纤硅石 - 石英脉型，透闪岩化程度较弱的为柔性棉 - 脆性棉 - 碳酸盐脉型。棉脉由石棉纤维、隔板及围岩尘粒组成，与围岩接触处有粉状被膜连接棉脉与围岩。棉带中的棉脉常常互相分支、复合、穿插。该矿床与澳大利亚哈默斯利石棉矿属同一类型。

3. 青海茫崖石棉矿床

青海茫崖石棉矿床是国内较著名的超大型石棉矿床(图 6.6 和图 6.7)，位于青海省柴达木盆地西北部，阿尔金加里东褶皱带中部，苏巴里克复向斜东段。区内出露主要为奥陶纪碎屑岩、碳酸盐岩及中基性火山岩。与石棉有关的超基性岩受断裂构造控制，侵位于奥陶系中，其上被上泥盆统不整合覆盖。含棉岩石主要为全蛇纹石化斜辉辉橄岩，其次为全蛇纹石化斜辉橄榄岩和蛇纹岩。含棉岩体内广泛发育滑石片岩、滑石化蛇纹岩和碳酸盐化蛇纹岩；矿体赋存于岩体中部呈长条带状，以横纤维石棉为主，呈网状，纤维长一般为 0.5 ～ 12mm，含棉率 1% ～ 13.3%。区内共发现大小超基性岩体 32 个，其中 6 个岩体含石棉。一号岩体为主要成棉岩体，长 9500m，宽 1370m，面积 6.56km^2，内含 37 个石棉矿体。其中，长度大于 1000m 者有 10 个，以 6 号矿体最大，长 2280m，宽 106m。伴生有滑石、蛇纹岩等矿产。全区累计探明石棉储量 4454 万吨。

图 6.6　青海茫崖石棉矿

图 6.7 石棉矿石

6.3.7 变质云母矿床

变质云母矿床中主要矿产资源为碎云母，也称碎云母矿床。碎云母是小片白云母的工业统称，包括绢云母以及云母片岩、云母片麻岩中可采的小片白云母，其特点是片度小，集中易采(图 6.8)。碎云母矿床是云母矿床的一个亚种，是工业白云母的替代品，依矿床成因分为两种类型：

(1) 混合岩化型碎云母矿床。矿体由含铝岩层变质而成，产于太古宙混合岩化黑云斜长片麻岩中，含矿带长几千米。矿体似层状、透镜状顺层产出，长及延深为几十米至几百米，厚 0.5 ～ 3m，直接围岩为石英云母片岩。矿石为松软的云母集合体，白云母呈灰白色、厚板状，云母片径 8 ～ 10mm，含矿率 60% ～ 90%，含石英、长石、独居石和锆石。实例如河北灵寿小文山碎云母矿床。

(2) 动力变质作用和热液交代型绢云母矿床，如台湾省台东海瑞乡绢云母矿床。

美国北卡罗来纳和南卡罗来纳州是世界上从伟晶岩和黏土选取碎云母的主要基地，巴西、印度和南非则从过去的工业云母矿矿渣中获取大量的碎云母，我国在四川丹巴的工业云母矿废矿渣中选取碎云母。

图 6.8 云母矿石

河北灵寿小文山碎云母矿床位于河北灵寿一带，是我国唯一的碎云母生产地。小文山碎云母矿赋存于太古宇阜平群漫山组地层中。矿区含矿岩石主要为白云母钾长片麻岩、混合片麻岩、白云母石英片岩、混合花岗岩以及混合岩化片麻岩。矿体多呈层状、似层状，局部见透镜状或分支复合现象，其产状与围岩产状基本一致，沿近东西向展布，倾角 40° ～ 65°。当赋矿围岩主要为白云母钾长片麻岩、混合片麻岩、白云母石英片岩时，与矿体为渐变过渡关系，而当围岩主要为斜长角闪岩和混合花岗岩时，与矿体为突变关系。矿体规模大小不等，走向延长大者可达千米以上，小者仅数十米，倾向延伸数十米，厚度一般为 10 ～ 40m。矿石类型有混合岩型、片麻岩型、片岩型三种，其中以混合岩型碎云母矿规模较大、延伸稳定，质量较好。

6.3.8 蓝晶石 - 红柱石 - 硅线石矿床

蓝晶石、红柱石和硅线石均为 Al_2SiO_5 的同质异构体，因温度和压力不同而形成不同的矿物，常共生在一起。矿物硬度高，化学性质稳定，耐高温，是高级陶瓷原料和优良的耐火材料，其中蓝晶石常用作宝石。图 6.9、图 6.10、图 6.11 分别为蓝晶石、红柱石及硅线石。

图 6.9 蓝晶石

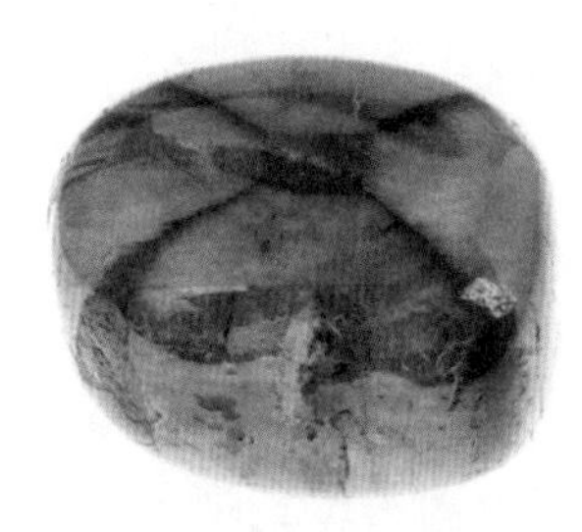
图 6.10 红柱石

图 6.11 硅线石

三者常产于同一区域变质带中，主要由富含 Al_2O_3 的黏土岩、页岩经区域变质作用而成，矿床主要形成于前震旦纪结晶片岩发育的地区，因温度和压力的差异而规律地相邻分布，有片麻岩型蓝晶石或硅线石矿床、片岩型红柱石或蓝晶石或硅线石矿床、接触变质型红柱石矿床。国外主要产地有南非的德兰士瓦和纳马夸兰、美国的佐治亚和印度的奥里萨邦。

我国目前已发现的大型蓝晶石矿分布在河南南阳隐山、江苏沭阳韩山、新疆契布拉盖等；红柱石矿分布在新疆拜城和库尔勒、辽宁岫岩 - 凤城、河南西峡等；硅线石矿分布在黑龙江鸡西 - 林口、河南西峡 - 内乡 - 镇平、福建莆田、内蒙古土贵乌拉等。

1. 河南隐山蓝晶石矿床

隐山蓝晶石矿床位于河南省南阳，是目前国内已发现的蓝晶石矿床中规模最大、矿石品位最高的矿床。该矿区地层为中元古界二郎坪群小寨组地层，为倾向 45° ～ 75°、倾角 42° ～ 75° 的单斜构造。依据岩石组合、沉积建造、矿物结构、构造等特点，自下而上划分为两个岩性段。隐山蓝晶石矿床赋存在新元古界二郎坪群小寨组下部的第二岩性段中，含矿地层主要为富硅铝的沉积碎屑岩类，经区域变质作用和动力变质作用形成片岩类岩石。矿体具一定的层位，但由于矿区出露基岩范围小，且岩性单一，没有明显的标志层，矿与非矿围岩无明显的界线，矿体靠样品分析结果圈定。全矿区共圈定大小 20 个矿体，其中矿体厚度在 10m 以上者 9 个，矿体厚度在 2 ～ 10m 者 11 个，均呈盲矿产出，矿体平均品位为蓝晶石含量10%～15%。

按不同成矿作用、矿石结构、构造和矿物成分的不同特点，矿石分为五种类型。

区域变质作用形成的蓝晶石英岩型，为矿区的主要矿石类型，矿石呈灰白色，致密块状；构造叠加变质作用形成的片状绢云蓝晶石英岩型，此类型矿石分布零乱，矿石呈黄灰白色，片状构造；构造叠加变质作用形成的片状褐铁绢云蓝晶石英岩型，矿石呈黄褐色，片状或具定向构造；变质热液作用形成的蓝晶石岩型，为矿区主要富矿体的矿石类型，多呈长5～30m、厚2～5m的透镜状、囊状，产于各矿体的不同部位，为后期气热作用形成，分为细、中、粗粒蓝晶石岩三种矿石类型；变质热液作用形成的蓝晶黄玉岩型，此类型矿石呈团块状或透镜状产出，矿石呈淡黄色，致密块状。

2. 河南西峡桑坪红柱石矿床

西峡桑坪红柱石矿床是我国目前已探明红柱石储量最大的区域变质矿床，且以盛产晶体粗大的红柱石晶体而闻名于世，红柱石晶体一般长3～5cm，最大者可达20～30cm。该矿床赋存于秦岭褶皱系东段二郎坪-刘家岩地向斜褶皱束内，含矿地层为新元古界二郎坪群小寨组底部，矿床构造为单斜构造，断裂构造不发育。含矿岩石主要为含炭质石榴十字红柱石黑云石英片岩、红柱石二云石英片岩，岩石组合简单。矿体规模较大，呈层状、似层状。倾向南西，倾角61°，长700～1600m，厚7.48～20.48m。矿石类型随矿物组合及其含量不同可分为四类，即红柱石二云母石英片岩型、黑云母红柱石片岩型、红柱石黑云母石英片岩型、黑云母红柱石石英片岩型。矿石结构为斑状变晶结构、鳞片粒状变晶结构，片状构造。矿石品位为红柱石含量10%～55%。矿床的蚀变主要表现为绢云母化、绿泥石化，且不太强烈，共生的非金属矿主要为石墨。

3. 黑龙江鸡西市三道沟硅线石矿床

鸡西市三道沟硅线石矿床位于鸡西市境内，出露的地层主要为中太古界麻山群西麻山组、余庆组，白垩系下统城子河组、穆棱组、下-上统猴石沟组及新近系桦南组。西麻山组呈近东西向分布，占全矿区面积的83%，主要由石榴堇青片麻岩、斜长透辉麻粒岩、大理岩组成，夹有石墨斜长片麻岩、紫苏麻粒岩，并有各种混合岩。根据岩石组合特征和含矿性，可分为两个岩性段：下段为含硅线石片岩段，含硅线石工业矿体；上段为含石墨片麻岩段，含低品位石墨矿体。硅线石矿床分布在三道沟向斜的南翼，西麻山组含硅线石片岩段上部石榴夕线黑云片岩中，矿带呈东西向展布，长1700m，宽几十米至200m，一般为100m左右，分东西两个矿段，西山矿段共有硅线石矿体26条，其中主要工业矿体6条。各主要矿体大致呈平行带状分布，呈复层状产出，各矿体的间距为2～30m。矿体多呈层状、似层状、透镜状，其边缘部分往往有分叉尖灭现象。硅线石以柱状晶体为主，一般长0.4～1mm，长者可达1.5～3mm，也有毛发状硅线石产出。以硅线石矿物含量10%圈定矿体，该矿平均品位为硅线石含量18%。

6.3.9　变质宝石矿床

1. 翡翠矿床

翡翠矿床一般分布于板块俯冲碰撞带，而且常分布于双变质带的高压低温变质带中，原岩主要是一套基性 - 超基性岩，矿床一般分布于断裂作用最发育的部位。实际上，许多硬玉岩就是构造动力变质岩。缅甸是玉石类翡翠的主要产出国，全球95%以上的商业翡翠产于缅甸，主要类型为原生变质翡翠矿床，盛产于缅甸北部克钦邦的帕岗 - 道茂一带。

缅甸道茂翡翠矿床。矿床位于古近纪—新近纪褶皱带与古老隆起的接合部的构造脆弱带中，分布有蓝闪石片岩、阳起石片岩和绿泥石片岩。矿区内广泛分布有古近纪—新近纪花岗岩体和由蛇纹石化纯橄榄岩、角闪橄榄岩和蛇纹岩组成的超基性岩体。翡翠矿床主要产于道茂蛇纹岩化橄榄岩体内。岩体长18km，其中有4个含翡翠的矿脉，长1～25km，厚2.5～3m。矿脉中的翡翠呈脉状、透镜状、岩株状，长数十米至300m不等。矿脉中心由翡翠单矿物岩组成，向两侧依次为钠长石岩、滑石绿泥石片岩剪切带。缅甸翡翠矿床的成因可能是，上地幔的碱质超基性岩浆分异派生的钠长岩脉，在高压低温变质条件下形成硬玉，Cr^{3+}进入硬玉晶格而形成翡翠。有的学者认为，在海洋和大陆板块的结合部的海沟地带，大洋地壳特别是洋壳表层的沉积物随海洋板块俯冲而承受较大的负荷压力，同时由于海洋板块俯冲速度较大，而岩石的热传导性较差，于是在深部形成高压低温条件，下沉的洋壳和海相沉积物发生高压低温变质。缅甸的原生翡翠矿区就具有这种高压低温变质条件。

2. 蓝宝石矿床

变质岩型蓝宝石矿床处于造山带或古老地台中的区域变质带。含矿岩体分布于富铝质混合片麻岩中，主要为刚玉黑云钾长岩或二长混合片麻岩，常呈花岗结构、伟晶结构，片麻状构造、眼球状或条带状构造，岩石富铝、贫硅、低钙。矿体在混合片麻岩中呈似层状、透镜状产出，与围岩产状协调，受富铝岩石层位及混合岩化程度控制。蓝宝石多分布于眼球体或条带的中心，长石环绕在其周围，刚玉宝石晶体呈柱状、桶状、腰鼓状、板状等，颜色多为蓝紫色、棕褐色、灰绿色、豆青色等，半透明 - 不透明，常有金红石、磁铁矿等粒状晶质包体，双晶及裂理发育，颗粒较大，品种有中低档蓝宝石及星光蓝宝石。代表产地是河北太行山、新疆阿克陶、内蒙古阿拉善、河南灵宝、陕西佛坪等地的蓝宝石矿床。

新疆阿克陶蓝宝石矿床。该矿床发现于20世纪80年代初期，产于昆仑山西段的寒武—奥陶系米汁干群变质岩中。矿区出露岩石主要为黑云斜长片麻岩、角闪黑云二长片麻岩、石榴夕线二长片麻岩，夹有少量方柱石和透辉石大理岩。矿体产于黑云二长片麻岩中，呈透镜状分布。含矿岩石出露于深变质岩中的强烈混合岩化作用地段，周围岩石中普遍出现顺层条带状混合岩。蓝宝石分布在大理岩的裂隙中，呈浸染状、细脉状，一般粒度为 0.5 ～ 1.5mm，颜色多呈紫罗兰、淡蓝色、无色，以半透明为主，具显微环带结构，加工成戒面可出现光斑或星光 (图 6.12)。

图 6.12 蓝宝石

思 考 题

6-1 概念。

变质作用、变质矿床、变质强度与变质相。

6-2 变质作用有哪些?

6-3 结合矿床实例说明变质作用在成矿过程中的意义。

6-4 结合典型实例分析变质矿产资源的意义。

第 7 章

有机矿产与非金属矿产

有机矿产是指由地质作用形成的，具有有机物成因的自然资源，可呈固态、液态和气态，包括煤、煤层气、石油、油页岩、天然气、泥炭、石煤、天然气水合物、天然沥青等。煤、石油、天然气是目前主要开采的有机矿产，它们既是主要能源，也是重要的化工原料。

非金属矿产指金属矿产和有机矿产以外的具有经济价值的岩石、矿物等自然资源。非金属矿产与金属矿产之间的界线往往并非十分清晰与严格，如铁矾土、钛铁矿、铝土矿和锰矿石等，被划归在金属矿产之列，又是重要的非金属原料，因此也包括在非金属矿产内。

7.1 煤

7.1.1 煤的概念

在沼泽盆地中堆积的大量植物 (包括高等植物和低等植物) 的遗体残骸，在地质作用下，经成岩作用形成的固体可燃有机岩称为煤。固体表示煤的物理状态为固体，可燃是指煤的可燃烧性，有机是指煤的有机成因，岩则说明煤为一种混合物，而非单一矿物。

我国国家标准《中国煤炭分类》(GB/T 5751—2009) 中煤的定义为：主要由植物遗体经煤化作用转化而成的富含碳的固体可燃有机沉积岩，含有一定量的矿物质，相应的灰分产率小于或等于 50%(干基质量分数)。

煤矿床多产于地史上温暖潮湿气候带的沉降盆地内，分布面积广。产于一定时代湖沼相或湖沼过渡相黑色或灰色沉积岩系内，层位稳定，产状与围岩一致。矿体多呈层状、似层状，少数为透镜状或豆荚状等。矿石以块状、薄层状构造为主。

煤按照成因分为腐殖煤、腐泥煤和腐殖腐泥煤三大类。高等植物的残骸在沼泽中经过生物化学作用形成泥炭，泥炭经成煤与煤化作用形成腐殖煤。低等植物和浮游生物的残骸在缺氧的条件下，经过厌氧分解、聚合和缩合作用形成腐泥，腐泥经煤化作用则形成腐泥煤。腐殖腐泥煤是由高等植物和低等植物共同形成的一类煤，介于腐殖煤和腐泥煤之间。

依据煤的工业用途、工艺性质和质量要求进行的分类称为工业分类。在煤的工业分类中，普遍采用反映煤化程度和黏结性两大方面的煤质分析指标，这样既考虑到成因的因素，又能和煤的工业利用密切结合起来。根据煤化程度指标划分为无烟煤、烟煤和褐煤三大类，其成分组成与质量不同，发热量也不相同。

无烟煤干燥无灰基挥发分比例小于或等于 10%。有粉状和小块状两种，呈黑色，有金属光泽而发亮 (图 7.1)。杂质少、质地紧密、固定碳比例高、挥发分比例低、燃点高、不易着火，但发热量高、火力强、火焰短而烟少，燃烧时间长，黏结性弱，燃烧时不易结渣。

图 7.1　无烟煤

褐煤干燥无灰基挥发分大于 37%，透光率小于或等于 50%。多为块状，呈黑褐色，光泽暗，质地疏松 (图 7.2)。含挥发分 40% 左右，燃点低、容易着火，燃烧时上火快、火焰大、冒黑烟；含碳量与发热量较低，燃烧时间短。

图 7.2　褐煤

烟煤介于无烟煤与褐煤之间。一般为粒状、小块状，多呈黑色而有光泽，含挥发分 30% 以上，燃点较低，容易点燃。含碳量与发热量较高，燃烧火焰长，有大量黑烟，燃烧时间长。大多数烟煤有黏性，燃烧时易结渣。

国家标准 GB/T 5751—2009 中依据干燥无灰基挥发分、干燥无灰基氢、黏结指数、胶质层最大厚度等 7 项分类指标，将烟煤细分为长焰煤、不黏煤、弱黏煤、1/2 中黏煤、气煤、气肥煤、1/3 焦煤、肥煤、焦煤、瘦煤、贫瘦煤、贫煤 12 个牌号。我国煤的工业牌号分述如下。

(1) 无烟煤 (WY)。挥发分低，固定碳高，相对密度大，纯煤真相对密度≥ 1.90，燃点高，燃烧时不冒烟。无烟煤主要是民用和制造合成氨原料。低灰、低硫和可磨性好的无烟煤不仅可以作高炉喷吹及烧结铁矿石用的燃料，还可以制造各种碳素材料，如作碳电极、阳极糊和活性炭的原料。

(2) 贫煤 (PM)。变质程度最高的一种烟煤，不黏结或微弱黏结，在层状炼焦炉中不结焦，燃烧时火焰短，耐烧，主要作发电燃料，也可作民用和工业锅炉的掺烧煤。

(3) 贫瘦煤 (PS)。黏结性较弱的高变质、低挥发分烟煤，结焦性比典型瘦煤差，单独炼焦生成的焦粉少。在炼焦配煤中配入一定比例的贫瘦煤，能起到瘦化作用。贫瘦煤也可作发电、民用及锅炉燃料。

(4) 瘦煤 (SM)。低挥发分的中等黏结性炼焦用煤，焦化过程中能产生相当数量的焦质体。单独炼焦能得到块度大、裂纹少、抗碎强度高的焦，但焦的耐磨强度稍差。瘦煤可作为炼焦配煤，效果较好，也可作发电和一般锅炉等燃料。

(5) 焦煤 (JM)。中等或低挥发分的以及中等黏结性或强黏结性的烟煤，加热时产生热稳定性很高的胶质体，单独炼焦可得到大块、裂纹少、高强度、耐磨性好的焦炭，但易造成推焦困难，因此焦煤一般作为炼焦配煤用。

(6) 肥煤 (FM)。中等及中高挥发分的强黏结性烟煤，加热时产生大量的胶质体。肥煤单独炼焦能形成熔融性好、强度高的焦炭，其耐磨强度也比焦煤炼出的焦好，因而是炼焦配煤中的基础煤。但单独炼焦时，焦上有较多的横裂纹，而且焦根部分常有蜂焦。

(7) 1/3 焦煤 (1/3JM)。中高挥发分的强黏结性煤，是介于焦煤、肥煤和气煤之间的过渡煤种。单独炼焦时能得到熔融性良好、强度较高的焦炭，炼焦配入量可在较宽范围内调整，均可获得高强度焦。1/3 焦煤也是良好的炼焦配煤用的基础煤。

(8) 气肥煤 (QF)。一种挥发分和胶质体厚度都很高的强黏结性肥煤，也称为液肥煤。气肥煤的结焦性介于肥煤和气煤之间，单独炼焦时能产生大量气体和液体化学产品。气肥煤最适于高温干馏制煤气，也可用于配煤炼焦，以增加化学产品产率。

(9) 气煤 (QM)。一种变质程度较低的炼焦煤，加热时能产生较多的挥发分和较多的焦油。胶质体的热稳定性低于肥煤，能单独炼焦，但焦炭的抗碎强度和耐磨强度均稍差于其他炼焦煤，而且焦炭多呈长条而较易碎，有较多的纵裂纹。在配煤炼焦时多配入气煤，可增加气化率和化学产品回收率。

(10) 1/2 中黏煤 (1/2ZN)。一种中等黏结性的中高挥发分烟煤。这种煤炼焦时能生成一定强度的焦炭，可作为配煤炼焦的煤种，在配煤炼焦中可适量配入。

(11) 弱黏煤 (RN)。一种黏结性较弱的低变质到中等变质程度的烟煤，加热时产生的胶质体较少。炼焦时，有的能生成强度很差的小块焦，有的只有少部分能结成碎屑焦，粉焦率很高，多用作气化原料和电厂、机车及锅炉的燃料煤。

(12) 不黏煤 (BN)。多是在成煤初期就已经受到相当氧化作用的低变质到中等变质程度的烟煤，加热时基本不产生胶质体。不黏煤的水分大，有的还含有一定量的次生腐殖酸，含氧量有的高达 10% 以上。不黏煤主要作气化和发电用煤，也可作动力和民用燃料。

(13) 长焰煤 (CY)。煤化度最低的烟煤，挥发分高，燃烧时火焰长。长焰煤的干燥无灰基挥发分大于 37%，黏结指数小于 35，黏结性很弱，一般不结焦，是非炼焦煤，主要作为动力和化工用煤。

(14) 褐煤 (HM)。又名柴煤，是煤化程度最低的矿产煤，一种介于泥炭与沥青煤之间的棕黑色、无光泽的低级煤。化学反应性强，在空气中容易风化，燃点低。储存超过两个月就易发火自燃，堆放高度不应超过两米，不易储存和运输。褐煤的煤化程度低，水分大，挥发分高，含游离腐殖酸，燃烧时污染严重，如果不经过洗煤和提炼，会导致雾霾问题日益严重。

7.1.2　煤的物质组成

1. 煤的化学组成

煤的成分很复杂，物质组成不均一。在化学组成上包括有机质和无机质两部分，其中有机质为可燃体，无机质为不可燃体，煤的组分以有机质为主。有机质组分主要是 C、H、O、N、S、P 等元素，其中 C 和 H 是构成有机质的最主要成分，而 S 和 P 属于有害元素，含量越低越好。无机组分包括水分和矿物杂质，如黏土矿物、黄铁矿等，其含量越低越好。此外，煤中还常含一些稀有、分散和放射性元素。

2. 煤的岩石学组成

成煤的原始物质主要来自于各种植物遗体和少量浮游生物遗体。植物分为高等植物和低等植物。高等植物包括苔藓植物、蕨类植物、裸子植物和被子植物，大多生活在陆地上或沼泽中，具根、茎、叶等器官的分化，主要成分是纤维素及木质素。低等植物主要是藻类和菌类，大多生活在水中，没有根、茎、叶的区别，为单细胞和多细胞构成的丝体和叶片状植物体，主要由蛋白质和脂肪组成。

煤的岩石学组成简称煤岩组成，分为宏观组成与微观组成。

煤岩宏观组成是用肉眼可以区分的煤的基本组成部分，俗称“肉眼煤岩类型”。煤中的有机质主要为由植物残体组成的形态分子和凝胶化物质构成的基质。形态分子包括木质组织碎片、孢子、花粉、角质层、树脂和藻类等；基质即凝胶化物质，为无一定外形和轮廓的有机质胶体。

煤岩显微组成是指在显微镜下可识别的有机成分，它在分类上的地位与“造岩矿物”的意义相当，但煤的显微组分没有特定的晶体形式，其化学组成也不稳定。总体来看，可分出镜质组、壳质组、惰质组三个显微组。

镜质组是大多数煤层中占绝对优势的显微组分，主要由植物遗体的根、茎、叶组织中的木质纤维素物质经过不同程度的凝胶化作用和后来的煤化作用转变而成。

壳质组主要包括植物成因的孢子体、角质体、木栓质体、树脂体、藻类体和碎屑稳定体等显微组分，其化学性质以富氢贫氧为特征，在成煤作用的生物化学阶段，它是相对比较稳定的组分，但是在成煤作用的热演化阶段则很不稳定，易分解转化为其他物质。

惰质组的组分也主要起源于植物遗体的根、茎、叶组织中的木质纤维素物质，但这些物质在泥炭化阶段或煤化阶段中经历了多次不同程度的氧化作用，形成了不透明惰性物质，往往保存有明显的植物细胞结构。

从低等植物到高等植物都可参与成煤作用，高等植物形成的煤称为腐殖煤，低等植物形成的煤称为腐泥煤，介于二者之间的称为腐殖腐泥煤。

腐殖煤根据形态分子和基质的比例与配合关系分为镜煤、亮煤、暗煤和丝炭四种煤岩类型。

(1) 镜煤。基质含量 >95%。深黑色，光泽强，是煤层中颜色最深、光泽最亮的部分。

结构均一，性脆，贝壳状断口，垂直层理方向裂隙特别发育。在煤层中镜煤常呈透镜状或条带状，大多厚几毫米至一二厘米，有时呈条纹状夹在亮煤或暗煤中。挥发分和氢含量高，灰分低，黏结性强，宜于炼焦。

(2) 亮煤。基质含量大于形态分子含量。色稍浅，光泽较强，均一程度不如镜煤，相对密度较小，较脆，有时具贝壳状断口，表面隐约可见微细层理。亮煤的光泽和内生裂隙仅次于镜煤。亮煤在煤层中常组成较厚的分层或呈透镜状，可用于炼焦。

(3) 暗煤。基质含量小于形态分子含量。灰黑色，光泽暗淡，一般不显层理，包含颗粒状结构，断口不规则，内生裂隙不发育，坚硬而具韧性。在煤层中以较厚的分层或单独成层出现。暗煤组成复杂，矿物质含量高，不宜炼焦。

(4) 丝炭。外貌酷似木炭，暗黑，具有明显的纤维状结构和丝绢光泽，疏松多孔，性脆易碎，易污手，具纤维状结构，主要呈碎片或楔形物产出。矿化丝炭坚硬致密，相对密度大。丝炭组成单一，具有明显的植物细胞，含氢量低，含碳量高。由于孔隙度大，吸氧性强，丝炭容易发生氧化和自燃，不宜炼焦。

腐泥煤光泽暗淡，结构均一，呈块状构造，常具有贝壳状断口，韧性较大，易燃，燃烧时有沥青味，多呈透镜状或薄层状赋存于腐殖煤煤层中，偶尔也能形成单独的可采煤层。

低变质腐泥煤的挥发分、氢含量和含油率都比较高，适于炼油，是制造人造液体燃料和润滑油的宝贵原料。腐泥煤中的矿物质若超过一定数量时，即为油页岩。藻煤是腐泥煤的典型代表，早古生代石煤即为高变质的腐泥煤。藻煤在我国分布广泛，晚古生代、中生代及新生代均有发现，山东肥城、兖州，山西浑源、大同、蒲县等地均有出产。俄罗斯莫斯科、澳大利亚昆士兰、英国苏格兰、巴西巴伊亚州马拉古村均见有藻煤。

腐殖腐泥煤包括烛煤、烛藻煤和煤精。

烛煤是一种具有细纹理而缺少光泽的烟煤，含大量挥发物，燃点低，燃烧时发出明亮火焰，火焰与烛火相似，因此而得名。烛煤呈灰色或稍带褐色，质轻，具较暗淡的沥青状光泽，致密坚硬而韧性大，贝壳状断口，块状构造，有时也稍显层理。显微镜下可见大部分为橙黄色或褐黄色的腐泥基质，并含有较多孢子，有时有少量藻类。烛煤的挥发分、氢含量和含油率都较高，适于炼油。山西浑源、山东兖州均产烛煤。

烛藻煤是烛煤与藻煤的过渡类型。呈浅灰黑色，具贝壳状断口，常具沿层理劈开成薄片的倾向。在显微镜下可见到烛藻煤中藻类和孢子均匀地分散在灰褐色或浅绿色的基质中，偶尔可见到丝煤细碎片，其挥发分、氢含量和含油率较烛煤高而较藻煤低。

煤精具有明亮的沥青和金属光泽，黑色、致密，韧性大，存在于煤层之间。

7.1.3 煤层

煤层是指经过煤化作用由有机质和矿物质转变而成的层状、似层状或多种复杂形态的地质体。直接伏于煤层下面的沉积岩层称为煤层底板，岩性多为沼泽相的黏土岩、泥质岩和粉砂岩，多富含植物根化石；直接上覆煤层的沉积岩称为煤层顶板，岩石类型多种多样，以细碎屑岩和石灰岩为主，常含植物枝、叶化石和动物化石。煤层分为不含夹石层的简单煤层和含夹石层的复杂煤层，顶板和底板间只有一层煤层称为简单煤层，顶板和底板间夹有多层煤层及夹矸称为复杂煤层。夹矸 (夹石层) 少则几层，多则几十层到几百层，层厚 0.1 ～ 0.5m。夹矸岩性主要有炭质泥岩、泥质岩和粉砂岩，其次为高岭石泥质岩、石灰岩和砂岩，有时还可见到油页岩、菱铁矿层、火山碎屑岩等类型的夹矸。

7.1.4　含煤岩系

含煤岩系也称煤系或含煤建造，是指聚煤盆地中的一套含有煤层的沉积岩系。岩性上为黑色、灰色及灰绿色为主的沉积岩，包括砾岩、砂岩、泥质岩和煤层，有时也见灰岩、黏土岩、火山碎屑岩，还常伴生油页岩、铝土岩、黄铁矿、菱铁矿及耐火黏土等沉积矿产。岩相上，陆相、过渡相和海相均有，沼泽相和泥炭沼泽相是含煤岩系的一个重要组成特征。含煤岩系具有明显的沉积旋回，含丰富的植物化石，地表易氧化，呈灰白色黏土线。

海陆交替相含煤岩系形成于滨海沿岸平原环境，岩性和岩相在横向上比较稳定，垂向变化比较频繁，旋回结构清楚。岩性和岩相组合简单，除灰岩外，碎屑岩颗粒较细，碎屑成分单一。煤层层位稳定，厚度较小。

陆相含煤岩系形成于内陆盆地，其特点是分布范围小，由一套山麓相、河流相、湖泊相、沼泽相和泥炭沼泽相组成，岩性以碎屑岩为主，其中粗碎屑岩占很大比例。煤层稳定性较差，结构较复杂；以中厚煤层为主，有时是巨厚煤层，但变化大，常出现分叉、尖灭，形态复杂。

7.1.5　煤田

同一聚煤盆地中，同一地史过程中形成并连续发育的含煤岩系，并经后期改造保留下来的广大地区，称为煤田。煤田大多表现为盆地形态，故又称煤盆地。通常一个煤田的构成有 3 部分，即含煤岩系、盖层和基底。同一煤田的煤系可以是连续的，也可以是不连续的，不连续分布是煤系形变后长期受剥蚀的结果。根据煤系的出露情况，可将煤田分为 3 种类型，①暴露式煤田，煤系出露良好，如我国大青山石拐子煤田；②半暴露式煤田，根据下伏岩系的出露，可以圈出部分边界的煤田，如我国开滦煤田；③隐伏煤田，煤系大部分被掩覆，无法确定边界的煤田，如我国苏北的一些煤田。

由单一地质时代的含煤岩系形成的煤田称为单纪煤田，如抚顺、阜新煤田。由几个地质时代的含煤岩系形成的煤田称为多纪煤田，如鄂尔多斯煤田包括石炭—二叠纪、三叠纪和侏罗纪 3 套含煤岩系。我国煤炭资源丰富，煤田分布遍及各省区，含煤岩系从石炭纪到第四纪早期都有分布。世界上煤炭储量丰富，煤田众多，地质储量 2000 亿吨以上的大煤田就有二十多个，较有名的有俄罗斯连斯克煤田、中国鄂尔多斯东胜煤田 (图 7.3) 和美国阿巴拉契亚煤田 (图 7.4) 等。煤田面积一般由几十平方千米至几万平方千米。世界上面积最大的煤田为俄罗斯通古斯煤田，面积约 104.5 万平方千米，地质储量约 20890 亿吨。

煤田的地理分布以亚洲最多，北美洲次之。中国领域内分布着数以百计的煤田，是世界上煤资源量最为丰富的国家之一。

图 7.3 中国鄂尔多斯东胜煤田露天煤矿

图 7.4 美国阿巴拉契亚煤田煤矿

7.1.6 成煤条件与成煤作用

1. 成煤条件

成煤条件首先是植物死亡后须与空气隔绝，以免被氧气和微生物分解而破坏，其次植物生长须繁茂，有大量的新生植物迅速替代死亡植物。显然，最符合上述两个条件的是沼泽环境，因为沼泽中有充足的水，不仅为植物繁殖创造了有利的条件，还能使植物遗体与大气隔绝，妨碍好氧细菌的繁殖，从而减弱植物遗体分解的速度和强度，使植物遗体得以不断地堆积下来。因此成煤的理想环境是沼泽，其次是湖泊和滨海低地。

成煤条件具备以后还必须具备聚煤条件，即聚煤盆地。聚煤盆地是指地史上为含煤岩系提供沉积场所的构造成因和非构造成因的盆地，主要为侵蚀盆地和坳陷盆地。

侵蚀盆地 (图 7.5) 是地表受侵蚀作用而形成的盆地，属于非构造成因，沉积厚度小，变化大，分布零星，盆地基底起伏明显，如云南第三纪煤田。

坳陷盆地 (图 7.6、图 7.7) 是由构造运动引起基底沉降，在沉积物不断地补偿过程中形成的。我国华北的多数大型煤田属此类。

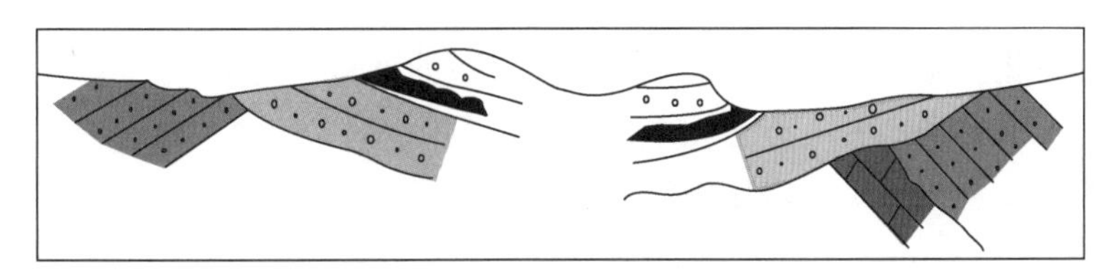

图 7.5　侵蚀盆地

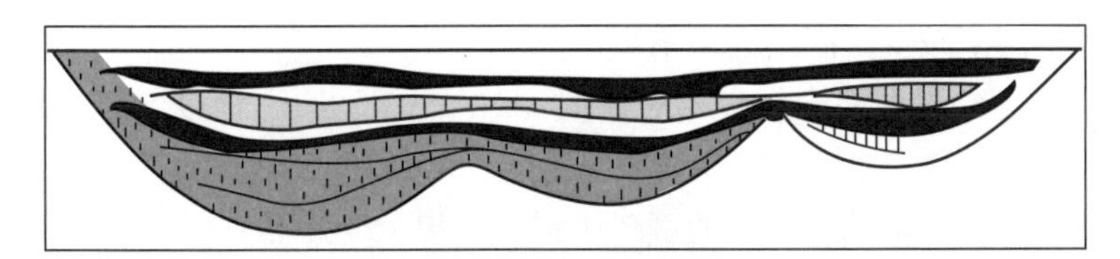

图 7.6　波状坳陷盆地

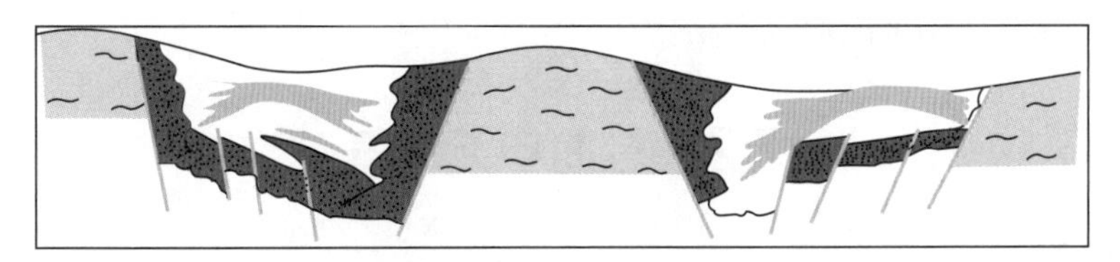

图 7.7　断裂坳陷盆地

2. 煤的形成作用

由植物转化成为煤，一般需经过沉积与成煤两大作用阶段。根据成煤物质的来源不同，沉积阶段分为泥炭化作用和腐泥化作用。

1) 泥炭化作用和腐泥化作用

泥炭化作用是指在沼泽盆地的还原环境中，高等植物遗体转化为泥炭的生物地球化学过程。高等植物遗体暴露于空气中，或在沼泽浅部多氧条件下，由于微生物和氧的作用遭受氧化和分解，转化为简单的、化学性质活泼的化合物。一部分被彻底破坏，变成气体、水分或分解为较简单的有机化合物；另一部分分解产物进一步合成为新的较为稳定的有机化合物，如腐殖酸、沥青质等组分保留下来，还有未分解或未完全分解的纤维素、半纤维素、果胶质和木质素以及角质层、树脂和孢粉等，这些稳定组分形成泥炭。这种由植物转变为泥炭的作用即泥炭化作用。

腐泥化作用是指低等植物遗体转化为腐泥的生物地球化学过程。在沼泽盆地的还原环境中，浮游生物和菌类死亡后沉向水底，在停滞水体中缺氧的还原环境下，通过细菌特别是厌氧细菌的作用，植物中的脂肪和蛋白质遭到分解，经过聚合作用转化为腐泥。在腐泥化过程中形成大量的沥青，因此腐泥化作用又称为沥青化作用。腐泥就是腐泥煤的前身。如果在腐泥形成过程中同时沉积了较多的矿物质，并超过了一定数量，这种腐泥便是油页岩的前身。

2) 煤化作用

煤化作用是指泥炭或腐泥由于地壳下降而被新的沉积物覆盖，在一定的温度和压力下，发生脱水、压实等一系列变化，向褐煤、烟煤和无烟煤转变，最后固结成煤的过程。从泥炭或腐泥转变为褐煤是成岩作用过程，而从褐煤转变为烟煤、无烟煤直至石墨是变质作用过程。

成岩作用是在较低的温度 (<70℃) 和压力 (深度 200 ～ 400m) 条件下，泥炭经压实、脱水增碳而孔隙度减小，并发生还原性化学变化，结果使有机体中的碳含量逐渐增加，氧和腐殖酸含量逐渐减少，固结成为褐煤。

煤的变质作用是煤在地壳内在相对高温 (>70℃) 和高压 (深度 >400m) 作用下，其化学成分、物理性质和工艺性质等均发生显著变化的过程。碳含量增加，氢氧含量减少，腐殖酸急剧减少直至完全消失；煤的颜色由褐色、黑色变为黑灰色，光泽变强，由褐煤不具光泽至无烟煤具有似金属光泽，结构更紧密，密度增加；挥发分和水分减少，热值和黏结性先增大后减小 (至无烟煤阶段又略下降)。在此过程中褐煤转变为烟煤、无烟煤，如果继续发生深变质则可能形成石墨。

7.2 石油与天然气

7.2.1 概念与特征

石油是以液态形式存在于地下岩石孔隙或裂缝中的可燃有机矿产，是一种成分十分复杂的碳氢化合物的混合物，溶有大量烃气及少量非烃气，并溶有数量不等的固态物质，天然石油也称原油。在透射光下，石油呈淡黄、褐黄、深褐、淡红、棕色、黑绿色及黑色的油脂状液体。其颜色深浅主要与胶质、沥青质的含量有关，胶质、沥青质含量越高，则颜色越深。主要由 C、H 以及少量 O、S、N 等元素的化合物组成，其中 C 占 80% ～ 88%，H 占 10% ～ 14%，O、S、N 合占 0.3% ～ 7%。以碳氢化合物 (烃) 为主，主要由烷烃、环烷烃和芳香烃组成，以戊烷～ 15 烷 (C5 ～ C15) 为主。常温下相对密度在 0.75 ～ 1 之间，相对密度大于 0.9 为重质油，小于 0.9 为轻质油。气味与质量有关，轻质油具芳香味，重质油多具臭味。组分黏度以环烷烃黏度最大，其次为芳香烃，烷烃最小。石油黏度越小，质量越好。在紫外线照射下可发出荧光，轻质油的荧光为浅蓝色，重质油荧光光色加深，据此作为油层对比的标志。石油在水中溶解度很低，为非导体。

广义上的天然气是指天然存在于自然界的一切气体。这里主要涉及的是狭义的天然气，通常指沉积圈中与石油成因相关联的以烃类为主的天然气藏中的可燃气体，为可燃的有机气体矿产。主要由气态的轻质碳氢化合物组成，甲烷～丁烷 (C4 以下) 是天然气的主要组分，气藏中的天然气以甲烷为主要成分，有少量乙烷和丙烷。气藏中有时是非烃天然气，如 CO_2、H_2S。依其存在的相态可分为游离气、溶解气、吸附气和气水合物，其中，游离气是气藏中天然气存在的基本形式。

开发和有效利用的天然气主要是聚集达到一定规模的游离气，地下的天然气也可以溶解气的形式存在原油或水中。天然气相对密度一般为 0.65 ～ 0.75。一般天然气液化后，体积缩小 1000 倍，故在天然气与原油的产量、储量换算中，常采用 1000m^3 气相当 1m^3 原油，其利用价值也大致相当。天然气的成分以烃类为主，有部分 N_2、CO_2、H_2S 等非烃气及痕量到微量的惰性气体。世界 90% 以上的天然气储量集中于烃含量在 90% 以上的气藏中，以氮气为主的气藏仅占气藏总量的百分之几，以 CO_2 或 H_2S 为主的气藏占气藏总量的 1% 以下。对天然气的分类最常用的有 3 种：一是根据用途按成分分为烃气、氮气、二氧化碳气和硫化氢气。二是开发者根据产状分为气藏气、气顶气、凝析气、地压气和气水合物。气藏气是指单一天然气聚集成藏的气体；气顶气是指与油共存于油气藏中呈游离气顶产出的天然气，当压力增大时，气顶气可以溶于油内而成为油溶气；凝析气是一种特殊的气藏气，在较高的温度、压力下由液态烃逆蒸发而形成，采出后因压力、温度降低逆凝结而成轻质油；地压气即高压型水溶气，在地下高压条件下溶于地层水中，开采到地表析出为游离气。三是根据成因分为有机成因气和无机成因气。

7.2.2　石油的成因

石油来源于沉积物中有机质的热降解。沉积岩中平均有机质含量为：泥质岩～2.1%，碳酸盐岩～ 0.2%，砂岩～ 0.05%。沉积岩中的有机质分为两部分，不溶于有机溶剂的成分称为干酪根，可溶于有机溶剂的成分称为沥青 (包括烃类、胶质和沥青质等)。一般将干酪根作为生油母质，而沥青视为干酪根热解过程的中间产物和伴随产物。干酪根经过热降解成石油。

干酪根是指存在于沉积岩和沉积物中不溶解于有机溶剂的有机质，它是脂肪、碳水化合物、蛋白质及腐殖酸等经过一系列改造以后形成的，是一种高分子聚合物，没有固定的化学成分，主要由 C、H、O 和少量 S、N 组成，化学通式为 $[C_{12}H_{12}ON_{0.16}S_{0.43}]_x$。

有机质的演化可分为 4 个阶段，即成岩作用阶段、深成热解作用阶段、后成作用 (准变质作用) 阶段和变质作用阶段，最后形成干酪根。干酪根热降解生成油气分为初期生气阶段、主要生油阶段和石油裂解生气阶段 3 个阶段。

石油的生成是一个生物化学和物理化学复合作用过程，受温度 (深度)、时间、细菌、催化剂等多种因素控制，其中温度的作用最为重要。

1. 温度

一般主要生油阶段的起始温度不低于 50℃，终止温度不高于 175℃，也就是说，地壳中的生油过程仅出现在有限的温度或深度范围内。生油 (或生气) 数量开始显著增长时的温度称为生油 (或生气) 门限温度，与之对应的深度称为生油 (或生气) 门限深度。温度与深度的关系取决于地温梯度，相同的门限温度在地温梯度大的地区出现得较浅，在地温梯度小的地区出现得较深。

2. 时间

与温度相比，时间居于次要地位。时间本身不能单独起作用，但在沉积有机质的热降解过程中，时间可以与温度互补，生油层的时代越老，受热时间越长，则门限温度越低。

3. 细菌

由于生存条件的限制，细菌作用主要出现在有机质改造的早期，并且随深度增加而锐减。自地表面往下，好氧细菌逐渐为厌氧细菌所代替。细菌通过酵素可使原始生物质中的许多组分被氧化和消化，当游离氧耗尽后，在有机质附近造成局部还原环境，这时厌氧细菌发生作用。在有氧条件下，细菌作用的主要游离产物为水、二氧化碳、硫酸盐、铵和磷酸盐离子；在厌氧条件下的主要游离产物为甲烷、二氧化碳、硫化氢、水，以及铵和磷酸盐离子。

4. 催化剂

在有机质生油过程中，催化剂可以改变其原有结构，断开其C—C和C—H键，进而分裂出较轻的烃。催化剂的参与可以加快成烃的反应速率，降低反应所需的活化能，以及改造烃的性质。自然条件下，最主要的催化剂是黏土，已知蒙脱石型的黏土催化活力最强。

有利于油气生成的地质环境要求具备大量有机质来源和良好的保存条件，以及有利于有机质演化生成油气的埋藏深度和时间。一般岩相古地理环境为浅海、湖盆和三角洲，具有温暖、湿润的气候，同时为长期持续下沉的坳陷区，沉降速度略大于或接近沉积速度。

7.2.3 天然气的成因

天然气根据成因分为有机成因气和无机成因气，有机成因气为主。有机成因气进一步分为生物气、伴生气、裂解气。

1. 生物气

生物气又称菌解气、菌生气，是指在浅层低温还原条件下的生物化学作用带内，由厌氧细菌等微生物分解有机质而形成的甲烷气(含量一般>98%)，包括沼气，含有少量的N_2和CO_2。有机质形成甲烷是细菌的代谢作用过程，在好氧细菌的代谢作用中，游离氧很快被消耗，形成缺氧环境。在厌氧细菌生活的环境中，细菌的发酵作用明显加强，生成甲烷的速率加快。富含腐殖型和混合型有机质的浅海和海陆交替带的硫酸盐还原作用带以下深度，是生物气大量生成的有利环境。生物气在天然气工业中具有重要地位，占世界天然气总探明储量的20%以上。

2. 伴生气

在生油过程中同时伴生的烃气称为伴生气，也称为油型气，因含重烃较多，又称为湿气。伴生气是指分散的有机质 (干酪根) 在热降解成油过程中，与石油一起形成的以甲烷为主的天然气，以及液态烃热裂解形成的甲烷气。伴生气根据其赋存状态不同分为溶解于原油中的气体从原油中析出后呈游离状态的油田气、产自于石油大体相同构造中与石油没有伴生关系的气田气、采出后析出轻质液态烃类凝析油的凝析气。

3. 裂解气

裂解气指石油热裂解产生的天然气，以甲烷为主，因含重烃少，也称为干气。主要是有机质 (干酪根) 在热降解成油演化过程中与石油一起形成的甲烷气，也包括石油热裂解过程中自身形成的甲烷气。

4. 无机成因气

无机成因气也称非生物成因气，泛指地球深部岩浆活动、变质岩作用释放出的和宇宙空间分布的可燃气体，以及岩石无机盐类分解产生的气体，主要是在沉积作用过程中捕获的气体、岩石受热分解以及遭受变质后的脱出气、岩浆析出气等各种无机成因的天然气。包括 CH_4、CO_2、N_2、H_2S、稀有气体 (He、Ar、…) 等，能形成气藏的主要是 CO_2。

7.2.4　油气藏

油气藏是地壳中具有工业利用价值的油气聚集的最基本单位，是油气勘探与开发的对象。一般所说的油气藏是油藏和气藏的统称，包括纯油藏、纯气藏和有油又有气的油气藏。油气藏的大小通常用储量来表示。

油气藏的形成首先要有产生大量油气的生油 (气) 岩；其次要有具渗透性的储集岩，以容纳从生油岩中运移过来的油气；第三要有储集岩与非渗透性盖层或其他遮挡因素所组成的圈闭，以捕捉和聚集油气。

1. 生油岩

生油岩也称烃源岩，指为油气藏的形成提供烃类物质的岩石。多为在还原环境中形成的富含有机质的结构细腻的暗色沉积岩，以泥质岩类(图 7.8)和碳酸盐岩类(图 7.9)为主。

图 7.8　泥质岩

图 7.9　碳酸盐岩

由生油岩组成的地层称为生油层。在一定地质时期内所形成的生油岩与非生油岩的岩性组合称为生油岩系。评价生油岩的理化指标包括有机质丰度、有机质类型、有机质成熟度及其转化度等。

2. 储集岩

储集岩也称储油岩，指具有良好孔隙度和渗透率的能储存石油和天然气，又能输出油气的岩石。由储集岩构成的地层称为储集层或储层，以碎屑岩和碳酸盐岩沉积岩储集层为主，碎屑岩储集层包括砂砾岩、砂岩、粉砂岩及未胶结或胶结松散的砂层。常见的储集岩是砂岩 (图 7.10)，其次为石灰岩 (图 7.11) 和白云岩 (图 7.12)。裂隙发育的页岩、变质岩和火山岩也可以作为储集岩。

图 7.10　砂岩

图 7.11　石灰岩

图 7.12　白云岩

3. 盖层

盖层是指覆盖在储集岩之上的、渗透性很差、能对储集层起封隔作用、阻止油气向上逸散的岩层。组成盖层的岩石为不具渗透性的岩石，常见的有泥岩、泥灰岩、页岩、蒸发岩等。其中，泥岩和页岩盖层常与碎屑岩储集层伴生，而蒸发岩盖层则多与碳酸盐岩储集层并存。

4. 油气的运移

有机物质转变成油气只是提供了形成油气藏的物质来源，只有使分散状态的油气经过运移而大量聚集后才能形成油气藏。油气的运移就是油气在地壳中因自然因素引起的移动，包括油气由烃源岩向储集岩的初次运移和由储集岩向圈闭的二次运移。油气依靠动力因素包括静压力、扩散和毛细管作用、浮力、重力、构造应力、热动力等运移，直至遇到能捕获油气的圈闭，油气聚集起来形成油气藏。如果油气藏形成后又被断裂破坏，则油气可沿着断裂运移到新的圈闭中聚集而形成新的油气藏，称为次生油气藏。如果油气沿断裂或其他通道向上运移而上升到地表，则形成油 (气) 苗。油气苗是寻找油气藏的直接标志。

5. 圈闭和油气藏

圈闭又称油 (气) 捕，指能阻止油气在储集层中继续运移并将其聚集起来的空间场所。圈闭必须具备储集层、盖层和一定的遮挡条件。

按圈闭的成因类型分为构造圈闭、岩性圈闭和地层圈闭。

(1) 构造圈闭为储集层在褶皱和断层作用下形成的圈闭，包括背斜构造圈闭、断层构造圈闭、裂缝构造圈闭、刺穿构造圈闭。背斜构造圈闭是最为重要的圈闭，油气常聚集在背斜的顶部。

(2) 岩性圈闭为储集层岩性横向变化造成的圈闭，包括透镜体圈闭、岩性倾向尖灭圈闭、生物礁圈闭。

(3) 地层圈闭是一组不渗透性岩层，不整合覆盖在具有储集性岩石上面造成的圈闭，包括不整合圈闭、潜伏剥蚀突起圈闭。

当圈闭中聚集了一定数量的油气之后，就形成了油气藏，或分别称油藏、气藏。只有具备生油层、储油层、盖层、圈闭等基本条件，并且油气经运移进入圈闭聚集，才会形成油气藏。油气藏是单一圈闭内具有独立压力系统和统一油 (气) 水界面的油气聚集，是地壳中最基本的油气聚集单位。

7.2.5　油气田和含油气盆地

在地表受单一地质因素控制的同一面积内油气藏的总和称为油气田。如果在同一面积下，圈闭中只聚集了石油或天然气，则称为油田或气田。

含油气盆地是指有过油气生成，并运移聚集成为工业油气田的沉积盆地。含油气盆地在其地质发展演化的某一时期为沉积坳陷区，在同一盆地内或若干生油期，有相似的油气聚集过程。沉积盆地的基底可以是古老变质岩系或沉积岩层，上有含油沉积盖层。在横向上常表现有分割性，隆起和坳陷相间。坳陷区往往是有利的生油环境，隆起区则常常是油气聚集区。

油气田远景评价的内容包括区域构造条件即含油气盆地的内部构造特征; 区域地层、生油层、储油层、盖层的构造关系与组合条件；油气构造圈闭类型和特征；油气藏的保存条件与显示等。

图 7.13 为油田的采油井。

图 7.13　油田的采油井

7.3 新型及非常规能源矿产

7.3.1 天然气水合物

天然气水合物又称可燃冰,是天然气与水在高压低温条件下形成的类冰状结晶物质。天然气水合物最初在1965年发现于西伯利亚油气田，之后在阿拉斯加和北美洲等高寒地区相继发现。1979年又在美国东海岸的大西洋海域与东太平洋的中美洲海槽的深海钻孔中发现。进入20世纪80年代之后，相继在世界各地直接或间接地发现多处气体水合物矿床或矿点。自然界的天然气水合物主要分布于深海海底沉积物和陆地永久冻土带中，具有能量密度高(标准温压条件下，$1m^3$天然气水合物可释放$164m^3$气体和$0.8m^3$水)、分布广、储量大和燃烧无污染等特点，被认为是21世纪油气和煤资源的理想替代能源，受到了世界各国科学家和政府部门的高度重视。自20世纪60年代起，以美国、日本、德国、韩国、印度和我国为代表的一些国家都制订了天然气水合物勘探开发研究计划。迄今，人们已在近海海域与冻土区发现天然气水合物矿点超过230处，涌现出一大批天然气水合物热点研究区。

天然气水合物是一种白色结晶状固体物质，有极强的燃烧力，其化学组成主要为甲烷分子和水分子，除此之外，还含有少量的乙烷、丙烷、二氧化碳、硫化氢、氮气等。天然气水合物是在合适的温度、压力、气体饱和度、水的盐度、pH等条件下，由水和天然气混合组成的类冰非化学计量的笼形结晶化合物。水分子在某些条件下可形成一些多面体笼状结构，组成笼子的晶格是水分子通过氢键形成的，其多面体内部是空的，当遇到甲烷、乙烷等小体积气体分子时，气体分子在一定的压力和温度下充填晶格结构的孔隙，形成甲烷或乙烷包合物。这种气体包合物不同于一般化合物，它不具备严格的理论化学式，在化学上常表示成$M \cdot nH_2O$，其中M为水合物中的气体分子。水合物中水与气体之间以范德华力而相互作用，一旦温度升高或压力降低，甲烷气则会逸出，固体水合物便趋于崩解。

世界上已发现的海底天然气水合物主要分布区有大西洋海域的墨西哥湾、加勒比海、南美东部陆缘、非洲西部陆缘和美国东海岸外的布莱克海台等，西太平洋海域的白令海、鄂霍茨克海、千岛海沟、冲绳海槽、日本海、四国海槽、中国南海海槽、苏拉威西海和新西兰北部海域等，东太平洋海域的中美洲海槽、加利福尼亚滨外和秘鲁海槽等，印度洋的阿曼海湾，南极的罗斯海和威德尔海，北极的巴伦支海和波弗特海，以及内陆的黑海与里海等。在地球上大约有27%的陆地是可以形成天然气水合物的潜在地区，而在世界大洋水域中约有90%的面积也属这样的潜在区域。已发现的天然气水合物主要存在于北极地区的永久冻土区和世界范围内的海底、陆坡、陆基及海沟中。由于采用的标准不同，不同机构对全世界天然气水合物储量的估计值差别很大。

在我国可燃冰主要分布在南海海域、东海海域、青藏高原冻土带以及东北冻土带，已在南海北部海域和青海省祁连山永久冻土带取得了可燃冰实物样品。图7.14为可燃冰及可燃冰探采平台。

图 7.14　可燃冰及可燃冰探采平台

7.3.2　煤层气

煤层气也称煤型气、煤成气，是指煤在煤化过程中变质作用阶段所形成的天然气，是赋存于煤层中的自生自储式非常规天然气。煤层气是煤或煤系有机质在天然热力作用下生成的热解气，多聚集于煤层之外其他储层中，煤层既是原岩又是储集层。在煤的成岩阶段，即泥炭到褐煤阶段，以形成生物成因气为主；在煤的变质作用阶段，即由褐煤向烟煤、无烟煤、次石墨转化阶段，生成大量的煤层气，此时煤的挥发分由 50% 降到 5%。煤层气是一种新兴的高效洁净能源，潜量巨大。目前在世界发现的最大气田中，煤层气探明储量占 70% 以上。煤层气将成为今后世界上开发的最主要能源矿产之一。早在地下采煤过程中，人们已经发现煤层中伴生一种易爆气体瓦斯 (或称煤层甲烷)，一直将其作为有害气体，随着天然气需求量增大和勘探技术的改进，人们才逐渐认识到煤层气是一种资源潜力巨大的非常规可采能源。

煤层气化学组分有烃类气体和二氧化碳、氮气、氢气、一氧化碳、硫化氢以及稀有气体氦、氢等，其中甲烷、二氧化碳、氮气是煤层中分布最广的气体成分，尤以甲烷含量最高，其含量一般大于 86%，一氧化碳和稀有气体含量甚微。在大多数煤层气中，非烃类气体含量小于 30%，其中氮气含量不超过 20%，二氧化碳含量不超过 10%。在有些煤层气中，氮气和二氧化碳含量变化很大。此外，氮气和二氧化碳含量与地层埋深密切相关，靠近地面，氮气和二氧化碳含量增加。煤层气主要以三种方式赋存在煤层中，即吸附状态、游离状态和水溶状态，分别称为吸附气、游离气、水溶气。吸附气是指煤颗粒表面分子所吸引的天然气，吸附气在煤颗粒表面形成多层分子组成的凝缩弹性气体膜。这种气体膜的厚度取决于煤颗粒表面活性以及气体分子内部的彼此排斥力。游离气指充填于孔隙或裂隙中能自由运移的天然气。水溶气是指煤层中的水分，包括内在水分和外在水分。

7.3.3　页岩气

页岩气是指主体位于暗色泥页岩或高碳泥页岩中，以吸附或游离状态为主要存在方式的天然气聚集。页岩气是富有机质烃源岩层系中以甲烷为主的天然气，以游离态存在于天然裂缝和孔隙中，或以吸附态存在于干酪根、黏土颗粒表面，还有极少量以溶解状态储存于干酪根和沥青质中，游离气比例一般在 20% ～ 85%。页岩气在本质上与其他类型的气藏有较大的差异，其自身构成一个独立成藏系统，集生、储、盖“三位一体”，是一种就近富集的连续型天然气聚集，表现为典型的“原地”成藏模式。页岩气具有生物化学成因、热成因或两者混合的多成因特点，其赋存方式复杂，主体位于泥页岩中，有时也存在于页岩夹层中，具有无气水界面、大面积连续成藏、特低孔、特低渗、裂隙发育等特征。

页岩气发育具有广泛的地质意义，存在于几乎所有的盆地中，只是由于埋藏深度、含气饱和度等差别较大分别具有不同的工业价值。我国传统意义上的泥页岩裂隙气、泥页岩油气藏、泥岩裂缝油气藏、裂缝性油气藏等大致与此相当，但其中没有考虑吸附作用机理，也不考虑其中天然气的原生属性，并在主体上理解为聚集于泥页岩裂缝中的游离相油气，因此属于不完整意义上的页岩气。

产气页岩分布范围广、厚度大，且普遍含气，使得页岩气井能够长期地稳定产气，页岩气开发具有开采寿命长和生产周期长的特征。但页岩气储集层渗透率低，开采难度较大。随着世界能源消费的不断攀升，包括页岩气在内的非常规能源越来越受到重视。页岩气藏的储层低孔、低渗透率，气流阻力比常规天然气大，所有井都需要实施储层压裂改造才能开采出来，页岩气采收率比常规天然气低。

页岩气生产过程中一般无需排水，生产周期为 30 ～ 50 年，勘探开发成功率高，具有较高的工业经济价值。世界页岩气资源量为 457 万亿立方米，同常规天然气资源量相当，其中页岩气技术可采资源量为 187 万亿立方米。我国页岩气资源潜力大，初步估计我国页岩气可采资源量在 36.1 万亿立方米，与常规天然气资源量相当，略少于浅煤层气地质资源量。

7.4 非金属矿产

7.4.1 用途及分类

非金属矿产及其制品具有耐高温、耐酸碱、抗氧化、高硬度、高强度，以及防射线、隔热、吸附、净化、催化、绝缘、润滑等诸多特殊性能，广泛应用于国民经济各个领域。许多非金属矿物或集合体都具有多种用途，如膨润土、高岭土等黏土矿物，既可作为耐火材料，又可作陶瓷原料，还可用作填料、涂料等。非金属矿产的利用方式和金属矿产有所不同，只有少数用来提取某些单质或其化合物，大部分直接利用其中的有用矿物或岩石的物化性质和工艺特征，其某些自然性质从采出到产品阶段保持不变。

非金属矿产的应用领域远远广于金属矿产，不仅是建材、陶瓷、化工、轻工和农业的基础原料，在冶金、交通、机械、能源、环保、医药和国防等领域也具有极为重要的作用，尤其在新材料、航天、光导通讯、超导体、激光、电子信息等高新技术领域具有越来越重要的地位。

按我国矿产资源统计分类法（见 1.1.1 节），非金属矿产包括工业矿物、工业岩石、宝玉石矿物等。但为了日常应用过程中更加清晰与方便，人们常根据矿产资源的用途进行习惯性分类，例如：

(1) 冶金工业辅料，如菱镁矿、白云岩、石灰岩、萤石和耐火黏土等。

(2) 化工原料，如盐类矿产、磷矿产、硫矿产等。

(3) 制造工业原料，如石墨、金刚石、云母、石棉、刚玉、铸石、石英、水晶、冰洲石、萤石等。

(4) 陶瓷及玻璃原料，如长石、滑石、透闪石 - 透辉石 - 硅灰石、蓝晶石 - 硅线石、红柱石、叶蜡石、高岭石、石英等。

(5) 建筑材料及水泥工业原料，如辉长 - 辉绿岩、花岗岩、珍珠岩 - 松脂岩 - 黑曜岩 - 浮岩、大理岩、石膏、蛭石、黏土等。

(6) 石油、催化、分离等原料，如重晶石、沸石、硅藻土、膨润土、凹凸棒、海泡石等。

(7) 工艺美术及宝石原料，如翡翠、叶蜡石、玛瑙、蛋白石、汉白玉、孔雀石、琥珀、红宝石、鸡血石、蛋白石、石榴石等。

本书采用习惯分类法进行阐述。

7.4.2　冶金工业辅料矿产

冶金工业辅助材料主要包括耐火材料、冶金熔助剂和铸造用材料等，主要矿产有菱镁矿、水镁石、耐火黏土、绿高岭石黏土、铁矾土、蓝晶石类矿物、叶蜡石、石墨、白云石、萤石及铸型用砂和黏土。此外，石灰岩、硅质岩、膨润土等也是冶金工业辅料的重要矿产，但它们更主要用于其他方面。

1. 菱镁矿

菱镁矿 ($MgCO_3$) 高温分解为方镁石，方镁石熔点高达 2800℃，耐火性好，主要用于生产耐火材料。菱镁矿还可制造镁水泥、提炼金属镁、用作多种化工原料及饲料、肥料等。

镁质碳酸盐岩中的菱镁矿矿体产于变质的白云岩、大理岩、石灰岩中，多呈不规则的大透镜体，长轴大致和围岩层理平行，接触界线不整齐。巨大的矿体可延长达千米，厚达百米，一般长为几百米，厚为几十米。矿石多呈灰白色、肉红色，变晶结构，块状构造；主要共生矿物有方解石、白云石、滑石、蛇纹石和蛋白石等。这类矿床规模大，质量好，是最重要的菱镁矿床。其中，白云岩菱镁矿的主要产区有我国的辽宁、山东，朝鲜及俄罗斯南乌拉尔等，矿床均位于陆台克拉通或其过渡带地区的碳酸盐岩地层广泛发育地带，我国辽宁大石桥白云岩菱镁矿闻名于世。

超基性岩中交代型菱镁矿矿体产于蛇纹石化的超基性岩中，矿体基本沿超基性岩破裂带分布，多为脉状或透镜状。矿石矿物与蛋白石、滑石及透闪石共生。菱镁矿是超基性岩类经中低温热液交代作用而成，镁质超基性岩中的菱镁矿主要分布于褶皱造山带地区，如我国东秦岭地区，阿尔卑斯 - 喜马拉雅造山带及乌拉尔造山带等，希腊和俄罗斯菱镁矿最为著名。

2. 白云岩

白云岩是由白云石 [$CaMg(CO_3)_2$] 组成，自然界纯白云岩很少，常含方解石及混入一些 Fe_2O_3、FeO、MnO、石膏、硅质和黏土，有时还含有少量天青石、氟石、盐类矿物、黄铁矿及有机质等。白云岩煅后产物的耐火度仅次于菱镁矿煅后产物，被广泛用作耐火材料和建筑石料。

海相沉积白云岩矿床产于碳酸盐岩地层中，多为层状或巨型透镜状。白云岩与石灰岩产状完全一致，矿层长几百米至千米，厚几十米至百米。矿石具细晶结构，块状构造。共生矿物有方解石、萤石、天青石等。我国海相沉积白云岩矿床十分丰富，如辽宁、山东、河南、淮北 - 徐州、内蒙古、山西、南京、湖北等地区均有广泛分布。俄罗斯、英国、挪威及北美等地也很丰富。

泻湖相白云岩矿床规模中等，矿层常产在石膏或含盐岩层之下，呈层状产出，是石灰岩经过白云石化过程中 Mg^{2+} 交代 Ca^{2+} 作用所形成。这类矿床的分布与碳酸盐岩地层中的菱镁矿床相同。

3. 石灰岩

石灰岩是地壳上分布广泛的沉积岩之一，是碳酸盐岩类中最重要的一员。主要矿物成分是方解石，常含白云石、菱镁矿及其他碳酸盐类矿物，有时含少量硅质、赤铁矿、硫酸盐、磷酸盐、黏土及有机质等杂质。石灰岩质地较脆，硬度低，化学性质稳定，易于加工破碎，胶结性能好。主要用于冶金熔剂、水泥原料和化纤行业等。

石灰岩是化学与生物沉积作用形成的，其沉积环境主要有海相沉积和陆相沉积，其中以海相沉积型工业价值最大。矿床成层状产出，层位稳定，规模大，利于大规模露天开采。石灰岩矿床广泛分布于地台、地槽及过渡带，在我国主要分布于华北、华南、长江中下游等地区。

4. 萤石

萤石又称氟石，常呈立方体或八面体晶形，集合体多呈块状，颜色多样，有紫、绿、浅蓝、黄、红及玫瑰色，如图 7.15。

图 7.15　萤石

无裂隙的纯晶体对紫外线、红外线有很高的滤光性能，因此大晶体萤石可用于制作光学仪器上的透镜、三棱镜。普通萤石主要用作冶金熔剂，以提高铁矿石易熔度及炉渣的流动性，有助于脱硫。化学工业上用于制造氢氟酸和氟化钙。此外，还可作玻璃及搪瓷工业原料。

脉状充填交代型萤石矿床矿体呈脉状、角砾状，产于酸性火山岩、花岗岩及砂页岩中。矿石组合有萤石、萤石 - 石英、萤石 - 硫化物 - 石英等。矿床的形成多与中低温火山热液沿酸性围岩的裂隙、孔洞或破碎带充填交代作用有关。我国主要分布在浙江、辽宁、湖北、内蒙古等地，其他国家分布主要有美国、墨西哥、德国及法国等。

接触交代型萤石矿床矿体主要呈脉状、条带状、层状、似层状，矿体围岩广泛出现夕卡岩矿物。矿床成因多与花岗岩热液与碳酸盐岩地层接触交代作用有关，主要集中于中 - 新生代酸性火山岩发育地区，如我国东南及东北地区，其次分布于褶皱造山带花岗岩发育地区，如我国华南加里东褶皱造山区。

5. 耐火黏土

在 1580 ～ 1700℃温度下不致软化的黏土称为耐火黏土，其成分通常以高岭石或云母 - 高岭石为主。耐火黏土中 Al_2O_3 含量要求大于 30%，Al_2O_3 含量越高，耐火性就越强，同时要求 SiO_2 含量低于 65%，Ti、Fe、Ca、Mg、Na、S 的氧化物及有机质总量小于 5%。耐火黏土在高温下体积稳定，抗渣性、抗冷热性及机械强度高，常用于冶金工业耐火砖，以及水泥、玻璃及陶瓷等领域。

耐火黏土矿床类型有沉积型与风化壳型，以沉积型为主。沉积型矿床形成于泻湖相环境，矿层常与砂页岩或少量灰岩互层，或者与煤系地层伴生而构成煤层之下的黏土矿层。矿体呈层状或巨大透镜状，延长达几千米，厚度为几米至十多米，层位稳定。主要矿物为高岭石和水云母，常含一定量的水铝石。分布于我国辽宁、山东、河北、山西、河南及西南等地区的黏土矿床，大多数与煤系地层有关，产于煤盆地或含煤坳陷盆地中，如东北的太子河坳陷、华北复州坳陷盆地、河淮台向斜的西缘一带、山西沁水盆地、华南地区的赣湘台向斜、滇桂台向斜及四川台向斜等。

7.4.3　化工原料矿产

1. 盐类矿产

盐类矿产是指以 K、Na、Ca、Mg 的氯化物、硫酸盐、碳酸盐、硼酸盐及硝酸盐为主要成分的单盐或复盐集合体，多为无色、透明、易溶于水的结晶物质。盐类矿物多达百种以上，主要包括：

氯化物类：石盐 $NaCl$、钾盐 KCl、光卤石 $KCl \cdot MgCl_2 \cdot 6H_2O$、水氯镁石 $MgCl_2 \cdot 6H_2O$ 等。

硫酸盐类：石膏 $CaSO_4 \cdot 2H_2O$、硬石膏 $CaSO_4$、芒硝 $Na_2SO_4 \cdot 10H_2O$、泻利盐 $MgSO_4 \cdot 7H_2O$、钾镁矾 $K_2SO_4 \cdot MgSO_4 \cdot 4H_2O$、杂卤石 $2CaSO_4 \cdot MgSO_4 \cdot K_2SO_4 \cdot 2H_2O$ 等。

碳酸盐类：水碱 $Na_2CO_3 \cdot 10H_2O$、天然碱 $Na_2CO_3 \cdot NaHCO_3 \cdot 2H_2O$、重碳酸钾石

$KHCO_3$ 等。

硼酸盐类：硼砂 $Na_2B_4O_7\cdot10H_2O$、钠硼解石 $NaCaB_5O_9\cdot8H_2O$、柱硼镁石 $MgB_2O_4\cdot3H_2O$ 等。

硝酸盐类：钠硝石 $NaNO_3$、钾硝石 KNO_3 等。

盐类矿产用途十分广泛，如石盐用于食品、饲料、盐酸、染料、油漆、塑料、纺织、医药、冶金等工业部门，钾盐、钾镁盐用于制作钾肥，镁盐主要用于制取氢氧化镁、氧化镁及金属镁等，石膏用于水泥、造纸、化肥及改造土壤等，芒硝用于化工、医药等，天然碱用于玻璃、化学品、造纸及工业水处理，硼酸盐用于特种玻璃纤维、肥皂及洗涤剂、陶瓷和医药等行业，硝酸盐用于生产化肥、炸药、尼龙、塑料及树脂等。盐类矿产中还可提取锂、铷、溴、碘等稀有元素。

我国盐类矿产分布广泛，尤其是新疆、青海、内蒙古是我国重要的盐类矿产资源基地。

2. *磷矿产*

自然界已知含磷矿物有一百多种，但具有工业意义并能开采利用的主要有磷灰石和磷块岩。磷矿资源主要用于制造磷肥，部分用作化工原料，作为提取黄磷、赤磷、磷酸及其他磷酸盐的矿物原料。黄磷在国防工业中有较大用途，亦可用以制造农药；赤磷用于制造火柴；磷酸盐用于食品饮料、洗涤剂、水处理剂、饲料、染料、纤维及选矿等，并可用作涂料、颜料、黏结剂及离子交换剂、吸附剂等。

岩类磷矿床主要包括两种，其中磷灰石矿床系岩浆结晶作用的产物，我国河北省涿鹿县巩山磷矿、俄罗斯科拉半岛希宾碱性岩中的磷灰石矿等属于此类矿床。另一种为层状磷灰岩矿床，云南昆明磷矿属此类型。

鸟粪磷矿床是近代鸟粪、生物遗体在大洋的珊瑚岛上或者海岸的洞穴中堆积所形成的磷矿床。在热带多雨气候条件下，鸟粪中的可溶性盐类流入矿层下部，交代珊瑚灰岩而形成磷酸钙沉淀，呈棕色土状或粒状磷矿。此类矿床主要分布于南美洲的秘鲁、玻利维亚及西非沿海、太平洋瑙鲁等各岛屿，我国南海诸岛也有分布。

3. *硫磺*

硫广泛用于石油、化工、冶金、纺织、塑料、造纸、油漆、涂料、印染、橡胶、化肥、农药、医药等行业。

硫在岩浆作用晚期形成熔融金属硫化物，与硅酸盐熔浆分离，形成硫化物矿床。在火山活动过程中硫以气体化合物形式喷出地表，一部分堆积形成自然硫矿产，一部分风化溶解形成硫酸盐。矿床主要由火山射气和火山热泉作用堆积形成，矿体定位很浅，多位于火山口内以及环形放射状裂隙和层间软弱带中，也有的沉积于火山湖中。矿体为层状、似层状及不规则状。生物沉积自然硫主要来自沉积硫酸盐类，如石膏、硬石膏，部分来自溶解的 SO_4^{2-} 和有机质沉积物如石油、天然气、油页岩和煤层中的硫化氢等。

自然硫矿床主要分布于太平洋堪察加半岛、日本、中国台湾等岛弧地区，以及南美洲的智利和秘鲁，欧洲的意大利等地区。

7.4.4　制造工业原料矿产

1. 石墨

石墨具有完全层状解理，导电导热性好，化学稳定性高，耐酸碱、耐高温，润滑性能好。自然界中石墨有显晶质与隐晶质两种形式。

富含有机质或碳质的沉积岩经区域变质作用达到角闪岩相至麻粒岩相时形成石墨矿床，围岩常为片麻岩、石英片岩、云母石英片岩及大理岩等。矿体为层状、透镜状，产状与围岩一致，规模较大，矿石呈鳞片状结构，品位可达到 20% 以上。我国河南西峡地区及山东南墅等地的石墨矿属此类型。

富含有机质或碳质的沉积岩经与火成岩接触变质作用形成的石墨矿床，矿体呈透镜状、似层状、囊状产出，规模较小，但属晶质石墨，且晶片较大，品位较高，矿石为浸染状、团块状、角砾状及球状构造。河南小岔沟及新疆苏及泉石墨矿床为此类型。

2. 云母

云母分布虽广，但真正有工业价值的云母矿床分布极少。自然界中最常见的矿物有黑云母、金云母、白云母、锂云母等，其中工业意义较大的是白云母、金云母及锂云母。白云母绝缘性好，1mm 厚白云母片可以耐 105V 以上的电压，优质白云母片大，透明无斑点，云母片之间具良好的劈开性，主要用于电工、计算机、雷达、导弹、人造卫星及激光器材等高科技领域。金云母耐热性好，使用温度达 1000℃，用作绝缘和高级耐火材料。锂云母用于高级陶瓷、釉料的制造。普通云母用作绝缘、隔热、轻质材料及造纸、橡胶、颜料、油漆、塑料等。

若花岗岩体侵入富铝质的页岩、石英云母片岩等地层中，经热液交代作用可以形成优质白云母伟晶岩矿床。若花岗岩侵入富铁镁质的围岩中，可形成伟晶岩型金云母矿床。新疆阿勒泰地区的云母矿床即为伟晶岩型金云母矿床。

中酸性岩浆侵入镁质碳酸盐岩地层时，可以形成接触交代型金云母矿床，矿床规模小。交代蚀变型花岗岩中可形成锂云母矿床，如江西宜春 414 矿。

云母矿床主要分布于花岗岩及花岗伟晶岩广泛发育的造山带地区，如新疆海西造山带、东秦岭加里东造山带。

3. 刚玉

刚玉硬度为 9，仅次于金刚石，一般为蓝灰色、灰黄色、红色及绿色，化学性能稳定，耐高温，主要用于研磨材料、砂轮、耐火材料及高级陶瓷等。透明或色泽鲜艳的刚玉可作宝石材料，其价值仅次于金刚石。优质刚玉用于制作精密仪器的轴承、透明材料、激光材料等。

刚玉矿床成因多样。刚玉正长岩和刚玉斜长岩矿床形成于富 Al_2O_3 而贫 SiO_2 的岩浆岩中，属于岩浆矿床；刚玉正长伟晶岩矿床属于伟晶岩矿床；当富 Al_2O_3 的斜长岩岩浆侵入超基性岩或碳酸盐岩中后，发生去 SiO_2 作用，形成透镜状刚玉矿床，属于接触交代型刚玉矿床；由富含 Al_2O_3 的黏土岩、页岩经区城变质作用形成刚玉、蓝晶石、硅线石和红柱石等高铝矿物组合，属于变质型刚玉矿床；刚玉砂矿床也是重要的刚玉矿床类型。

刚玉名称源于印度，系矿物学名称，宝石学上具备宝石条件的称红宝石、蓝宝石，印度有世界最大的刚玉蓝宝石矿床。缅甸、斯里兰卡、泰国、越南、柬埔寨是世界上优质红宝石、蓝宝石最重要的供应国。其他产出国还有中国、澳大利亚、美国、坦桑尼亚等。世界上主要产刚玉的国家还有俄罗斯、南非、希腊和土耳其，我国江苏六合、福建明溪、海南蓬莱、湖北英山、云南麻栗坡、河北灵寺、西藏曲水等地区均有刚玉矿床。

4. *铸石*

岩石经破碎、配料、熔化、浇铸、结晶、退火等工序铸造成铸石制品，包括管材、板材和铸石粉。铸石制品可作矿山、电站、煤气厂、炼焦厂、水泥厂的水平风力或水力输送管、运料槽、料仓、矿浆输送槽或管的衬料、衬板。在化学工业中可作贮酸槽、电解槽的衬板、衬管等。人造文化石也是铸石的一种，用于建筑装饰。

铸石原料主要为细碧岩和玄武岩，配料有角闪岩、白云岩、萤石、铬铁矿或钛铁矿，这类岩石为基性火山熔岩类，质地坚硬，耐火性和耐酸碱性能强，分布较广，易于大规模露天开采。将这类岩石加入一定量的白云石、萤石等制成各种类型的铸石，其化学稳定性、抗强度、抗高温等性能方面均优于钢铁及其他金属材料，而且造价低廉，因而广泛用于矿山、冶金、煤炭及建材等方面；此外，还可制成人工石棉纤维材料，用于保温、耐火、吸音等建材方面。

玄武岩常呈面型分布，如内蒙古、四川峨眉及东北等地区大面积出露；细碧岩往往呈线状分布，如我国的南秦岭褶皱带中的西峡 - 桐柏地区广泛分布这类岩石。

5. *石英与水晶*

石英及高纯度的石英砂主要用于玻璃工业、陶瓷工业及水泥工业，一般石英及石英砂用于建筑业作混凝土主要配料，机械制造业用作机械翻砂及金属铸件模型，高纯度石英砂还用于合成高硬度的碳化硅等。石英是 SiO_2 的结晶矿物，硬度 7 左右，通常为无色及乳白色，有时因含有某些色素离子而呈现各种颜色。单体无色透明且不含气泡、微包体及杂质的高纯度石英称为水晶。含微量着色元素的透明、高纯度的石英，紫色者称紫水晶 (含 Mn^{4+} 和 Fe^{3+})，金黄色和柠檬黄色者称黄水晶 (含 Fe^{2+})，浅玫瑰色者称蔷薇水晶 (含 Mn^{4+} 和 Ti^{4+})，它们可作为亚宝石。石英的硬度高、化学性质稳定、弹性强。单体透明无色石英晶体又具压电效应、旋光性及绝缘性能和透紫外线性能。水晶级的石英可以用于光学材料，制造各种旋光仪、偏光显微镜等。压电石英在电子工业上可以作无线电的振荡器、共振器，水下无线电器材作声波回声探测器及电子计算机等尖端产品。

沉积型石英砂矿床包括河流冲积型、湖 (海) 滨沉积型及风成石英砂矿床。矿床大多分选性好、易采、储量大、运输条件好、经济效益高，其中海滨石英矿床最有价值。

我国东南沿海等地均有质量较好的海滨石英砂矿和冲积砂矿，在东北、华北、中南及西南各地区广泛分布有冲积石英砂矿和湖相石英砂矿。

我国水晶资源较为丰富，在海南、青海、山西、山东、河南、陕西、浙江、安徽、江西、湖北、西藏、江苏、新疆等省区均有产地。

7.4.5　陶瓷及玻璃原料矿产

1. 长石

长石族矿物是地壳中主要造岩矿物之一，是分布最广的矿物，含量约占地壳总质量的 50%，其中 60% 赋存于火成岩中，30% 分布在变质岩中，10% 分布于其他岩石中。

长石族矿物为钾、钠、钙的铝硅酸盐，可分为两个矿物系列，即碱性长石系列和斜长石系列。长石族矿物具有熔点高、绝缘性能好、化学性质稳定等特点，广泛用作陶瓷原料、电瓷原料、玻璃原料、研磨材料及钾肥原料等。

长石主要形成于花岗伟晶岩脉中的块状长石带内，工业价值巨大的长石矿床首推伟晶岩型矿床，这类矿床主要分布于褶皱造山带中花岗岩、花岗伟晶岩广泛分布的地区，如我国西北的新疆阿勒泰伟晶岩分布区，以及华南与花岗岩有关的交代蚀变型钾长岩、钠长岩分布区等。

2. 滑石

滑石是含水的镁硅酸盐矿物 $\{Mg_3[Si_4O_{10}](OH)_2\}$，呈片状集合体，质软光滑，手触具有润滑感，颜色有白、浅灰、墨绿、浅绿、玫瑰、黄绿色等。滑石绝缘性高、耐热性强、化学性质稳定，有很好的吸附能力，润滑性好，在涂料、油漆、塑料、造纸、橡胶、陶瓷、化工、农肥等工业部门有广泛的用途。

经济意义最大的变质热液交代型滑石矿产于镁质碳酸盐岩区城变质带中，岩层中常含硅质条带或燧石结核，时代多属前寒武纪。变质热液沿断裂带或地层褶曲部位进行交代，富集 SiO_2，形成脉状、顺层透镜状滑石矿床，可与菱镁矿共生。我国辽宁大石桥菱镁 - 滑石矿床世界著名。此外，河南、山东等省也有变质热液交代型滑石矿床。

接触交代型滑石矿床规模一般不太大，矿床常随接触带形态而变化，多为不规则形态产出。四川冕宁后山滑石矿床属此类。

3. 高岭土

高岭土矿床主要由高岭石、珍珠陶土、地开石、蒙脱石、伊利石和富硅高岭石等矿物组成。高岭土具有很强的可塑性、黏结性、分散性、耐火性、绝缘性和化学稳定性，具阴离子交换能力及吸附有机质能力，广泛用于陶瓷、电瓷、搪瓷、造纸、橡胶、化工、农肥等工业部门。

我国高岭土矿床资源丰富，主要分为三类。风化壳型高岭土矿床，主要由富含铝硅酸盐的各种火成岩、变质岩及部分沉积岩经化学风化作用而成；热液蚀变型高岭土矿床，主要由中酸性火成岩经中低温热液交代作用而成，也可由火山喷气和热泉作用使围岩发生交代作用而形成，矿体大小一般长几十米至几百米，厚十几米，斜深约几十米；沉积型高岭土矿床，一种是母岩风化产生的 SiO_2 负胶体与 Al_2O_3 正胶体被水流带入沉积盆地中凝聚沉淀而成，另一种是风化壳中的黏土物质被流水搬运到沉积盆地中沉积形成，形成规模较大的优质高岭土或铝土矿床，这类矿床经济意义较大。

4. 叶蜡石

叶蜡石 $\{Al_2[Si_4O_{10}](OH)_2\}$ 主要用作陶瓷材料、搪瓷釉料、耐火材料以及雕刻原料，其次还用于橡胶制品、化妆品、农药、塑料、橡胶等的填料和载体，以及涂料、白水泥等。颜色和花纹美观、呈蜡状或珍珠光泽的半透明的叶蜡石，色泽艳丽，光彩夺目，无裂隙，强度大，硬度适中，透明度好，杂质少，是良好的工艺原料，如图 7.16。

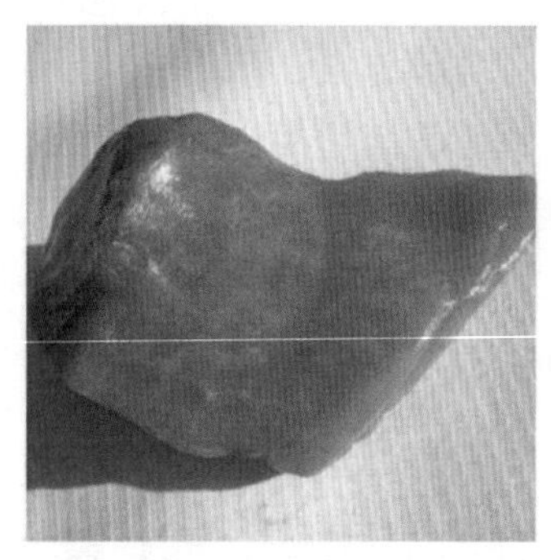

图 7.16 叶蜡石

叶蜡石是一种含水铝硅酸盐矿物，在酸性介质条件下，火山碎屑岩在富 H_2SO_4、HCl 及 CO_2 的热液作用下，发生铝硅酸盐分解，碱金属离子及部分 SiO_2 组分带出，形成叶蜡石矿，常与明矾石、高岭石、地开石及一水铝石等矿物共生。矿石呈致密块状，质地较软，有滑腻感，一般呈浅绿、乳白、浅黄及淡灰色，有时因含有铁的氧化物或其他诸如汞等着色元素而呈褐色、红色。含有辰砂的红色叶蜡石又称为鸡血石，是名贵的工艺品材料。叶蜡石盛产于我国浙江青田、昌化及福建寿山，因此又称为青田石、昌化石、寿山石。

叶蜡石主要分布于我国浙、闽、赣三省及黑龙江东宁、吉林马鹿沟等地区，国外主要有朝鲜半岛南部和日本本州西部一带及美国东部等。

5. 透辉石、透闪石、硅灰石、石榴石

这是一组成因相似的钙、铁、镁、铝硅酸盐矿物，均具耐高温和化学稳定性强的特点。主要用作高级陶瓷、釉面砖原料；发动机部件，其抗压强度高于钢铁；涂料、塑料、橡胶黏合剂及油漆工业。

这类矿床主要有夕卡岩型，呈透镜状和不规则状产出；变质型，主要呈层状产于含钙、镁质岩的热接触变质带中，矿床规模较大。在我国主要分布于湖北、吉林、陕西、辽宁、河北、江西、浙江、青海等省。

7.4.6　建筑材料及水泥工业原料矿产

1. 建筑石材

石材按用途分为饰面石材和盖瓦石材。饰面石材用于建筑物地面、柱面、台面的装饰，盖瓦石材则用于覆盖屋顶。凡具有可拼性及装饰效果、坚固耐用、有一定块度并适于锯切和磨光性好的岩石，均可作为饰面石材；作盖瓦石材则要求岩石的可劈分性能良好，能剥离或劈分成厚度小于 1cm 的薄板。

建筑石材分为大理石、花岗石和板石三大类。

大理石类包括大理岩、蛇纹岩、石灰岩、白云岩等碳酸盐岩。用于工艺雕刻的大理岩要求晶质细、无裂纹、半透明，颜色纯白或均匀色调；用于建筑装饰则要求结构均匀致密，颜色和花纹美丽，无裂隙、无包体。大理石依其基本颜色可划分为白、黄、绿、灰、赭、红、黑 7 大类。我国大理石石材有 100 多种，其中 17 个品种为名特品种，包括汉白玉、雪花白、莱阳绿、晚霞红等。我国大理岩分布广泛，著名产地有辽宁连山关、北京房山、新疆哈密、四川南江、云南大理、湖北大冶、江苏镇江、山东莱阳、河南南阳、广东云浮和福建南平等，特别是云南大理久负盛名。

花岗石类包括花岗岩、辉长岩、辉绿岩、玄武岩、闪长岩、安山岩、混合岩、片麻岩等。花岗石亦有多种颜色类型和数百个品种，其中以红色、黑色、墨绿色、咖啡色、蓝灰色、白色最受欢迎，我国有 65 个花岗石名特品种。花岗石不仅用于室内外装饰贴面，而且直接用作桥、塔、殿堂的建筑材料，其碎石是铁路、公路的筑路材料和水泥混凝土的骨料。

板石类包括泥质、砂质、硅质、钙质等各种板岩，部分粉砂岩和砂岩。除少量颜色、花纹漂亮的砂质板岩和砂岩用作建筑物饰面外，大量的泥质板岩用作盖瓦覆顶材料。

2. 珍珠岩、松脂岩、黑曜岩及浮岩

这类岩石均属富 SiO_2，低 Ca、Fe、Mg 等基性组分的火山玻璃类岩石，含水 1% ～ 10%。它们具有高效的绝热、保温、耐火、隔音、膨胀、过滤及超轻质等性能，被广泛用于建筑、玻璃、陶瓷、水泥、油漆、塑料等工业部门。这类岩石是酸性火山熔岩在海相环境中因喷溢作用形成的火山玻璃类岩石，多呈岩流、岩床、岩丘状产出。我国黑龙江、吉林、辽宁、河北、山东、河南、江苏、浙江及四川等省均有分布。

3. 蛭石

蛭石外形酷似黑云母，属含水层状硅酸盐矿物，加热后体积迅速膨胀，当其温度达到 870℃时可以膨胀到原体积的 30 倍，化学性质稳定，耐火性能好。在建筑业上，蛭石与灰浆、混凝土掺和制成的墙板，具有良好的绝缘、防火、隔音功能；在冶金工业中用蛭石作为耐火材料；在农业上用作农药的活性载体及土壤的调节剂等。

蛭石矿床主要产于美国、俄罗斯和南非等国，我国的新疆、河南等省区也有分布。

7.4.7 石油、催化、分离等原料矿产

1. 重晶石

重晶石 ($BaSO_4$) 是最重要的含钡矿物，一般呈白色，相对密度 4.3 ～ 4.7，硬度较低，化学性质稳定，不溶于水与酸。重晶石主要用于石油钻井中防止井喷及作泥浆加重剂以保护井壁，作为白色填料用于陶瓷、橡胶及各种玻璃制品，作为混凝土骨料用于核反应堆屏蔽，此外在试剂、催化剂、农药、医药及荧屏等方面也有应用。

巨型或大型重晶石矿床大多产于硅铝质岩石中，矿床围岩常伴随有硅化、高岭土化及碳酸盐化，矿床受断裂控制明显，矿体一般为脉状、透镜状产出。

另外，火山热液沉积型重晶石矿床的经济意义也很重要，其由海底喷气 - 沉积作用形成，矿体呈层状产于长英质火山岩系中，矿石为块状、胶结状及角砾状，日本黑矿及德国梅根矿床即属此类型。

重晶石的主要原产国有俄罗斯、美国、德国及中国。我国重晶石矿床主要分布于河北、山东、辽宁、云南、广西、江西、湖北、安徽及江苏等省区。

2. 沸石

沸石是一系列浅色的呈极细的粒状、板状及纤维状硅酸盐矿物集合体的总称，包括菱沸石、钠沸石、辉沸石、片沸石、交沸石、针沸石、柱沸石、杆沸石、钙沸石及浊沸石等 34 种天然沸石矿物。沸石结构中存在着许多不同形式、彼此相通的孔道，比表面积很大。沸石能吸附水分，加热可引起膨胀、沸腾，变成一个多孔的海绵状体，可做分子筛。沸石还被用作水、空气的净化剂、除臭剂、农田保水保肥剂，造纸、塑料、树脂、涂料、油漆等产品填料，以及隔音、吸湿、保温材料。

沸石矿床多分布于海相火山沉积岩区，或陆相玄武岩破碎带中，一般呈层状、似层状。热液交代蚀变型沸石矿床主要形成于海相环境的中酸性火山熔岩，为火山玻璃及火山沉积岩、凝灰岩等经低温火山热液交代作用而成。沉积型沸石矿床矿体赋存于海相沉积的泥砂质岩石中，特别是富钠质的火山灰、火山碎屑岩及黏土岩。

沸石矿床分布较多的国家有美国、俄罗斯、德国、意大利等。我国吉林、黑龙江、河北、福建及浙江等省有产出。

3. 硅藻土

硅藻土的化学成分主要是 SiO_2 和 H_2O，通常为浅色，细粒多孔，密度较小，熔点高达 1610℃，具隔音、绝缘、高吸附性、高过滤性和高漂白性能；化学性质稳定、除氢氟酸外，不被其他酸类所溶解。在建筑业上用作隔音、绝热板、轻质白水泥及瓷面砖等原料，在化学工业中用作油漆、涂料及添加剂材料，在制糖业中用作漂白剂材料，在农田中用作肥料的载体，可以增加肥效。

硅藻土是由生活在海水及湖水中的藻类及其他微生物遗体的硅质部分形成。水体中的硅藻等微生物在温暖气候条件下会迅速繁殖，并从水中吸取大量的 SiO_2 组成有机体，当水体中大量繁殖的微生物遗体堆积和腐烂分解时，将会在生物化学作用下形成沉积型硅藻土矿床。

海相沉积硅藻土矿床矿体呈层状，常与泥灰岩、白垩或砂岩、黏土岩互层，常含磷灰石或海绿石；矿石质量较好，规模大，是硅藻土矿床的主要类型。湖相沉积硅藻土矿床常与砂岩或黏土等互层，矿体产状不规则，厚度较小，矿石质量一般较差。

4. 膨润土、凹凸棒、海泡石

膨润土又称膨土岩、斑脱岩，是一种以蒙脱石为主要成分的颗粒极细的黏土岩 - 蒙脱石黏土岩。根据矿石的矿物组合及其结构构造，将膨润土矿石划分成为黏土状、粉砂状、砂状、角砾状等类型。一般为白色、粉红色、浅灰色、浅黄色等，如被杂质污染，还可为其他较深颜色。柔软而有滑感，吸水性强，吸水后体积膨胀到原体积的几倍至 30 倍。可塑性好、黏结性强，在溶液中可呈悬浮状和胶凝状，并具阳离子交换特性及吸附有机质能力。膨润土可以作为过滤剂、漂白剂和净化剂用于饮用水源、石油化工、工业废水处理等方面，制成的泥浆大量用于地质钻探工程，代替淀粉可以在轻纺工业用于浆纱，可作陶瓷工业原料，在农田工程中可以保肥、保水及用作农药吸附剂。

我国膨润土资源丰富，种类齐全，据统计，已发现膨润土矿点 400 多处，遍布于全国 23 个省区的 80 多个市县。预计资源总储量在 70 亿吨以上，探明储量 24 亿吨，居世界首位，其中以钙基膨润土为主，钠基膨润土占总储量的 1/4 ～ 1/3。国外最著名的是美国怀俄明州海相火山沉积膨润土矿床，其探明储量达数亿吨。

凹凸棒、海泡石是富镁的硅酸盐类黏土矿物，与一般黏土无异，尤其与膨润土极为相似，常密切共生，长期以来被误认作膨润土。凹凸棒与海泡石除具有与沸石、膨润土及高岭土相同的用途外，其性能远优于膨润土，在石油化工用作催化剂，具备天然分子筛功能，用于制造无水工业酒精，净化水、气体及食品中的有毒物质。

凹凸棒黏土成因与膨润土矿床相似，为富镁质岩石海相沉积作用、风化残余作用及海底火山热液蚀变作用所形成。我国安徽嘉山、来安及江苏盱眙、六合等地的凹凸棒黏土较为著名。湖南的浏阳、醴陵、张家界、石门及江西乐平、河南内乡等地海泡石黏土均很丰富。西班牙马德里的凹凸棒石矿床世界闻名，形成于中新世海相沉积泥灰岩 - 黏土岩 - 石灰岩层序中。

7.4.8　工艺美术及宝石原料矿产

自然界中已发现的矿物约 3100 种，其中可作为天然宝石的矿物有 230 种，比较重要的近百种，如金刚石、刚玉、黄玉、绿柱石、金绿宝石、电气石、石榴石、锆榴石、橄榄石、翡翠、锆石、镁铁尖晶石、青金石、绿帘石、金红石、红柱石、霓辉石、霓石、空晶石、蔷薇辉石、水晶、绿松石、贵蛋白石、硅孔雀石、琥珀等。上述所列举矿物除金刚石外并非都是宝玉级材料，只有达到具备宝石条件时，方可作为宝石材料：一是色泽要鲜艳明亮，光彩夺目；二是透明度要高，透明度越高，表明宝石质地纯洁无瑕、无解理、无杂质及无微包裹体存在；三是硬度要高，抗磨性强，化学性能稳定，抗酸碱性能较强，并具一定的抗热性能。

天然宝石类矿物及其集合体，根据各自特点的不同，可作玉器雕刻、工艺造型、高档首饰、室内装潢等原料。具有美化观赏和收藏意义的矿产有盆景石、奇石和风景石。与艺术文化有关的矿产资源包括砚石、印章石、文化石等。

1. 硬玉

硬玉属钠铝辉石，以苹果绿色最常见，也有浅蓝和白色；硬度 7，质地坚韧、细腻，化学性能稳定，为珍贵的工艺雕刻材料，特别是鲜绿色、透明、纯质细腻玻璃光泽的硬玉可作宝石。硬玉矿床产在低温高压变质带内，是板块碰撞带内变质岩带中的特征性矿物，主要由超基性岩、部分碱性岩在强构造应力下交代变质而成。我国的硬玉以新疆的和田玉 $\{Ca_2(Mg, Fe)_5[Si_8O_{22}](OH)_2\}$ 最为著名 (图 7.17)。

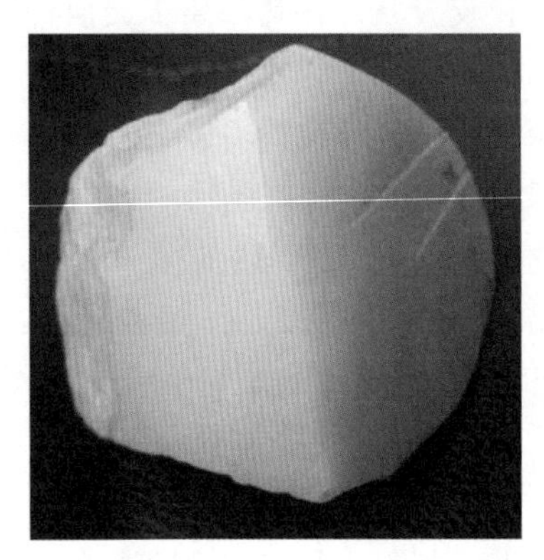
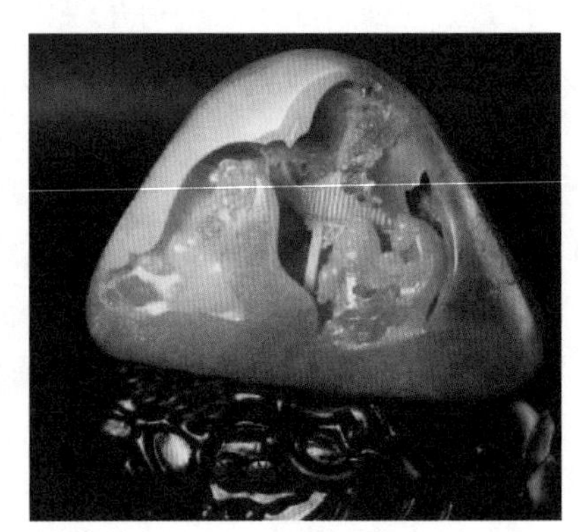

图 7.17　和田玉及其工艺品

2. 软玉

软玉是具有交织纤维显微结构的透闪石 - 阳起石矿物集合体，其中白玉至青玉均系透闪石集合体，黑碧玉及墨玉系阳起石集合体。软玉常见的基本色调是黄绿色，色泽鲜艳，如果含 Fe^{2+} 及 Cr^{3+} 时则颜色变深，质地细腻，半透明，油脂光泽，韧性好，易于加工。软玉是高级工艺雕刻材料和装饰玉石材料，特别是白玉和墨玉价格仅次于硬玉中的翡翠，如新疆软玉等。我国的软玉按成因主要有两种类型，一是产于变质带镁质大理岩中的软玉，二是产于蛇纹石化超基性岩中的软玉，前者属变质作用形成，后者则由热液交代作用而成。新疆昆仑及玛纳斯、辽宁宽甸、台湾花莲等地是著名软玉产地。独块完整岫岩玉雕刻而成的世界最大玉佛重达 260t，见图 7.18。

图 7.18　世界最大玉佛

3. 玛瑙与蛋白石

玛瑙是由硅酸胶体 ($SiO_2 \cdot nH_2O$) 凝聚而成，主要成分为玉髓、少量蛋白石和微晶石英，硬度 7，半透明，坚硬致密，细腻光洁。玛瑙品种繁多，形态不一，大小不同，颜色各异，纹理万变，其中较名贵品种有缠丝玛瑙、水胆玛瑙、柏枝玛瑙、紫晶玛瑙及雨花石等，多用于装饰品及工艺观赏品，部分用作研磨器皿等。

蛋白石的化学成分及其他性能均与玛瑙极为相似，其中半透明而带乳光变彩者为贵蛋白石，红色、橘红色或黄色变彩者为火蛋白石，均为高级工艺材料，经济价值可与翡翠相争，为高档宝石，如图 7.19。

图 7.19　玛瑙 (左) 与蛋白石 (右)

4. 盆景石

盆景石包括钟乳石、石灰华和特殊的板岩、片岩等，用于家居、庭院、街心花园、公园、园林的美化。

5. 奇石

奇石一般指未经琢磨而以奇特的形状、艳丽的色泽、漂亮的花纹或细腻的质地等特点而备受人们青睐的矿物或岩石，具有天然性、稀缺性、奇特性和艺术性。奇石可分为造型石、纹理石、画面石、文字石、矿物晶体、古生物化石和事件石等。著名的有太湖石、菊花石、牡丹石、雨花石、黄河石、风砺石、钟乳石、秦石等。矿物晶体以水晶、孔雀石、萤石、辉锑矿、辰砂、雄黄、雌黄、方解石、石膏等常见。奇石多用于家居、博物馆、办公室、会议室陈设，少量体积大而又不十分珍贵者可摆设于盆景园、花卉园、街心花园和广场等居民休闲之地。

6. 风景石

风景石是指自然界的各种岩石地质景观石，如岩溶景观石、石林景观石、丹霞地貌景观石、雅丹地貌景观石等，供游人观赏。

7. 砚石

砚石主要用于雕琢砚台，而砚台不仅用于书法、绘画，而且是名贵的文化艺术品，一方名砚具有极高的观赏和收藏价值。中国四大名砚石为端石、歙石、洮石和红丝石，其他名砚石还有澄泥石、松花石、贺兰石、豫石、赣石、思石和苴却石。砚石的岩石类型为板岩、凝灰质页岩、泥灰岩和灰岩。

8. 印章石

印章石用以雕刻图章，其色彩瑰丽，石质滋润，是极好的文化艺术品。我国最著名的印章石有寿山石、昌化石、青田石和巴林石。印章石的岩石类型主要为火山岩、大理岩和玉石。

9. 文化石

天然文化石为沉积砂岩和硬质板岩，材质坚硬，色泽鲜明，纹理丰富、风格各异，具有抗压、耐磨、耐火、耐寒、耐腐蚀、吸水率低等优点。人造文化石产品是以水泥、沙子、陶粒等无机颜料经过专业加工以及特殊的蒸养工艺制作而成，即铸石，主要用于建筑外墙或室内局部装饰。世界著名的文化石有平原石、故乡樵石、堆砌石等。

思 考 题

7-1 基本概念。
可燃有机矿产，泥炭化作用，腐泥化作用，煤化作用，煤层，煤系，聚煤盆地，煤田，生油岩、储油岩、盖岩、圈闭与油气藏，非金属矿产资源。

7-2 简述煤的化学成分与岩石组分。

7-3 油气藏形成的条件和成因类型有哪些?

7-4 我国能源矿产的主要特点是什么?

7-5 简述重要非金属矿产资源的种类及用途、分布情况。

第8章

矿物结构与性质

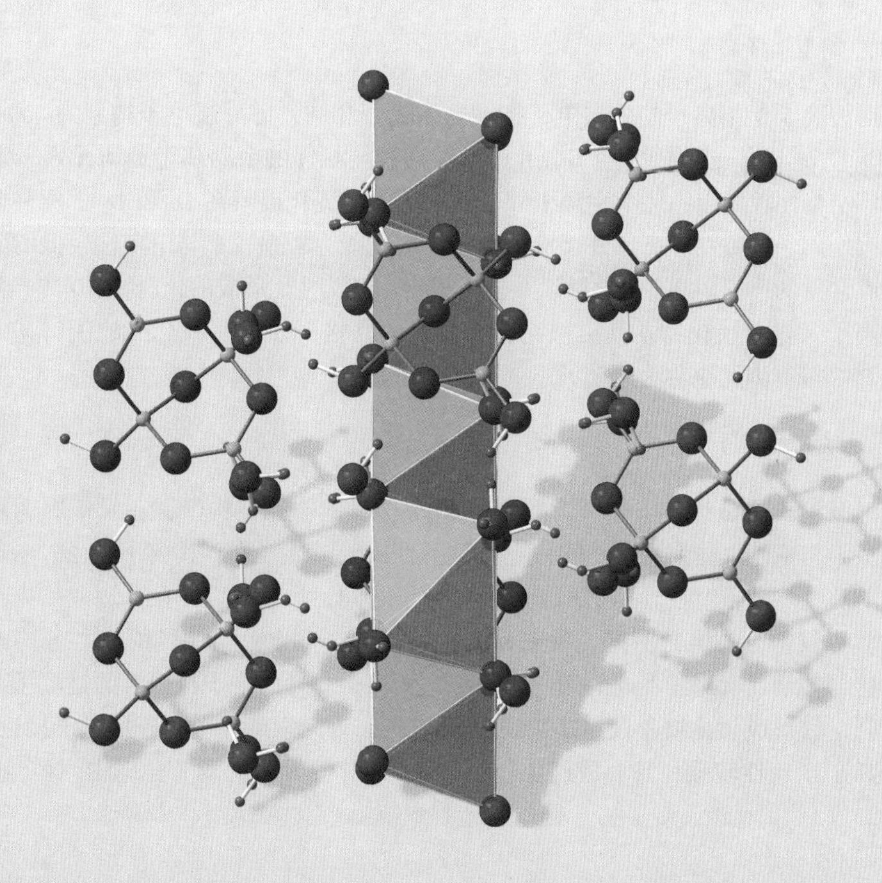

8.1 矿物的结构特征

矿物结构取决于矿物组成元素的种类及相对含量，以及组成矿物的原子或离子的排列方式。矿物结构不仅具有复杂性，而且具有特殊性。

8.1.1 元素离子类型

矿物离子的结合方式主要取决于离子最外层的电子结构。根据离子最外层的电子结构，元素离子类型分为惰性气体型、铜型和过渡型。

1. 惰性气体型离子

惰性气体型离子是指离子的外层电子构型与惰性气体原子相同，即外层电子构型为 ns^2np^6 或 $1s^2$，主要包括ⅠA、ⅡA 及ⅦA 族和ⅢA～ⅥA 族的部分元素。其中，碱金属和碱土金属元素的电负性低，容易失去电子变成阳离子，且离子半径较大，极化能力较弱。而以氧和卤族元素为主的非金属元素的电负性较高，容易接受电子变成阴离子。氧是地壳中含量最多、分布最广的元素，碱金属和碱土金属元素极容易与氧结合，组成以离子键为主的氧化物或含氧盐，构成地壳中大部分造岩矿物，如石英 SiO_2、正长石 $K[AlSi_3O_8]$、方解石 $Ca[CO_3]$ 等。这些常形成惰性气体型离子的元素又称为造岩元素或亲氧元素。惰性气体型离子电子层结构稳定，离子价态一般不发生变化。

2. 铜型离子

铜型离子是指离子的外层电子构型与铜离子相同，即外层电子构型为 $ns^2np^6nd^{10}$ 或 $ns^2np^6nd^{10}(n+1)s^2$，主要包括ⅠB、ⅡB 族及其右侧相邻的金属和半金属元素。铜型离子电子层结构比较稳定，除个别离子外，一般不发生变化或只在 18 和 18+2 两种构型间变化。铜型离子电负性较高，外层电子较多，极化能力较强，多与电负性较低的阴离子结合形成常见的金属矿物。化学键以共价键或金属键为主，形成的化合物在水中溶解度低。铜型离子常进入硫化物及其类似化合物矿物的晶格，如辉铜矿 Cu_2S、闪锌矿 ZnS、方铅矿 PbS 等，因此也称为亲硫元素。

3. 过渡型离子

过渡型离子是指外层电子构型为 $ns^2np^6nd^{1\sim9}$ 的不稳定构型，在元素周期表上居于铜型离子与惰性气体型离子之间，主要包括ⅢB～Ⅷ族元素。其离子半径、电负性及化合物的键性均介于惰性气体型离子和铜型离子之间，具有过渡性质。过渡型离子 d 电子亚层轨道仅部分被电子占据，价态易变化，如 Fe^{2+} 和 Fe^{3+}、Co^{2+} 和 Co^{3+} 等。过渡型离子的化合物常具有深浅不同的颜色，故称色素离子。外层电子接近 8 的过渡型离子亲氧性较强，易形成氧化物和含氧盐矿物，如 Ti、Zr 等元素的离子；外层电子接近 18 的过渡型离子亲硫性较强，易形成硫化物，如 Co、Ni 等元素的离子；居中间位置的 Mn、

Fe 等元素的离子亲氧性和亲硫性相当，在还原条件下多形成硫锰矿 MnS、黄铁矿 FeS_2 等硫化物矿物，在氧化条件下多形成软锰矿 MnO_2、菱锰矿 $Mn[CO_3]$、赤铁矿 Fe_2O_3、菱铁矿 $Fe[CO_3]$ 等氧化物及含氧盐矿物。

对于某些变价元素而言，其不同价态的离子可以分别属于不同的离子类型，如 Cu^{+} 属于铜型离子，Cu^{2+} 则属于过渡型离子。

矿物元素离子类型分布如图 8.1。

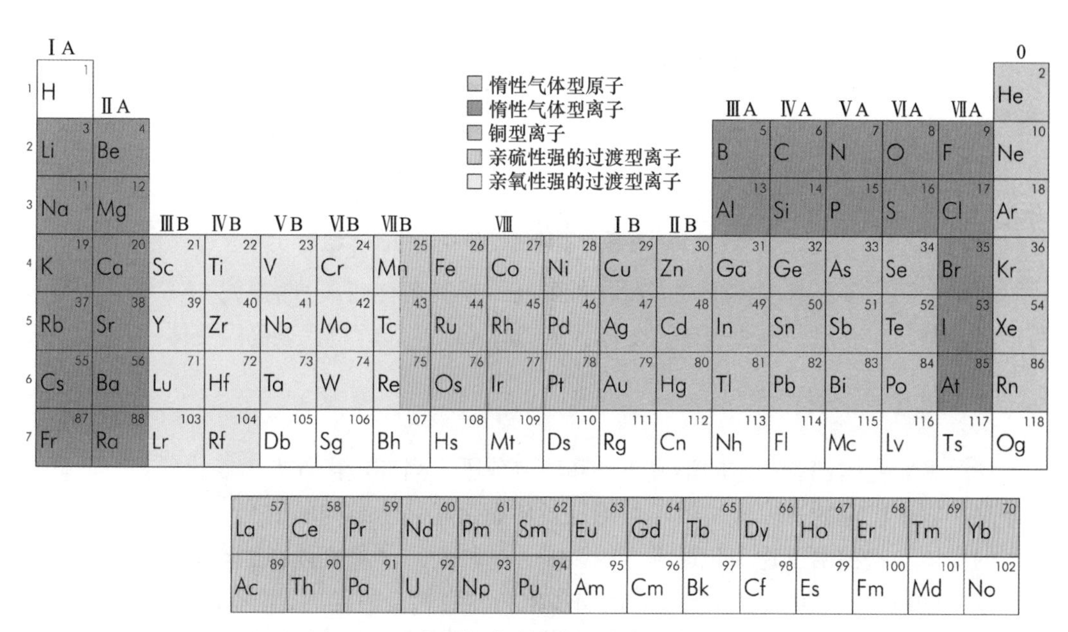

图 8.1　元素周期表中矿物元素离子类型分布

8.1.2　同质多象

1. 同质多象的概念

化学组成相同的物质，在不同的物理化学条件下形成两种或多种不同晶体结构的现象，称为同质多象现象。这些化学组成相同而结构不同的晶体称为同质多象变体。同质多象变体按照变体数量可称为同质二象、同质三象，或泛称为同质多象。例如，金刚石和石墨是 C 的同质二象，α-锂辉石、β-锂辉石、γ-锂辉石是 $LiAl[Si_2O_6]$ 的同质三象，石英 SiO_2 拥有 α-石英、β-石英、α-鳞石英等 12 种同质多象变体。

虽然各种同质多象变体的化学成分相同，但是其晶体结构彼此不同。每个变体都有一定的热力学稳定范围，具备特有的晶体学特征和物理性质，因此每一种同质多象变体都是一个独立的矿物种。

金刚石和石墨是典型的同质二象，如图 8.2。金刚石为原子晶体，配位数为 4，具有金刚光泽，{111} 中等解理，硬度 10，导电性差；而石墨为混合晶体，碳原子层内为共价键、层间为分子键，配位数为 3，硬度 1，导电性极好。两者的化学键性质、晶格类型和配位数等均不相同，物理性质也相差极大。

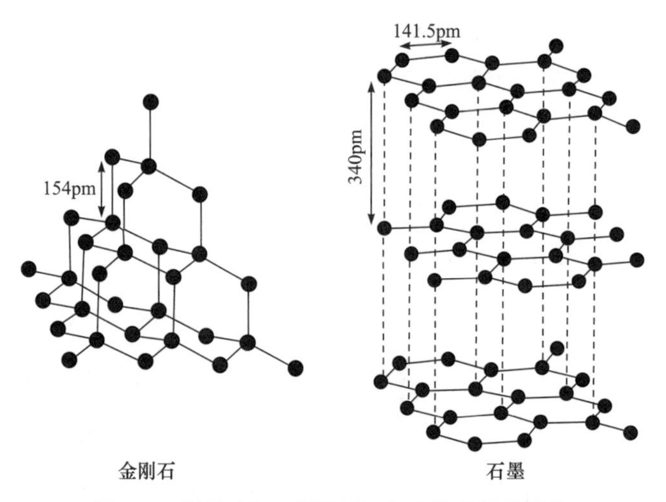

图 8.2 金刚石和石墨同质二象变体的晶体结构

通常按同质多象各变体形成温度从低到高，在其名称或成分前冠以 α-、β-、γ- 等希腊字母。例如，α-锂辉石代表低温变体，β-锂辉石、γ-锂辉石代表高温变体。

2. 同质多象转变

同质多象变体都有一定的形成条件和稳定范围，当环境条件发生变化到其稳定范围之外时，原来稳定的变体就变得不再稳定，从而引起晶体结构的改变，形成在新条件下稳定的变体。这种由于物理化学条件的改变，一种同质多象变体在固态状态转变为另一种变体的过程，称为同质多象转变。同质多象转变有的是可逆的，而有的则是不可逆的。常压下 SiO_2 七种变体之间的转变中，只有结构差异较小的 α-石英和 β-石英间的转变是可逆的。

矿物晶体同质多象各变体形成和稳定的物理化学条件是不相同的，各变体之间的关系可用类似于图 8.3 的相图表示。红柱石族中的红柱石、蓝晶石和硅线石化学成分均为 Al_2SiO_5，是同质多象变体。三者由于在地壳中经受的温度和压力不同，形成不同的矿物晶体。一般而言，红柱石形成于较低压力下，蓝晶石形成于较高压力下，硅线石形成温度较高。

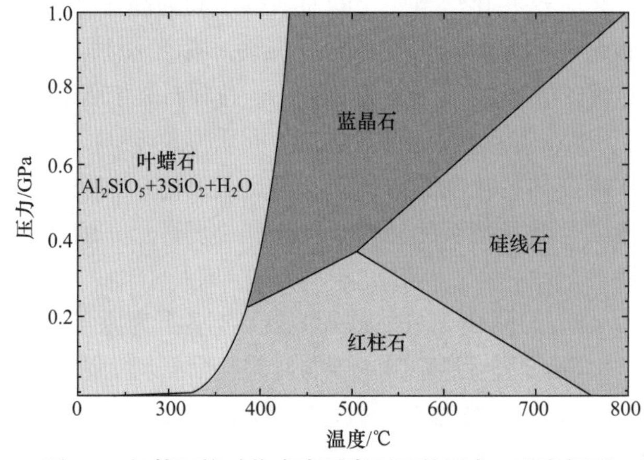

图 8.3 红柱石族矿物在高温高压下的压力 - 温度相图

温度和压力是同质多象转变最重要的影响因素。在一定压力下，同质多象变体间的转变温度是固定的。对于同质多象变体而言，高温变体的对称程度更高，质点配位数、有序度和相对密度较小。而压力的作用则恰好相反，即压力增高将促使同质多象向配位数高和相对密度大的变体方向转变。例如，在极高的压力下，石墨将转变为金刚石。

介质的化学成分、酸碱性、杂质等因素也会影响同质多象转变。某些矿物的同质多象变体对介质的酸碱性和杂质等因素较为敏感，其形成和稳定的温度与压力范围较大，各变体可在几乎相同的温度和压力下并存。一般只有一种变体是稳定的，其余的变体都是不稳定的。不稳定变体实际是以亚稳态存在，只不过在常温下各变体间的转变过程特别缓慢，但当高于一定温度时，其转变即迅速发生。例如，FeS_2 对介质的酸碱性敏感，一般在碱性介质中形成等轴晶系的黄铁矿，而在酸性介质中生成斜方晶系的白铁矿，白铁矿为不稳定变体，常压下当温度升高至 350℃时迅速转变为黄铁矿；HgS 在碱性介质中生成三方晶系的辰砂 α-HgS，而在酸性介质中生成等轴晶系的黑辰砂 β-HgS，当温度超过 410℃时黑辰砂迅速转化为辰砂。

同质多象转变速率快慢和难易程度还与变体之间的结构差异大小、转变所需活化能的大小有关。当变体之间结构差异微小时，完成同质多象转变所需的活化能小，通常转变速率较快，且转变往往是可逆的；当变体之间的结构差异很大时，实现同质多象转变所需活化能很小，则转变速率较慢，且转变往往不可逆。

同质多象转变过程中，当变体晶体结构发生了改变，其物理性质也相应发生变化。但有时原有晶体的形态并不会随之改变，而是被新的变体继承。这种新形成的同质多象变体继承原变体晶形的现象，称为副象现象。副象现象的存在是判断同质多象转变曾经发生的重要佐证。

除上述可逆与不可逆同质多象转变外，根据变体的结构特征，还可将同质多象转变分为质点位置稍有移动且键角有所改变的移位型转变、结构发生根本性变化的重建型转变两种转变类型。通常，移位型转变较易发生，而重建型转变不易发生且往往是不可逆的。

(1) 移位型转变是指同质多象变体之间的结构差异较小，从一种变体转变为另一种变体时，仅发生质点微小移动和键角微小改变的转变，即晶体结构仅发生一定的变形，而不涉及键的破坏、不改变配位基本形式的转变。此种转变所需活化能较小，势能垒很低，转变一般能迅速完成，而且常常是可逆的。

例如，α-石英转变为 β-石英，只是 Si—O—Si 间的键角从 144° 改变为 150°，其所有硅氧四面体仍然保持螺旋状排列，如图 8.4 所示。在常压下当温度升高至 573℃时，α-石英迅速转变为 β-石英；当温度降低至 573℃时，β-石英又转变为 α-石英。

(2) 重建型转变是指同质多象变体之间的结构差异极大，转变时内部质点位置发生根本性变动的转变过程，即必须完全改变配位数、紧密堆积方式等原有的晶体结构，才能形成新变体的转变。该转变需要较大的活化能，相应具有较高的势能垒。因此，常常是在加热升温并超越势能垒的条件下，实现较低温变体向较高温变体的转变。在降温冷却后，特别是在快速降低温度的条件下，相应的较高温变体可以长期处于亚稳定状态，而不发生同质多象逆变，因此重建型同质多象转变常常是不可逆的。

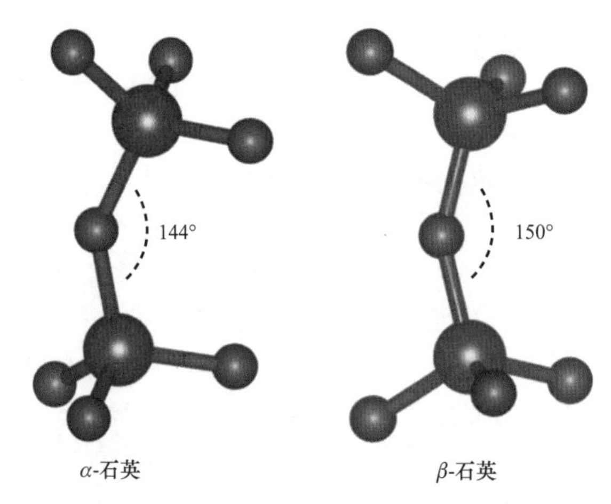

图 8.4 α-石英和 β-石英的硅氧四面体结构

例如，石墨转变为金刚石，必须在高温高压，甚至在 2000 ～ 4000℃和 6 ～ 20GPa 的压力下才能进行。相反，在自然界中的金刚石，随超基性岩浆直接上升到地壳的浅表层，因迅速冷却而得以保存在岩石中。天然金刚石常具有溶蚀外貌，并伴有石墨产出，说明金刚石在降压及冷却过程中已开始向石墨转变，只是因转变过快终止而无法完全进行。

8.1.3 类质同象

1. 类质同象的概念

矿物晶体在结晶过程中，晶体结构中的某种原子或离子的位置，一部分被性质相近的其他原子或离子所代替，共同结晶形成均匀单一相的混合晶体，晶体结构类型不发生改变，这种现象称为类质同象。例如，闪锌矿 ZnS 中 Zn^{2+} 和 S^{2-} 离子数量的比例理论上应为 1∶1。当闪锌矿的晶体结构中出现 Fe^{2+} 时，矿物中 Zn^{2+} 含量相应降低，此时 $Zn^{2+}:S^{2-}<1:1$，但 $(Zn^{2+}+Fe^{2+}):S^{2-}=1:1$。闪锌矿的晶体结构中，一部分 Zn^{2+} 的位置被 Fe^{2+} 占据，虽然离子代替之后会略微改变晶体结构和矿物性质，但晶体结构类型不变。

类质同象混合物也称类质同象混晶，类似于由两种不同化学成分的矿物晶体“混合”而形成的“混合晶体”，或者可以理解为一种矿物晶体“溶解”于另一种矿物晶体中，因此类质同象矿物又称为固溶体。

2. 类质同象类型

根据晶格中相互替代的离子价态，可将类质同象分为等价类质同象和异价类质同象。

(1) 等价类质同象指晶格中相互代替的质点为同价原子或离子的类质同象。例如，黑钨矿中 Mn^{2+} 与 Fe^{2+} 相互代替、钾 - 钠长石系列的 K^{+} 与 Na^{+} 相互代替。

(2) 异价类质同象指晶格中相互代替的质点为异价离子或空位的类质同象。例如，霓辉石 $(Na, Ca)(Mg, Fe^{3+}, Fe^{2+}, Al)[Si_2O_6]$ 中的 Ca^{2+} 与 Na^{+} 以及 Fe^{2+} 与 Fe^{3+} 之间均为异价代替。为了保证整个晶体是电中性的，任何异价类质同象代替都是以偶合方式进行的。

例如霓辉石中，当存在一个 Fe^{2+} 代替了 Fe^{3+}，同时就有一个 Ca^{2+} 代替了 Na^{+}。异价类质同象又可分为成对代替和不等数代替两种方式。例如，两个 Al^{3+} 代替一个 Mg^{2+} 和一个 Si^{4+} 属于成对代替，而两个 Fe^{3+} 代替三个 Fe^{2+} 属于不等数代替。

不同矿物晶体，一种质点可被另一种质点代替的限度是不同的，可分为不完全类质同象和完全类质同象两类。

(1) 不完全类质同象是指矿物晶体中某种质点被另一种质点的代替不能超过某一限度，只能在一定范围内进行。例如，闪锌矿 ZnS 中的 Zn^{2+} 被 Fe^{2+} 代替，类质同象最多只能达到阳离子数的 43%。

(2) 完全类质同象是指矿物晶体中某种质点可以无限地被另一种质点代替，此时它们可以形成一个化学成分连续变化的类质同象系列。例如石榴石中，随着镁含量的递减，铁含量不断递增，从镁铝榴石→铁镁铝榴石→镁铁铝榴石→铁铝榴石，最终形成一个矿物族。

3. 类质同象的影响因素

类质同象的影响因素可分为内因和外因。内因主要是相互代替的质点及其所形成晶格的性质，包括原子或离子半径、价态、离子类型、化学键类型等；外因包括温度、压力、介质类型等。

1) 原子或离子半径

类质同象代替的原子或离子半径越接近，相互代替越容易发生。以 R 代表较大离子的半径，r 代表较小离子的半径，通常 $(R-r)/r<15\%$，可形成完全类质同象代替；$(R-r)/r=15\%\sim40\%$，在高温下可形成完全类质同象，温度降低时发生熔离；$(R-r)/r>40\%$，即使在高温下也只能形成不完全类质同象，在低温下则不能形成类质同象。

对于异价类质同象，原子或离子的代替能力主要取决于电荷平衡，其半径起次要作用。

2) 离子总价态

在形成类质同象代替时，不论是等价还是异价，相互代替的离子总价态必须相等，不应出现剩余电荷，否则晶体将失去电荷平衡。

3) 离子类型与化学键

互相代替的离子类型相差过大，势必引起键性的剧烈改变而使晶格解体。原子或离子外层电子构型及所形成的化学键越接近，相应的类质同象越容易实现。例如，Na^{+} 与 Cu^{+} 离子半径接近，分别是 0.102nm 和 0.096nm，且离子价态相等，但自然界中没有它们之间形成的类质同象。这是因为 Na^{+} 是惰性气体型离子，而 Cu^{+} 是铜型离子，不能相互代替。

4) 晶格能

组成晶体的质点从自由状态转化为结晶状态时所释放的能量称为晶格能。晶格能越大，晶体越稳定。每个质点晶格能的相对大小可用质点的能量系数 e_k 表征，e_k 大的离子代替 e_k 小的离子有利于降低晶体的内能使之更稳定，这样的类质同象代替相对更容易发生。例如，Ba^{2+} 和 K^+ 的离子半径接近且离子类型相同，Ba^{2+} 的 e_k 值为 1.35，大于 K^+ 的 e_k 值 0.35，因此自然界矿物晶体中常见 Ba^{2+} 类质同象代替 K^+。

从元素周期表中右下方到左上方对角线方向的离子半径相近，一般右下方的高价离子容易代替其左上方的低价离子，如表 8.1 中箭头所示。这种现象又称为类质同象的对角线法则。

表 8.1　类质同象的对角线法则

Ⅰ	Ⅱ	Ⅲ	Ⅳ	Ⅴ	Ⅵ	Ⅶ
Li 0.076nm						
Na 0.102nm	Mg 0.072nm	Al 0.054nm	Si 0.040nm			
K 0.138nm	Ca 0.100nm	Sc 0.075nm	Ti 0.061nm			
Rb 0.152nm	Sr 0.118nm	Y 0.090nm	Zr 0.072nm	Nb 0.064nm	Mo 0.059nm	
Cs 0.167nm	Ba 0.135nm	TR 0.099~0.122nm	Hf 0.071nm	Ta 0.064nm	W 0.060nm	Re 0.053nm

注：数值表示离子半径。

5) 晶格特征

若晶格中存在巨大空隙，则大半径阳离子可以充填于其中。环状结构矿物的环形孔道和架状结构矿物中的空隙都可容纳大半径阳离子。例如，环状结构绿柱石晶体中，当 Be^{2+} 被 Li^+ 和 Cs^+ 置换时，Li^+ 占据 Be^{2+} 的位置，大半径 Cs^+ 则位于环形孔道中。

6) 温度

较高的温度一般有利于类质同象置换，温度较高意味着晶体的平均动能较高，晶格内质点的热振动加剧，导致质点活动半径加大，配位情况发生改变，相应提高类质同象中溶质的溶解度，有利于发生类质同象。相反，温度较低时通常不利于类质同象的发生。例如，钾长石 $K[AlSi_3O_8]$ 和钠长石 $Na[AlSi_3O_8]$ 类质同象系列中，K^+ 和 Na^+ 的离子半径虽然差别较大，但在 900℃以上的高温环境中能形成完全类质同象；随着温度下降，已经形成的混合晶体会发生分离，形成由微斜长石和长石组成的交生体，称为条纹结构。这种完全类质同象随温度降低而发生分离的现象称为出溶，也可称为离溶或解溶。

7) 组分浓度

组分浓度是影响类质同象发生的重要因素之一。例如，磷灰石 $Ca_5[PO_4]_3(F, Cl, OH)$ 结晶时，如果溶液中有过量的 Ca^{2+}，通常没有其他离子代替 Ca^{2+} 的现象发生；当溶液中 Ca^{2+} 含量不足时，溶液中 Sr^{2+} 或 Na^+ 离子可以类质同象的方式进入磷灰石的晶体中。这种相似离子顶替短缺元素离子的现象又称为补偿类质同象。自然界中丰度很低的稀有元素，如 Cs、Nb、Ta 等一般不能形成独立矿物，也常以补偿类质同象的形式赋存于其他矿物中。

8) 压力

一般认为较高的压力可以促进类质同象的分离而不利于类质同象的形成。因为压力增加使配位多面体变形，不利于较大离子置换较小离子。例如，硅酸盐矿物的硅氧四面体中，Si^{2+} 常被半径稍大的 Al^{3+} 置换而构成铝氧四面体，形成长石、角闪石、云母等铝硅酸盐矿物。在压力很大的区域变质作用中，这种类质同象现象难以发生，Al^{3+} 主要以六配位形式存在于蓝晶石、红柱石等铝的硅酸盐矿物中。

此外，环境的氧化电位及 pH 等对类质同象代替也有影响。在自然界中类质同象代替的条件和影响因素比较复杂，研究时应综合考虑。

8.1.4 矿物中的水

水是很多矿物的重要组成部分，水在矿物中的赋存状态会在一定程度上影响矿物的化学成分和物理化学性质。依据矿物中水的存在形式及其与晶体结构的关系，常将矿物中的水分为吸附水、结晶水、结构水、沸石水和层间水 5 种类型。其中，吸附水不参与晶格结构，结晶水和结构水参与晶格结构，沸石水和层间水是两种过渡类型。

1. 吸附水

吸附水是指附着于矿物颗粒表面的薄膜水和充填在矿物颗粒或集合体细微裂隙中的毛细管水。吸附水为中性水分子，可呈气态、液态或固态，不参与晶格结构，不属于矿物的化学成分，不写入化学式。其含量随环境温度和湿度不同而变化，常压条件下加热到 100℃以上时，吸附水可全部逸出，且逸出后不破坏矿物晶格，也不改变矿物性质。

2. 结晶水

结晶水是以中性水分子形式存在于矿物晶格内一定位置上的水，也称为水合水。结晶水是矿物晶体结构的一部分，其在矿物中的量是一定的，与其他成分呈固定比例关系。结晶水通常出现在具有大半径的络阴离子含氧盐矿物中，如苏打 $Na_2[CO_3]\cdot 10H_2O$、石膏 $Ca[SO_4]\cdot 2H_2O$、胆矾 $Cu[SO_4]\cdot 5H_2O$ 等。某些矿物的结晶水以一定的配位形式围绕阳离子形成结晶水合物，如六水硫酸镍 $Ni[SO_4]\cdot 6H_2O$ 中，Ni^{2+} 离子半径与硫酸根半径相差很大，难以形成稳定的晶格。因此，Ni^{2+} 需要与 6 个水分子形成水合阳离子 $[Ni(H_2O)_6]^{2+}$ 以增大半径，与硫酸根 $[SO_4]^{2-}$ 形成更加稳定的晶格。有时结晶水也会以一定配位形式围绕阴离子，再与金属阳离子结合。

结晶水在不同矿物中的稳定程度是不同的，其逸出温度也不同，最高不超过 600℃，一般在 100 ～ 200℃之间。当结晶水逸出时，原矿物晶格便被破坏，其他原子重新组合，形成新的结构和新的矿物，矿物的性质与成分会发生变化。同种矿物结晶水与晶格结合的牢固程度也可以不同，使结晶水逸出表现出阶段性、跳跃性。

3. 结构水

结构水是指占据矿物晶格中确定配位位置的 H^+、$(OH)^-$ 或 $(H_3O)^+$ 离子，又称化合水。在矿物中以含 $(OH)^-$ 形式存在较为常见，而含 $(H_3O)^+$ 的较少。例如，滑石 $Mg_3[Si_4O_{10}](OH)_2$、

蛇纹石 $Mg_6[Si_4O_{10}](OH)_8$、高岭石 $Al_4[Si_4O_{10}](OH)_8$ 等都是含有结构水的矿物。结构水在晶格中占据严格的位置并有确定的含量比，在晶格中结合力较强，一般只有在 600 ～ 1000℃才能逸出，逸出后会完全破坏矿物的晶体结构。结构水和结晶水一样，其逸出温度也依矿物的种类不同而异。例如，高岭石为 580℃，而滑石则为 950℃。矿物的结构水有的可一次全部逸出，有的则分几次，每次都有一个确定的温度与之对应。例如，镁蠕绿泥石在 610℃时析出水镁石层中的 $(OH)^-$，在 820℃时再析出八面体层中的 $(OH)^-$。

4. 沸石水

沸石水是以 H_2O 分子形式存在、性质介于结晶水和吸附水之间的一种特殊类型的水，因其主要存在于沸石族矿物的空洞及孔道结构中而得名。沸石水位置不太固定，水的含量随温度和湿度而变化，一般从 80℃开始失水，至 400℃时水全部析出，其析出过程是连续的。失水后原矿物的晶格不发生变化，但是密度、折射率、透明度等物理性质会随之改变。脱水后的矿物仍能重新吸水，恢复原有的物理性质。可见，沸石水具有一定的吸附水的性质，但其存在与结构有关，含量的变化有一定的上限和下限范围。

5. 层间水

层间水是以中性水分子形式存在于某些层状硅酸盐矿物的结构单元层之间，性质介于结晶水与吸附水之间的一种特殊类型的水。某些层状硅酸盐矿物结构单元层内部价态尚未达到平衡，在结构单元层表面还有过剩负电荷，过剩负电荷吸附其他金属阳离子，后者再吸附水分子，从而在相邻结构单元层之间形成水分子层。层间水与吸附水类似，其含量会随环境温度和湿度变化。层间水的逸出温度一般在 100 ～ 250℃之间。层间水逸出后，矿物原层状结构不会被破坏，但层间距会缩小，从而矿物相对密度和折射率会增加。层间水的含量还与吸附阳离子的种类有关。例如，当蒙脱石吸附的阳离子为 Na^+ 时，结构单元层之间常形成 1 个水分子层；当吸附阳离子为 Ca^{2+} 时，常形成 2 个水分子层。

8.2 硅酸盐矿物结构

硅酸盐矿物结构类型根据矿物晶体结构中化学键及其空间分布，以及原子或配位多面体联结形式，分为岛状、环状、链状、层状、架状等。

8.2.1 硅氧四面体

硅氧四面体由 1 个 Si 和 4 个 O 构成，结构为四面体形式，用 $[SiO_4]$ 表示 (图 8.5)。Si—O 键平均键长为 0.162nm，O—O 键平均键长为 0.264nm。

Si^{4+} 与 O^{2-} 结合时以四配位的形式最为稳定，因此 Si 在硅酸盐矿物中总是以配位四面体的形式出现。由于 $[SiO_4]$ 四面体 Si—O 键强度远大于其他阳离子与氧的键强度，硅酸根络阴离子在硅酸盐矿物中起骨干作用，因而称为硅氧骨干。$[SiO_4]$ 四面体是硅酸盐中的基本结构单位。在硅酸盐结构中，每个 $[SiO_4]$ 四面体既可以孤立地被阳离子包围，也可与其他 $[SiO_4]$ 四面体共用桥氧，彼此联结形成各种形式的硅氧骨干，形式多样的硅氧骨干形成了物种繁多的硅酸盐矿物。

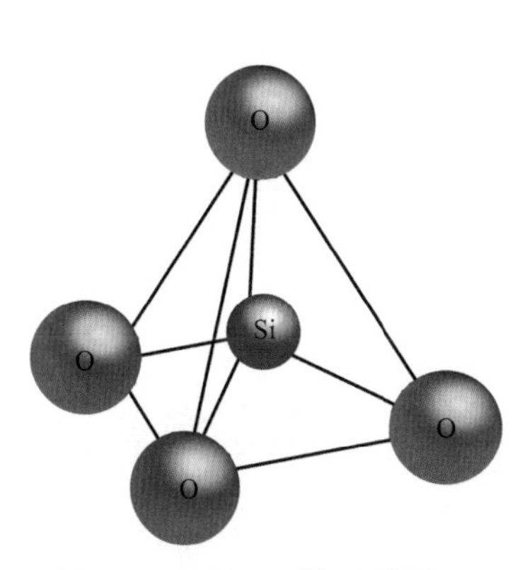

图 8.5　硅氧四面体示意图

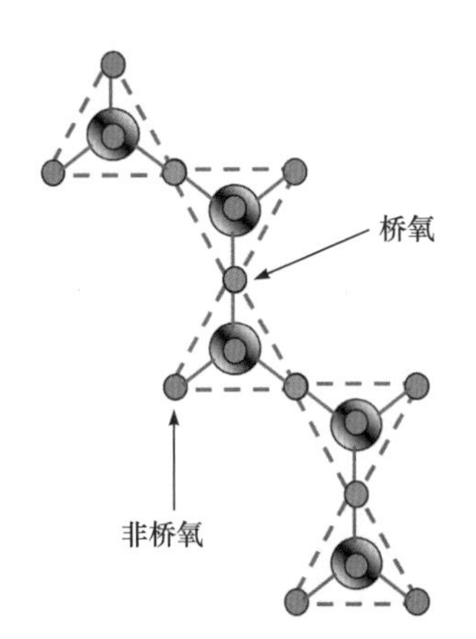

图 8.6　硅氧四面体中桥氧与非桥氧示意图

8.2.2　硅氧骨干类型

硅酸盐矿物晶体结构由基本结构 $[SiO_4]$ 四面体以共角顶的方式联结，在三维空间呈岛状、环状、链状、层状、架状等方式排列。由于 $[SiO_4]$ 四面体体积小，Si^{4+} 价态高，$[SiO_4]$ 四面体联结不能共棱，更不能共面。如果共棱或共面，会引起 Si—Si 强烈排斥而不稳定。$[SiO_4]$ 四面体中的氧根据所占据的位置可分为桥氧和非桥氧，如图 8.6 所示。

桥氧是两个 $[SiO_4]$ 四面体之间共用的氧离子，也称非活性氧或惰性氧。非桥氧是只与一个 $[SiO_4]$ 四面体中的 Si^{4+} 配位的氧离子，也称活性氧或自由氧。每个氧最多只能被两个 $[SiO_4]$ 四面体所共有。

1. 岛状硅氧骨干

岛状硅氧骨干包括单个 $[SiO_4]$ 四面体形成的单四面体和两个 $[SiO_4]$ 四面体共用桥氧形成的 $[Si_2O_7]$ 双四面体两种硅氧骨干。岛状结构中的单四面体和双四面体以孤立状态存在，与其他单四面体和双四面体间不直接联结。硅氧四面体中的非桥氧离子，除了和硅离子联结外，还与其他阳离子相结合，构成硅酸盐矿物。

单四面体 $[SiO_4]^{4-}$ 络阴离子 [图 8.7(a)] 由孤立的单个硅氧四面体组成，硅氧比为 1∶4。单四面体络阴离子与其他阳离子结合成硅酸盐矿物，如锆石 $Zr[SiO_4]$、镁橄榄石 $Mg_2[SiO_4]$ 等。

双四面体 $[Si_2O_7]^{6-}$ 络阴离子 [图 8.7(b)] 由两个硅氧四面体共用桥氧组成，硅氧比为 2∶7。双四面体络阴离子与其他阳离子结合成硅酸盐矿物，如硅钙石 $Ca_3[Si_2O_7]$、绿帘石 $Ca_2FeAl_2[SiO_4][Si_2O_7]O(OH)$ 等。

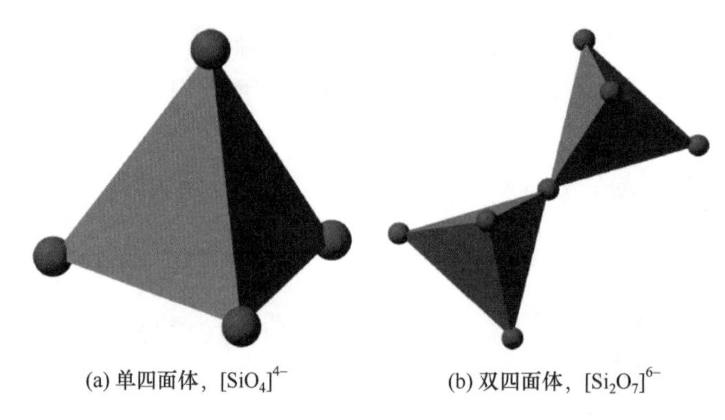

(a) 单四面体，$[SiO_4]^{4-}$　　(b) 双四面体，$[Si_2O_7]^{6-}$

图 8.7　岛状硅氧骨干示意图

2. 环状硅氧骨干

环状硅氧骨干是 $[SiO_4]^{4-}$ 络阴离子以桥氧相连形成的封闭环状骨干，包括三元环四面体、四元环四面体和六元环四面体等，通式为 $[Si_nO_{3n}]^{2n-}$。环状硅氧骨干与其他阳离子结合成硅酸盐矿物。

三元环状四面体 $[Si_3O_9]^{6-}$ 络阴离子 [图 8.8(a)] 由 3 个硅氧四面体通过桥氧联结组成，每个硅氧四面体有两个桥氧与相邻的硅氧四面体共用，硅氧比为 3 : 9，如硅钡钛矿 (蓝锥矿)$BaTi[Si_3O_9]$ 等。

四元环状四面体 $[Si_4O_{12}]^{8-}$ 络阴离子 [图 8.8(b)] 由 4 个硅氧四面体通过桥氧联结组成，每个硅氧四面体有两个桥氧与相邻的硅氧四面体共用，硅氧比为 4 : 12，如包头矿 $Ba_4(Ti, Nb, Fe)_8O_{16}[Si_4O_{12}]Cl$ 等。

六元环状四面体 $[Si_6O_{18}]^{12-}$ 络阴离子 [图 8.8(c)] 由 6 个硅氧四面体通过桥氧联结组成，每个硅氧四面体有两个桥氧与相邻的硅氧四面体共用，硅氧比为 6 : 18，如绿柱石 $Be_3Al_2[Si_6O_{18}]$ 等。

环重叠可形成双环 [图 8.8(d) ～ (f)]，双环与双环之间通过其他金属阳离子联结，通式为 $[Si_nO_{2.5n}]^{n-}$。还有一些矿物由更多的 $[SiO_4]$ 四面体以桥氧相连形成封闭环状骨干。例如有 9 个 $[SiO_4]$ 四面体的异性石 $Na_{15}Ca_6Fe_3Zr_3[Si_3O_9]_2[Si_9O_{27}SiO][Si_9O_{27}SiO]Cl(H_2O)$ 如图 8.8(g) 所示，又如图 8.8(h) 所示拥有 12 个 $[SiO_4]$ 四面体的硅钛铁钡石 $Ba_{21}Ca(Fe^{2+}, Mn, Ti)_4(Ti, Fe, Mg)_{12}[Si_{12}O_{36}]\ [Si_2O_7]_6(O, OH)_{30}Cl_6 \cdot 14H_2O$，以及如图 8.8(i) 所示拥有 18 个 $[SiO_4]$ 四面体的大圆柱石 $Na_{16}K_2[Si_{18}O_{32}](OH)_9 \cdot 38H_2O$ 等。

3. 链状硅氧骨干

链状硅氧骨干是 $[SiO_4]^{4-}$ 络阴离子以桥氧联结成沿一个方向无限延伸的连续链状骨干，链间由阳离子维系。链状硅氧骨干可分为单链和双链。

单链状四面体络阴离子由硅氧四面体通过共用角顶沿一定方向联结构成，单链中每一个硅氧四面体有两个桥氧与相邻的四面体共用，硅氧比为 2 : 6，通式为 $[Si_nO_{3n}]^{2n-}$。在晶体结构中，单链与单链相互平行排列，单链状络阴离子与其他阳离子结合而成硅

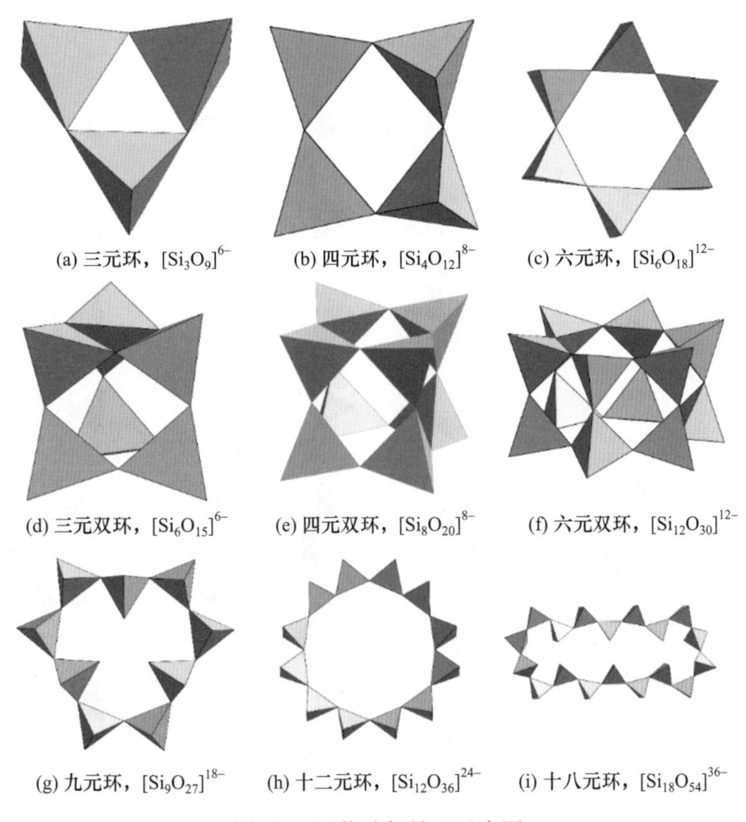

(a) 三元环，$[Si_3O_9]^{6-}$　(b) 四元环，$[Si_4O_{12}]^{8-}$　(c) 六元环，$[Si_6O_{18}]^{12-}$

(d) 三元双环，$[Si_6O_{15}]^{6-}$　(e) 四元双环，$[Si_8O_{20}]^{8-}$　(f) 六元双环，$[Si_{12}O_{30}]^{12-}$

(g) 九元环，$[Si_9O_{27}]^{18-}$　(h) 十二元环，$[Si_{12}O_{36}]^{24-}$　(i) 十八元环，$[Si_{18}O_{54}]^{36-}$

图 8.8　环状硅氧骨干示意图

酸盐矿物。根据重复周期和联结方式的不同可分为 3 种，分别为：每 2 个 $[SiO_4]^{4-}$ 重复一次的辉石单链 [图 8.9(a)]，如透辉石 $CaMg[Si_2O_6]$；每 3 个 $[SiO_4]^{4-}$ 重复一次的硅灰石单链 [图 8.9(b)]，如硅灰石 $Ca_3[Si_3O_9]$；每 5 个 $[SiO_4]^{4-}$ 重复一次的蔷薇辉石单链 [图 8.9(c)]，如蔷薇辉石 $(Mn, Ca)_5[Si_5O_{15}]$。

双链状四面体络阴离子由两个单键平行联结构成，一部分四面体有 2 个角顶与相邻的四面体共用，另一部分四面体有 3 个角顶与相邻四面体共用，硅氧比为 4∶11。在晶体结构中，双链与双链互相平行排列，双链状络阴离子与其他阳离子联结形成硅酸盐矿物。联结方式有：2 个辉石单链在侧向结合形成的角闪石双链 [图 8.9(d)]，如透闪石 $Ca_2Mg_5[Si_4O_{11}]_2(OH)_2$；2 个硅灰石单链在侧向结合形成的硬硅钙石双链，如硬硅钙石 $Ca_6[Si_6O_{17}](OH)_2$；硅线石双链和星叶石双链 [图 8.9(e)] 等。

4. 层状硅氧骨干

层状硅氧骨干以三个桥氧分别与 3 个相邻的 $[SiO_4]^{4-}$ 络阴离子联结成一个二维空间无限展开的层状骨干，即相当于无数个单链彼此沿一个平面相连，硅氧比为 4∶10，通式为 $[Si_4O_{10}]^{4-}$。

活性氧可指向相同方向，也可指向相反方向。例如，在白云母 $KAl_2[AlSi_3O_{10}](OH)_2$ 的层状硅氧骨干 [图 8.10(a)] 中，$[SiO_4]$ 四面体彼此以 3 个角顶相连形成六边形网，活性氧指向同一方；在鱼眼石 $KCa_4Si_8O_{20}(F, OH) \cdot 8H_2O$ 的层状硅氧骨干 [图 8.10(b)] 中，

$[SiO_4]$ 四面体彼此以 3 个角顶相连形成四边形网，活性氧分指上下方。

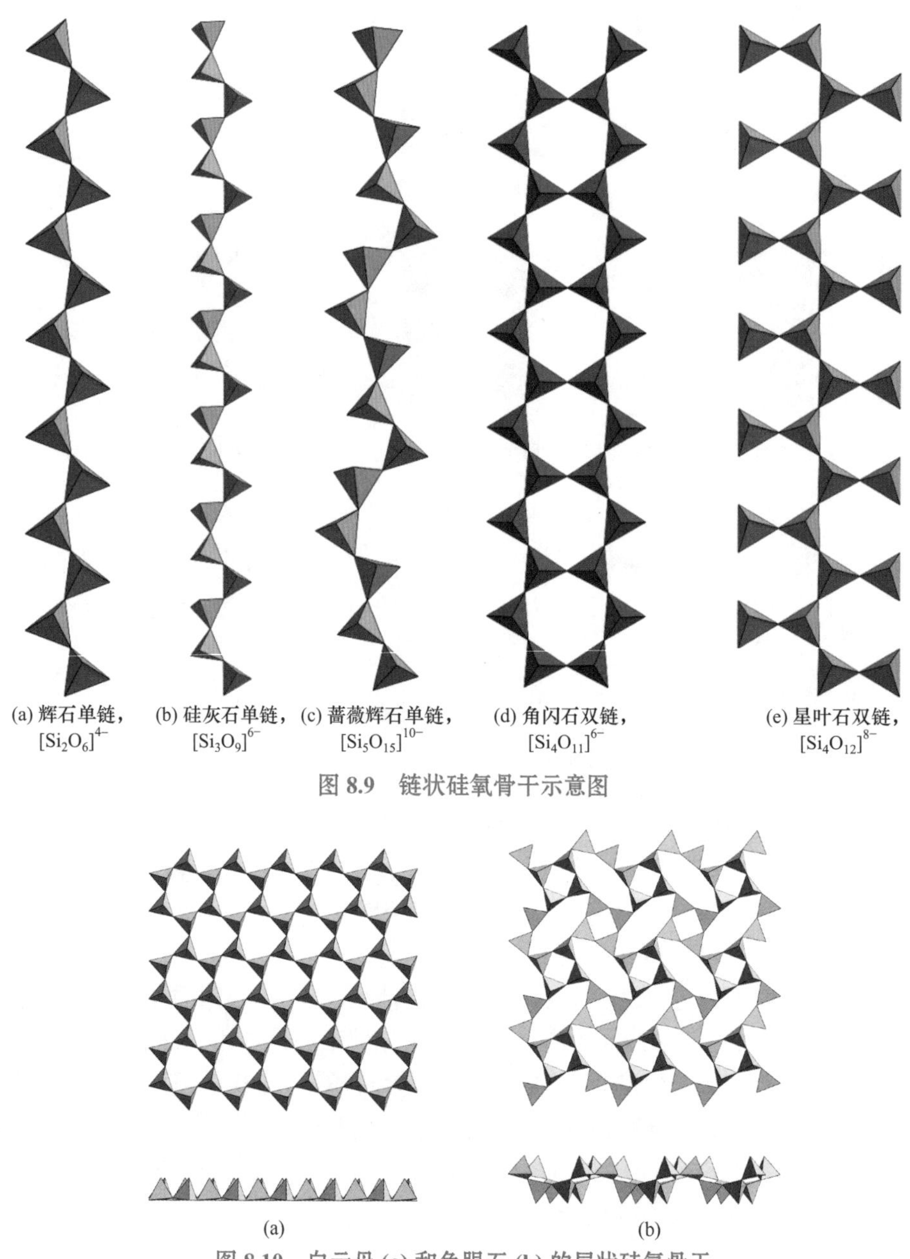

图 8.9　链状硅氧骨干示意图

图 8.10　白云母 (a) 和鱼眼石 (b) 的层状硅氧骨干

5. 架状硅氧骨干

架状硅氧骨干中，$[SiO_4]^{4-}$ 络阴离子的 4 个桥氧与相邻的 $[SiO_4]^{4-}$ 络阴离子联结形成三维空间无限扩展的硅氧骨干，通式为 $[Al_xSi_{n-x}O_{2n}]^{x-}$。当一个硅氧四面体的 4 个氧都被共用时，硅氧比为 1 ∶ 2，其结构式应为 $[SiO_2]$，不是络阴离子，而是氧化物矿物石英。

架状络阴离子既有硅氧四面体也有铝氧四面体。因此，具有架状络阴离子的矿物是铝硅酸盐矿物而不是硅酸盐矿物。在架状硅氧四面体中，每个硅氧四面体的 4 个角顶都与相邻的四面体共用。如果在架状硅氧四面体中有少部分硅氧四面体中的硅被铝代替 (铝的数目不超过硅氧四面体数目的一半)，会出现负价态而形成络阴离子，即形成铝硅酸根。这种铝硅酸根与其他阳离子结合，则形成架状铝硅酸盐矿物，如正长石 $K[AlSi_3O_8]$、钠长石 $Na[AlSi_3O_8]$、钙长石 $Ca[Al_2Si_2O_8]$ 等。图 8.11 为方钠石和方沸石的架状硅氧骨干。

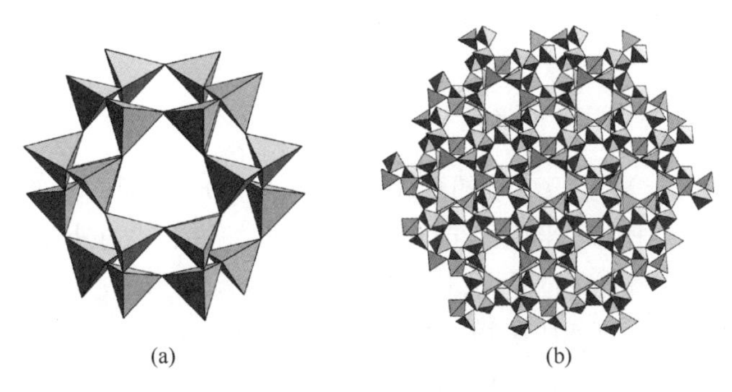

图 8.11 方钠石 (a) 和方沸石 (b) 的架状硅氧骨干

可以利用硅氧比表征硅酸盐晶体中 $[SiO_4]$ 之间的联结程度与结构类型。当 Si ∶ O = 1 ∶ 4 时，$[SiO_4]$ 完全孤立存在，通过其他离子配位多面体联结形成硅酸盐晶体；随着 O/Si 下降，部分 $[SiO_4]$ 之间直接联结，即它们的联结程度增加，结构形式处于岛状到架状之间的某种结构；当 $[SiO_4]$ 之间完全相互直接联结形成架状结构时，Si ∶ O = 1 ∶ 2。各结构类型的 Si ∶ O 值如表 8.2 所示。

表 8.2 不同硅酸盐络阴离子结构类型的 Si ∶ O 值

结构类型	形状	结构式	Si ∶ O	举例
岛状	单四面体	$[SiO_4]^{4-}$	1 ∶ 4	镁橄榄石 $Mg_2[SiO_4]$
	双四面体	$[Si_2O_7]^{6-}$	2 ∶ 7	硅钙石 $Ca_3[Si_2O_7]$
环状	三元环	$[Si_3O_9]^{6-}$	1 ∶ 3	蓝锥矿 $BaTi[Si_3O_9]$
	四元环	$[Si_4O_{12}]^{8-}$		斧石 $Ca_2Al_2BO_3[Si_4O_{12}](OH)$
	六元环	$[Si_6O_{18}]^{12-}$		绿柱石 $Be_3Al_2[Si_6O_{18}]$
链状	单链	$[Si_2O_6]^{4-}$	1 ∶ 3	透辉石 $CaMg[Si_2O_6]$
	双链	$[Si_4O_{11}]^{6-}$	4 ∶ 11	透闪石 $Ca_2Mg_5[Si_4O_{11}]_2(OH)_2$
层状	平面层	$[Si_4O_{10}]^{4-}$	4 ∶ 10	滑石 $Mg_3[Si_4O_{10}](OH)_2$
架状	架状	$[AlSi_3O_8]^-$	1 ∶ 2	钠长石 $Na[AlSi_3O_8]$
		$[AlSiO_4]^-$		霞石 $Na[AlSiO_4]$

8.2.3 铝在硅酸盐矿物中的作用

铝在硅酸盐结构中起双重作用。第一种情况，铝呈四配位，置换代替 Si^{4+} 进入 $[SiO_4]^{4-}$ 络阴离子，构成 $[AlO_4]$ 配位四面体 (图 8.12)，这种由 $[AlO_4]$ 和 $[SiO_4]$ 组成的骨干称为铝硅酸盐，如钠长石 $Na[AlSi_3O_8]$；第二种情况，铝呈六配位，构成 $[AlO_6]$ 配位八面体，存在于硅氧骨干之外，起着类似于 Mg^{2+}、Fe^{2+} 等阳离子的作用，形成铝的硅酸盐，

如高岭石 $Al_4[Si_4O_{10}](OH)_8$；当在同一个结晶结构中，上述两种形式 Al 同时存在时，称为铝的铝硅酸盐，如白云母 $KAl_2[AlSi_3O_{10}](OH)_2$。

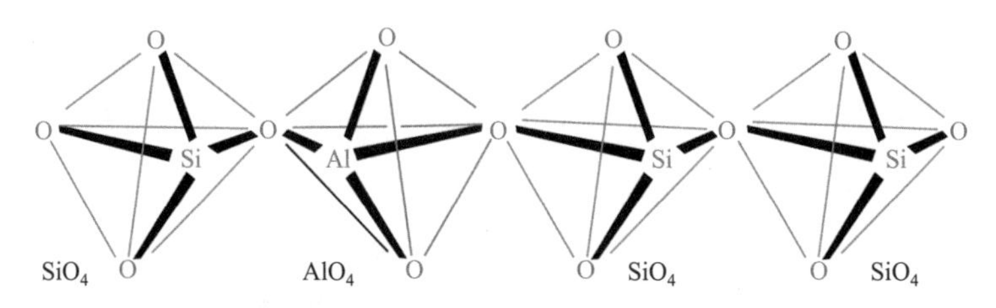

图 8.12 铝硅酸盐结构示意图

阴、阳离子半径比决定阳离子的配位数。Al^{3+} 与 O^{2-} 半径的比值为 0.419，与四配位和六配位分界处阴、阳离子半径比 0.414 接近。铝的配位形式与外界环境有关，在高温、低压或碱性条件下主要形成四配位铝硅酸盐，相反则形成六配位铝的硅酸盐。例如，硅线石 $Al^{VI}[Al^{IV}SiO_5]$ 为高温低压矿物，蓝晶石 $Al^{VI}_2[SiO_4]O$ 为高压低温矿物。

在硅酸盐的四配位结构中，Al—O 键的键强度 (阳离子电荷 / 配位数 = 3/4) 小于 Si—O 键的键强度 (4/4)，且 $[AlO_4]$ 四面体体积也略大于 $[SiO_4]$ 四面体。因此，$[AlO_4]$ 四面体为一种不稳定的配位形式，尤其是在高压或低温环境下。假定铝硅离子比 >1，$[AlO_4]$ 四面体必有彼此邻接的情况。此时，联结两个 Al 的桥氧键键强度之和为 3/4 + 3/4 = 1.5。根据鲍林第二法则，某离子键强度之和等于其价态才是稳定的，1.5 偏离氧离子价态 –2 达 25%，超过了稳定化合物键强度和偏差容忍极限 16%，因此两个 $[AlO_4]$ 四面体不能邻接，需与 $[SiO_4]$ 四面体联结才能稳定存在。因此，在硅氧骨干中铝硅离子比 $\leqslant 1$。

8.2.4 硅酸盐矿物中离子堆积与配位关系

在硅酸盐矿物中，氧及其他离子的堆积特点与硅氧骨干类型密切相关。在岛状硅酸盐中，孤立的 $[SiO_4]$ 四面体在结构中能自由调整其位置，如果阳离子大小适于充填到氧的四面体或八面体空隙中，氧离子能达到或接近最紧密堆积，如橄榄石、黄玉等；如果阳离子大小不合适，氧的最紧密堆积就会被破坏，如石榴石。在环状、链状和层状硅酸盐中，环与环、链与链、层与层之间作平行排列且尽可能排得最紧，但氧不作最紧密堆积。在架状硅酸盐中，$[SiO_4]$ 四面体彼此共 4 个角顶相连，不能自由调整位置，离子和整个结构都不能呈最紧密堆积。

在岛状硅酸盐中，孤立 $[SiO_4]$ 四面体的氧可近似紧密堆积且剩余电荷高，骨干外的阳离子通常价态高、半径小而配位数不大于 6，如锆石 $Zr[SiO_4]$。在架状硅氧骨干中，一般 Al^{3+} 置换 Si^{4+} 的量不多，氧离子剩余电荷低，骨架中的空隙也较大，因此骨干外的阳离子通常价态低、半径大而配位数高，常见 K^+、Na^+、Rb^+、Cs^+、Ca^{2+}、Ba^{2+} 等，骨架间隙还可有附加阴离子和水分子。环状、链状、层状骨干外的阳离子在价态、半径和配位数等方面通常介于中间状态，如 Mg^{2+}、Fe^{2+}、Fe^{3+}、Al^{3+} 等。

$[SiO_4]$ 四面体的体积一般很稳定，但骨干外阳离子配位多面体的体积受阳离子大小和温度、压力等环境变化影响较大。为了适应这种变化，硅氧骨干常发生变形，以与骨干外阳离子配位多面体相匹配。

在单链状硅酸盐中，如果骨干外阳离子为 Mg^{2+}，骨干外链内两个 $[MgO_6]$ 八面体的长度与两个以角顶相连的 $[SiO_4]$ 四面体的长度相适应，则硅氧骨干为 $[SiO_4]$ 四面体重复周期为 2 的 $[SiO_4]$ 单链，形成顽火辉石 $Mg_2[Si_2O_6]$；如果骨干外阳离子为 Ca^{2+}，因 Ca^{2+} 比 Mg^{2+} 大，两个 $[CaO_6]$ 八面体的长度与 3 个以角顶相连的 $[SiO_4]$ 四面体的长度相当，则硅氧骨干为 $[SiO_4]$ 四面体重复周期为 3 的 $[SiO_4]$ 单链，形成硅灰石 $Ca_3[Si_3O_9]$；如果骨干外阳离子为 Mn^{2+} 和 Ca^{2+}，则较小的 $[MnO_6]$ 八面体与较大的 $[CaO_6]$ 八面体结合起来要求 $[SiO_4]$ 四面体重复周期为 5 的 $[Si_5O_{15}]$ 单链与之相适应，形成蔷薇辉石 $(Mn, Ca)_5[Si_5O_{15}]$。

层状硅酸盐叶蛇纹石 $Mg_6[Si_4O_{10}](OH)$ 结构中，$[MgO_2(OH)_4]$ 八面体片与 $[SiO_4]$ 四面体片构成一定的匹配关系。由于八面体片中 O(OH)—O(OH) 间距较四面体片中 O—O 间距略小，因此为了使 $[SiO_4]$ 四面体片与八面体片相适应，结构层发生弯曲，八面体片在外圈，四面体片在内圈，并使方向相反的结构层联结起来，形成波浪状。

在架状硅酸盐中，由于硅氧骨干比较牢固，骨干外的阳离子种类也较少，因此骨干外阳离子的配位对硅氧骨干不起控制作用。在岛状硅酸盐中，硅氧四面体孤立分布，骨干外阳离子配位对骨干的排布方向有明显的影响。

8.2.5　硅酸盐矿物亚类

根据硅氧骨干的形式，可将硅酸盐类矿物分为岛状硅酸盐、环状硅酸盐、链状硅酸盐、层状硅酸盐和架状硅酸盐 5 个亚类，见表 8.3。

表 8.3　硅酸盐矿物亚类及常见矿物

亚类	骨干形式	无水和附加阴离子	含附加阴离子或络阴离子	含水
岛状	$[SiO_4]$	锆石、橄榄石、石榴石、硅铍石	红柱石、蓝晶石、黄玉、十字石、榍石、蓝线石	斜晶石
	$[Si_2O_7]$	硅钙石	黑柱石	异极矿
	$[SiO_4]+[Si_2O_7]$		符山石、绿帘石、黝帘石	
环状	三元环 $[Si_3O_9]$	硅钡钛矿	异性矿	
	四元环 $[Si_4O_{12}]$		斧石	不常见
	六元环 $[Si_6O_{18}]$	绿柱石、堇青石	电气石	不常见
链状	二重单链 $[Si_2O_6]$	顽火辉石、斜方铁辉石、霓石、锂辉石、普通辉石、透辉石	不常见	不常见
	三重单链 $[Si_3O_9]$	硅灰石		
	五重单链 $[Si_5O_{15}]$	蔷薇辉石		
	双链 $[Si_4O_{11}]$	硅线石	直闪石、镁铁闪石、透闪石、普通角闪石、蓝闪石	不常见
层状	$[Si_4O_{10}]$	不常见	蛇纹石、高岭石、滑石、叶蜡石、白云母、海绿石、黑云母、金云母、锂云母、绿泥石	伊利石、埃洛石、蒙脱石、贝得石、累托石、蛭石、海泡石
架状	$[Al_xSi_{n-x}O_{2n}]$	透长石、正长石、微斜长石	方柱石、方钠石	方沸石、片沸石、钙沸石

1. 岛状硅酸盐矿物

岛状硅酸盐矿物中硅氧四面体的价态分别为 −4 和 −3，在各种硅氧骨干中是最高的。相应地，岛状硅酸盐晶格中的阳离子价态也较高，如 Zr^{4+}、Ti^{4+}、Al^{3+}、Fe^{3+}、Cr^{3+} 等。部分二价阳离子 Mg^{2+}、Fe^{2+}、Mn^{2+}、Ca^{2+} 等也能参与晶格，但多数情况下是和三、四价阳离子共同进入晶格。与其他亚类硅酸盐矿物相比，该亚类阳离子成分最丰富。由于 $[AlO_4]$ 四面体不稳定，在该亚类矿物中较少见。

岛状硅酸盐矿物结构紧密，一般密度、硬度和折射率较大，其化学键在骨干内以共价键为主，骨干外以离子键为主，显示离子晶格的特性。

岛状硅酸盐矿物主要包括锆石族、石榴石族、橄榄石族、蓝晶石族、十字石族、绿帘石族等。锆石族矿物化学式可用 $X[SiO_4]$ 表示，X 为正四价阳离子，包括锆石 $Zr[SiO_4]$ 和钍石 $ThZr[SiO_4]$ 等。石榴石族矿物类质同象发育广泛，可用 $X_3Z_2[SiO_4]_3$ (X=Mg，Ca，Fe，Mn 等；Z=Al，Fe，Cr，V 等) 表示。橄榄石族矿物的化学式可用 $X_2[SiO_4]$ 表示，其中 X 主要为 Mg^{2+}、Fe^{2+} 等，还可有 Mn^{2+}、Ni^{2+}、Co^{2+}、Zn^{2+} 等，如镁橄榄石 $Mg_2[SiO_4]$ 和铁橄榄石 $Fe_2[SiO_4]$ 的完全类质同象系列。蓝晶石族矿物具有相同的成分 Al_2SiO_5，包括蓝晶石 $Al_2^{VI}[SiO_4]O$、红柱石 $Al^{VI}Al^{V}[SiO_4]O$ 和硅线石 $Al^{VI}[Al^{IV}SiO_5]$ 三个同质多象变体。其中，硅线石属链状硅酸盐矿物亚类。十字石族矿物主要包括十字石 $FeAl_4[SiO_4]_2O_2(OH)_2$ 和黄玉 $Al_2[SiO_4](F, OH)_2$。可用 $X_2Y_3[Si_2O_7][SiO_4]O(OH)$ 表示绿帘石族矿物，其中 X 主要为 Ca^{2+}，Y 主要为 Al^{3+}、Fe^{3+}、Mn^{3+}，X 和 Y 之间可以相互置换，主要矿物种有绿帘石 $Ca_2Al_2Fe[Si_2O_7][SiO_4]O(OH)$、黝帘石 $Ca_2Al_3[Si_2O_7][SiO_4]O(OH)$、红帘石 $Ca_2Al_2Mn[Si_2O_7][SiO_4]O(OH)$ 等，以绿帘石分布最广。

2. 环状硅酸盐矿物

环状硅酸盐矿物多呈不同长宽比的柱状外形，环状络阴离子间主要以阳离子 Al^{3+}、Be^{2+}、Mg^{2+} 等联结，相当牢固，故矿物的硬度大、化学稳定性较好。但因环中有很大的空隙，所以该亚类矿物的密度不大。矿物中的空隙连成通道，还能容纳各种离子和分子。

环状硅酸盐矿物主要包括绿柱石族、堇青石族和电气石族，典型代表分别是绿柱石 $Be_3Al_2[Si_6O_{18}]$、堇青石 $(Mg, Fe)_2Al_3[AlSi_5O_{18}]$ 和电气石 $NaR_3Al_6[Si_6O_{18}](BO_3)_3(OH, F)_4$。堇青石族矿物的晶体结构类似绿柱石，即绿柱石结构中的阳离子 Al^{3+} 被 Mg^{2+} 取代，而 Be^{2+} 被 Al^{3+} 取代，并且在环状阴离子中有一个硅氧四面体被铝氧四面体所置换。电气石族包括镁电气石 (R 为 Mg^{2+})、黑电气石 (R 为 Fe^{2+}) 和锂电气石 (R 为 Li^{+} 和 Al^{3+})。绿柱石、堇青石和电气石的结构见图 8.13。

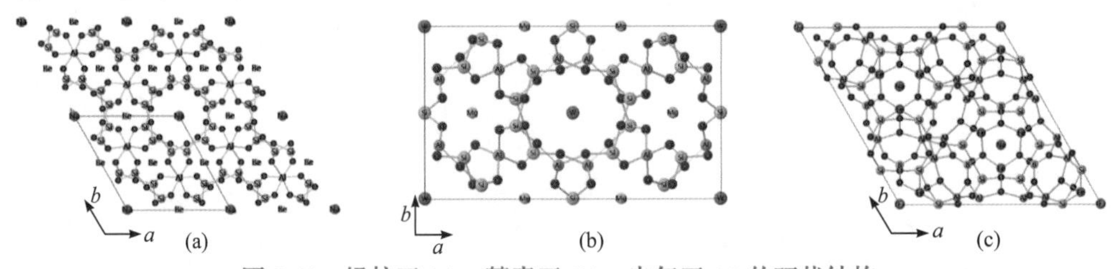

图 8.13 绿柱石 (a)、堇青石 (b)、电气石 (c) 的环状结构

3. 链状硅酸盐矿物

链状硅酸盐矿物中单链硅酸盐包括辉石族、硅灰石族和蔷薇辉石族，双链硅酸盐包括角闪石族和硅线石族。骨干中的 Si^{4+} 常被少量 Al^{3+} 替代，一般代替量小于 1/3，个别达 1/2(如硅线石)。骨干外阳离子主要有 Li^{+}、Na^{+}、Ca^{2+}、Mg^{2+}、Al^{3+} 等惰性气体型和 Mn^{2+}、Fe^{2+}、Fe^{3+}、Cr^{3+} 等过渡型离子。双链角闪石族含结构水，其他均无水。链平行排列，近于紧密堆积，呈低级对称。骨干内外分别以共价键和离子键为主，具离子晶格属性。

单链辉石族矿物结构中，$[SiO_4]$ 四面体各以两个角顶与相邻的 $[SiO_4]$ 四面体共用，形成沿 *c* 轴方向无限延伸的单链，每两个 $[SiO_4]$ 四面体为一重复周期，记为 $[Si_2O_6]$。图 8.14 为辉石族矿物晶体结构沿 *c* 轴的投影。在 *a* 轴和 *b* 轴方向上，$[Si_2O_6]$ 链以相反取向交替排列，惰性氧与惰性氧相对形成 M_1 位，活性氧与活性氧相对形成 M_2 位。M_1 和 M_2 位阳离子均为 6 配位。辉石族矿物化学通式可写为 $M_1M_2[T_2O_6]$。

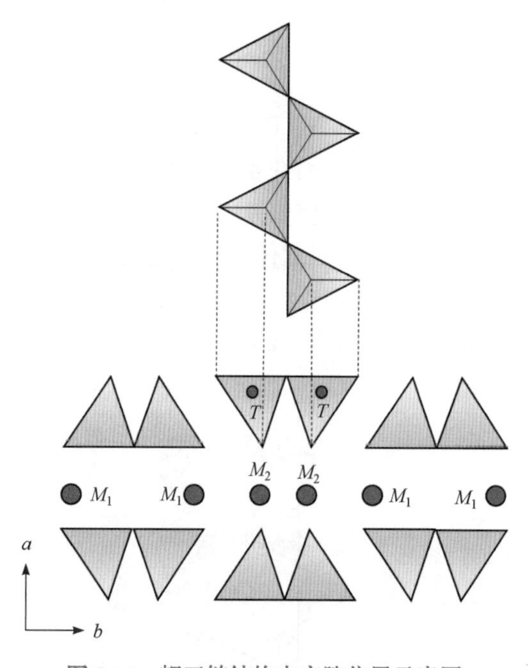

图 8.14　辉石链结构中空隙位置示意图

辉石族矿物可分为斜方辉石亚族和单斜辉石亚族。斜方辉石亚族包括顽火辉石 $Mg_2[Si_2O_6]$[图 8.15(a)]、斜方铁辉石 $(Mg_{0.1\sim0.0}Fe_{0.9\sim1.0})_2[Si_2O_6]$ 等，单斜辉石亚族包括普通辉石 (Ca, Na)(Mg, Fe, Al, Ti)[(Si, Al)$_2$O$_6$]、透辉石 $CaMg[Si_2O_6]$、钙铁辉石 $CaFe[Si_2O_6]$、锂辉石 $LiAl[Si_2O_6]$ 等。

硅灰石族矿物化学通式为 $XZ[Si_3O_9]$，$[SiO_4]$ 四面体各以两个角顶与相邻的 $[SiO_4]$ 四面体共用，形成沿 *b* 轴方向无限延伸的单链，每 3 个 $[SiO_4]$ 四面体为一重复周期，记为 $[Si_3O_9]$。单链与骨干外 Ca^{2+} 等大半径阳离子结合，发生较大变形，对称程度降低。硅灰石 $Ca_3[Si_3O_9]$ 是硅灰石族矿物的代表，见图 8.15(b)。

蔷薇辉石族矿物化学通式为 $XZ[Si_5O_{15}]$，结构中 $[SiO_4]$ 四面体各以两个角顶与相邻的

$[SiO_4]$ 四面体共用，形成沿 c 轴方向无限延伸的单链，每 5 个 $[SiO_4]$ 四面体为一重复周期，记为 $[Si_5O_{15}]$。蔷薇辉石 $(Mn, Ca)_5[Si_5O_{15}]$ 是蔷薇辉石族矿物的代表，见图 8.15(c)。

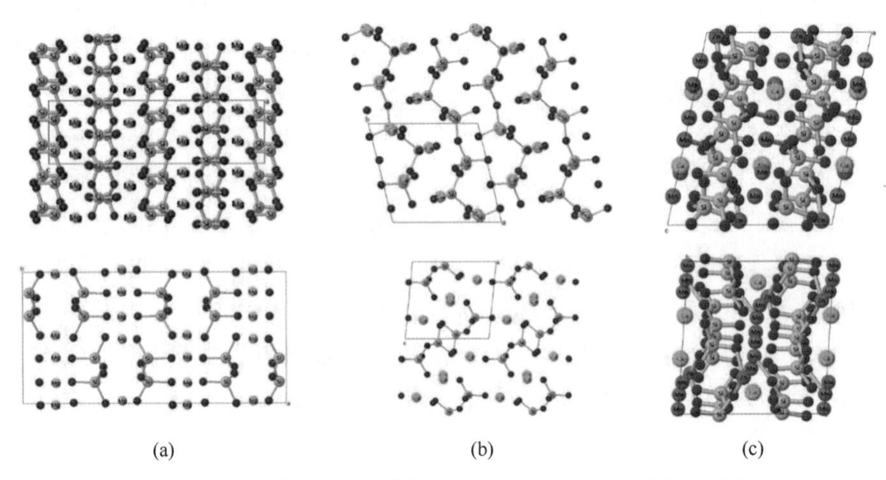

图 8.15　顽火辉石 (a)、硅灰石 (b)、蔷薇辉石 (c) 的链状结构

角闪石族的化学通式为 $A_{0\sim1}X_2Y_5[T_4O_{11}](OH, F, Cl)_2$。其中 A 代表 Na^+、K^+、H_3O^+，占据结构中 $[SiO_4]^{4-}$ 四面体背靠背中心的 A 位；X 代表 Na^+、Li^+、Ca^{2+}、Mg^{2+}、Fe^{2+}、Mn^{2+}，占据结构中 $[SiO_4]^{4-}$ 四面体背靠背的 M_4 位；Y 代表 Mg^{2+}、Fe^{2+}、Mn^{2+}、Al^{3+}、Fe^{3+}、Ti^{4+}，占据结构中 $[SiO_4]^{4-}$ 四面体尖对尖处的 M_1、M_2、M_3 位；T 代表 Si^{4+}、Al^{3+}，占据硅氧骨干中四面体中心，见图 8.16。A、X、Y 阳离子组内及组间的类质同象替代十分普遍而复杂，可形成许多类质同象系列，其中最常见的为透闪石 - 铁阳起石完全类质同象系列，即 $Ca_2Mg_5[Si_4O_{11}]_2(OH)_2$-$Ca_2(Mg, Fe^{2+})_5[Si_4O_{11}]_2(OH)_2$。

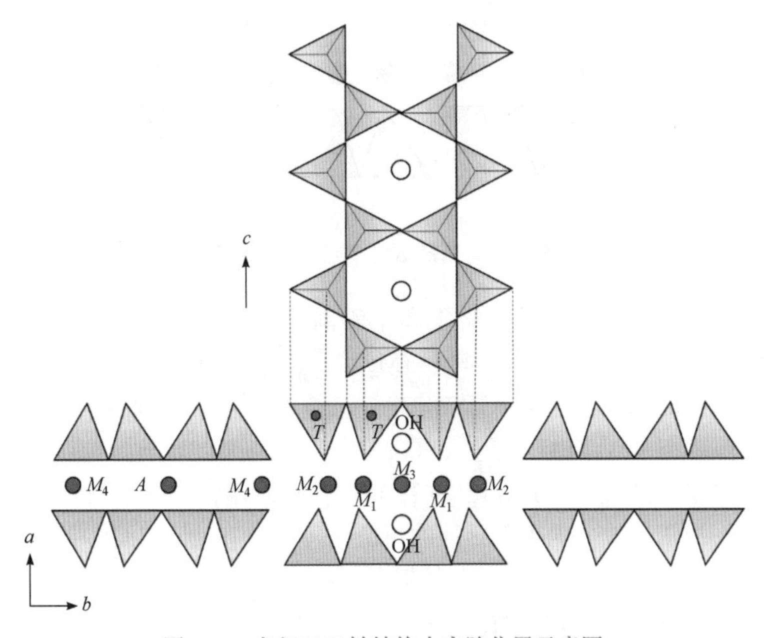

图 8.16　角闪石双链结构中空隙位置示意图

根据结构中 M_4 位置上阳离子的种类，将角闪石族划分成斜方角闪石亚族和单斜角闪石亚族。当 M_4 位置阳离子为 Mg^{2+}、Fe^{2+} 等小半径阳离子时，一般为斜方晶系，包括直闪石 $(Mg, Fe^{2+})_7[Si_4O_{11}]_2(OH)_2$、镁铁直闪石 $(Mg, Fe^{2+})_7[Si_8O_{22}](OH)_2$ 等；当 M_4 位置阳离子为 Ca^{2+}、Na^+ 等大半径阳离子时，一般为单斜晶系，包括透闪石 - 阳起石、普通角闪石 $NaCa_2(Mg, Fe^{2+})_4(Al, Fe^{3+})[(Si, Al)_4O_{11}]_2(OH)_2$、蓝闪石 $Na_2Mg_3Al_2[Si_4O_{11}]_2(OH)_2$、钠闪石 $Na_2Fe_3^{2+}Fe_2^{3+}[Si_4O_{11}]_2(OH)_2$ 等。

4. 层状硅酸盐矿物

层状硅酸盐矿物的形态和许多性质特征都是由其结构和不同结构位置的成分所决定的。四面体片与八面体片、二八面体型与三八面体型结构、TO 型与 TOT 型结构单元层、层间域及其组成、结构水及层间水等内容，是理解层状硅酸盐矿物具有片状或短柱状形态，硬度低、密度小，具一组极完全解理，具有弹性或挠性、吸附性、膨胀性和可塑性、离子交换性等性质的关键。

(1) 四面体片与八面体片。在层状硅酸盐结构中，$[SiO_4]$ 四面体以三个桥氧与相邻的 $[SiO_4]$ 四面体联结，形成二维延展的六方形网层，称为四面体片，用“T”表示。上下两层四面体片以桥氧及 $(OH)^-$ 相对，并相互以最紧密堆积的位置，在其间形成八面体空隙，为六配位的 Mg^{2+}、Al^{3+} 等离子充填，配位八面体共棱联结形成八面体片，用“O”表示。因此，硅氧四面体片和含有氢氧根的铝氧八面体片、镁氧八面体片是层状硅酸盐矿物结构的基本单元。

(2) 二八面体型与三八面体型结构。在四面体片中一个六元环的范围内，包含三个共棱的八面体空隙，公共角顶是六元环中心的 $(OH)^-$。当 3 个二价阳离子占据全部八面体空隙的结构层时，称为三八面体型结构，如滑石 $Mg_3[Si_4O_{10}](OH)_2$，Mg^{2+} 占据了全部三个八面体空隙；当 2 个三价阳离子充填两个八面体空隙时，称为二八面体型结构，如叶蜡石 $Al_2[Si_4O_{10}](OH)_2$，Al^{3+} 占据了三个八面体空隙中的两个。

(3) TO 型与 TOT 型结构单元层。层状硅酸盐的结构单元层主要有由八面体片和四面体片靠非桥氧联结组成的结构单元，包括 TO 型 (1 ∶ 1 型，二层型层状结构) 和 TOT 型 (2 ∶ 1 型，三层型层状结构) 两种。TO 型由 1 个四面体片 (T) 和 1 个八面体片 (O) 组成，见图 8.17(a)；TOT 型由 2 个四面体片 (T) 夹一个八面体片 (O) 组成，见图 8.17(b)。

(4) 层间域。层间域是结构单元层之间可被极性分子或平衡价态的阳离子占据的空间，可分为：①无充填物，如果结构单元层内部电荷已达平衡，则在层间域中无其他阳离子存在，也很少吸附水分子或有机分子，如高岭石、叶蜡石等；②有充填物，如果结构单元层内部电荷未达平衡，尚存在一定的层电荷，可被 Na^+、K^+、Ca^{2+} 等离子充填，还可以吸附一定量的水分子或有机分子，如云母、蒙脱石等。

层间域的特点对层状硅酸盐极为重要，它首先影响矿物的吸附性。含层间阳离子时，层间域的吸附能力较强；层间阳离子的价态较高时，层间域的吸附能力也较强。例如，高岭石 $Al_4[Si_4O_{10}](OH)_8$ 吸附层间水后转化为多水高岭石 $Al_4[Si_4O_{10}](OH)_8 \cdot 4H_2O$，但 1 个高岭石分子吸附水的量不超过 4 个水分子；若蒙脱石层间阳离子为 Ca^{2+}，可吸附双层水分子，若为 Na^+，通常仅吸附单层水分子。对有机质如乙二醇而言，高岭石和云母等的吸附能力很弱，而蒙脱石和蛭石的吸附能力较强，其层间可有双层乙二醇分子。

层间域含水量直接影响矿物的晶胞参数。例如，蛭石充分水化时，层间距约为 2.84nm；随着水分子的脱失，层间距逐渐变为 2.76nm 和 2.32nm；至完全脱水时，层间距仅为 1.85nm。

是否存在层间阳离子也会影响矿物的物理性质。含层间阳离子的矿物单元层间键力较强，因而硬度和弹性较大、解理与滑感较差、相对密度及离子交换性较强；若四面体片中的 Si^{4+} 被 Al^{3+} 代替较多而层间阳离子价态较高时，上述物性效应增强，弹性向脆性转化。例如，滑石 $Mg_3[Si_4O_{10}](OH)_2$ 无层间阳离子，其硬度为 1，解理片具挠性；金云母 $K\{Mg_3[Si_3AlO_{10}](OH)_2\}$ 层间含 K^+，硬度提高至 2 ～ 3，解理片具弹性；黄绿脆云母 $Ca\{Mg_3[Al_2Si_2O_{10}](OH)_2\}$ 层间含 Ca^{2+}，其弹性消失而脆性增强。

根据结构单元层和层间域叠置方式 (图 8.17)，层状结构硅酸盐可分为：蛇纹石 - 高岭石族 (TO 型)，如蛇纹石 $Mg_6[Si_4O_{10}](OH)_8$、高岭石 $Al_4[Si_4O_{10}](OH)_8$ 等；滑石 - 叶蜡石族 (TOT 型)，如滑石 $Mg_3[Si_4O_{10}](OH)_2$、叶蜡石 $Al_2[Si_4O_{10}](OH)_2$ 等；云母族 (TOT · A · TOT 型)，如黑云母、白云母、海绿石等；绿泥石族 (TOT · O · TOT 型)，如绿泥石、伊利石等；蒙脱石族，如蒙脱石等。

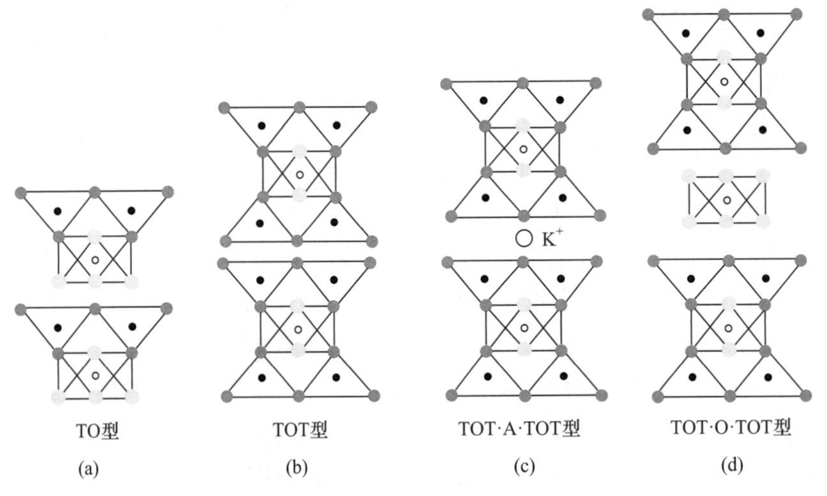

图 8.17　层状硅酸盐结构单元层类型和层间域叠置方式

5. 架状硅酸盐矿物

架状硅酸盐矿物的硅氧骨干中每个 $[SiO_4]$ 四面体所有 4 个角顶都与毗邻的四面体共用而成架状，且硅氧骨干中必有部分 Si^{4+} 被 Al^{3+} 或 Be^{2+} 所代替，使架状骨干产生剩余负电荷，进而导致架状骨干外引入阳离子平衡价态。按照骨干中的 Si^{4+} 被 Al^{3+} 或 Be^{2+} 所代替，分别称为铝硅酸盐或铍硅酸盐。自然界中以铝硅酸盐矿物最为常见。

骨干中代替 Si^{4+} 的 Al^{3+} 或 Be^{2+} 不超过 Si^{4+} 总量的 1/2，即所产生的剩余电荷不可能很高，同时架状骨干外的空隙很大，因此骨干外可引入低价态、大半径、高配位的阳离子，如 K^{+}、Na^{+}、Ca^{2+}、Ba^{2+}、Rb^{+}、Cs^{+} 等；还常发生大半径阳离子的不等量替代，如 $2Na^{+}$ 替代 Ca^{2+} 等。当骨干外形成巨大空隙甚至连成孔道时，便可同时容纳阳离子和 F^{-}、Cl^{-}、$(OH)^{-}$、S^{2-}、$[SO_4]^{2-}$、$[CO_3]^{2-}$ 等附加阴离子，还可出现沸石水。

架状硅酸盐矿物由于很少含 Fe^{2+} 和 Mn^{2+} 等色素离子，因而一般颜色较浅，相对密度较小，折射率较低。矿物的形态和力学性质与四面体骨架在不同方向上排列的紧密程度有关：当四面体在三维空间排列均匀，各方向键力无明显差异时，呈粒状，解理差，如白榴石；当四面体排列不均匀，某方向键力强于或弱于其他方向时，则呈片状、板状或柱状、针状，相应也会出现完全解理，如长石、沸石等。

架状硅酸盐亚类矿物包括无附加阴离子的长石族、似长石族，含附加阴离子的方柱石族、方钠石族和含水的沸石族。其中，长石族矿物是地壳中分布最广泛的矿物。

在化学成分上，大多数长石都可以 $K[AlSi_3O_8]$-$Na[AlSi_3O_8]$-$Ca[Al_2Si_2O_8]$ 的三元体系相图表示，见图 8.18，即相当于由钾长石 (orthoclase，Or)、钠长石 (albite，Ab) 和钙长石 (anorthite，An)3 种简单的长石组合而成。属于 $K[AlSi_3O_8]$-$Na[AlSi_3O_8]$ 系列的称为碱性长石；属于 $Na[AlSi_3O_8]$-$Ca[Al_2Si_2O_8]$ 系列的称为斜长石。高温条件下，这两个系列都是完全类质同象。各矿物种的化学成分可用百分数表示，如 $Or_{25}Ab_{70}An_5$ 表示含 Or

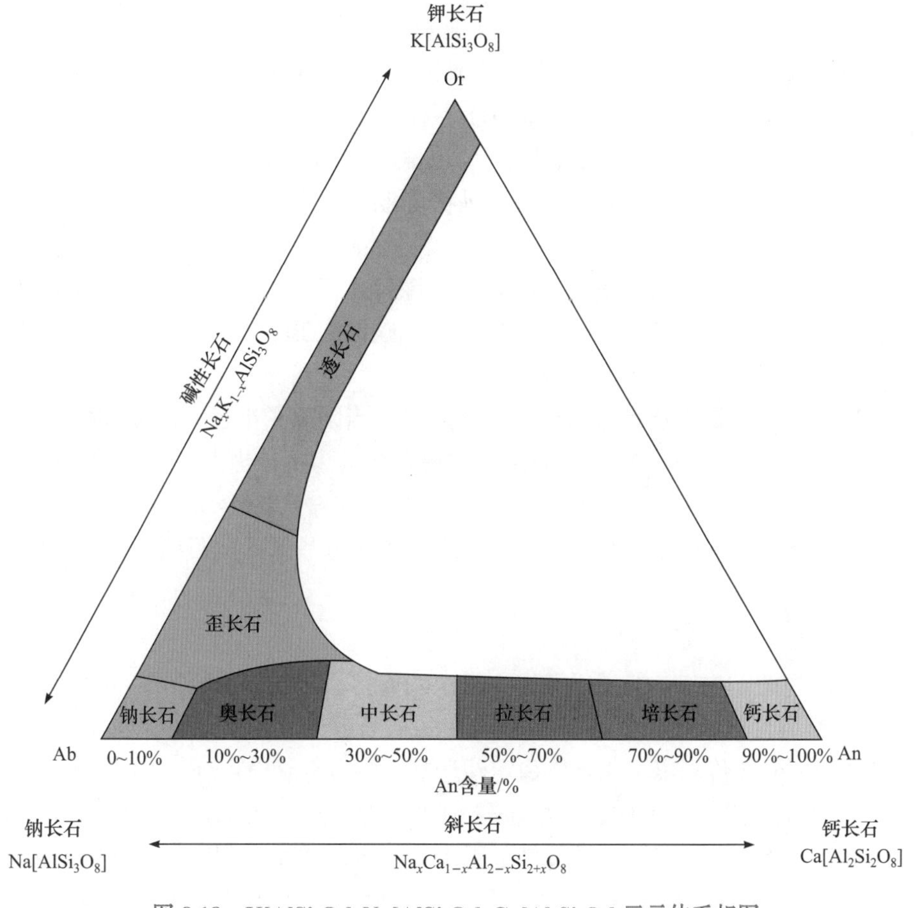

图 8.18　$K[AlSi_3O_8]$-$Na[AlSi_3O_8]$-$Ca[Al_2Si_2O_8]$ 三元体系相图

25%、Ab 70%、An 5% 的歪长石。长石中 An 的含量通常都在 5% 及以下。此外，还有少量以 Ba^{2+} 为阳离子的钡长石 $Ba[Al_2Si_2O_8]$。碱性长石亚族矿物包括透长石、正长石、微斜长石、冰长石、歪长石等；斜长石亚族矿物包括钠长石、斜长石、钙长石等。

8.3 其他矿物结构

8.3.1 其他含氧盐矿物

1. 碳酸盐矿物

目前已知碳酸盐矿物有 200 多种，占地壳总质量的 1.7%，主要为 Ca、Mg 的碳酸盐矿物，是分布极为广泛的造岩矿物。碳酸盐类矿物主要有方解石结构和文石结构。半径小于 Ca^{2+} 的二价阳离子形成方解石结构，如 Mg^{2+}、Zn^{2+}、Fe^{2+}、Mn^{2+}、Cu^{2+} 等，主要矿物有方解石、菱镁矿、菱锌矿、菱铁矿、菱锰矿等；半径大于 Ca^{2+} 的二价阳离子形成文石结构，如 Sr^{2+}、Ba^{2+}、Pb^{2+} 等，主要矿物有文石、碳锶矿、白铅矿、碳钡矿等。

碳酸盐矿物的基本结构单元为 $[CO_3]$ 配位三角形。大多数碳酸盐矿物具岛状结构，其 $[CO_3]$ 配位三角形呈孤立岛状与其他阳离子相连，少数碳酸盐矿物中的 $[CO_3]$ 配位三角形借助氢键或附加阴离子联结成链，前者如重碳钠盐 $Na[HCO_3]$、碳铵石 $NH_4[HCO_3]$，后者如孔雀石 $Cu[CO_3](OH)_2$、蓝铜矿 $Cu_3[CO_3]_2(OH)_2$。还有的由 H^+、Pb^{2+}、Bi^{2+} 或 UO_2^{2+} 与 $[CO_3]^{2-}$ 构成层状骨干，如斜方碳铀矿 $UO_2[CO_3]$ 等。

碳酸盐类矿物可分为岛状、链状和层状等亚类。其中以岛状的方解石族、文石族和链状的孔雀石族碳酸盐最为重要。方解石族矿物包括方解石 $Ca[CO_3]$、菱镁矿 $Mg[CO_3]$、菱铁矿 $Fe[CO_3]$、菱锰矿 $Mn[CO_3]$、菱锌矿 $Zn[CO_3]$ 和白云石 $CaMg[CO_3]$ 等。文石族矿物包括文石 $Ca[CO_3]$、碳锶矿 $Sr[CO_3]$、碳钡矿 $Ba[CO_3]$ 和白铅矿 $Pb[CO_3]$ 等。孔雀石族矿物包括孔雀石、蓝铜矿等。

离子半径的差异是影响晶体结构的主要因素。当阳离子半径 $<0.1nm$ 时，如 Mg^{2+}、Co^{2+}、Zn^{2+}、Fe^{2+}、Mn^{2+} 等，以三方晶系的方解石结构为主；当离子半径 $>0.1nm$ 时，如 Sr^{2+}、Ba^{2+}、Pb^{2+} 等，以斜方晶系的文石结构为主；当离子半径 $\approx 0.1nm$ 时，如 Ca^{2+}，则在不同的条件下分别形成三方晶系的方解石结构和斜方晶系的文石结构。

2. 磷酸盐矿物

磷酸盐矿物的基本结构单元为 $[PO_4]$ 配位四面体。$[PO_4]$ 四面体与 TR^{3+} 等半径较大的三价阳离子结合成稳定的无水磷酸盐，如独居石 (Ce，La，…)$[PO_4]$；与 Ca^{2+}、Sr^{2+}、Pb^{2+} 等半径较大的二价阳离子化合成稳定磷酸盐，但常有 $(OH)^-$、F^-、Cl^- 等附加阴离子，如磷灰石 $Ca_5[PO_4]_3(F, Cl, OH)$；与半径较小的二价阳离子如 Mg^{2+}、Fe^{2+}、Co^{2+}、Ni^{2+}、Cu^{2+}、Zn^{2+} 等化合时，阳离子必须包裹 1 层水分子，形成水合阳离子，才能形成稳定化合物，如蓝铁矿 $Fe_3[PO_4]_2 \cdot 8H_2O$ 等；与 Na^+、Li^+ 等一价阳离子形成磷酸盐，如磷锂铝石 $LiAl[PO_4](F, OH)$。

磷酸盐矿物晶体结构中的 $[PO_4]$ 配位四面体彼此不能共角顶联结，故半数以上属岛状结构。部分 $[PO_4]$ 四面体可与铍、铝、锌四面体，或铝、锌、锰、铁八面体共角顶连成链状骨干，形成链状和架状磷酸盐；还有的 $[PO_4]$ 四面体与 $[UO_2]$ 或铝、铁八面体构成网层，形成层状磷酸盐。

磷酸盐类矿物可分为岛状、链状、层状和架状等亚类。岛状磷酸盐矿物主要为独居石族中的独居石 (Ce, La, Nd)$[PO_4]$；链状磷酸盐矿物主要为磷灰石族中的磷灰石 $Ca_5[PO_4]_3$(F, OH, Cl)；层状磷酸盐矿物主要为铜铀云母族中的铜铀云母 $Cu[UO_2]_2[PO_4]_2 \cdot 12H_2O$；架状磷酸盐矿物主要为绿松石族中的绿松石 $CuAl_6[PO_4]_4 \cdot (OH)_8 \cdot 4H_2O$。

3. *硫酸盐矿物*

硫酸盐矿物约有 320 种，约占地壳总质量的 0.1%。

硫酸盐矿物的基本结构单元为 $[SO_4]$ 配位四面体。当阳离子为半径较大的 Ba^{2+}、Sr^{2+}、Pb^{2+} 等时，形成无水硫酸盐矿物，如重晶石 $Ba[SO_4]$、天青石 $Sr[SO_4]$、铅矾 $Pb[SO_4]$、硬石膏 $Ca[SO_4]$ 等；当阳离子为半径较小的 Cu^{2+}、Fe^{2+}、Mg^{2+} 等时，一般在阳离子周围包围不同数量的水分子，以使结构达到稳定，形成含水硫酸盐矿物，如石膏 $Ca[SO_4] \cdot 2H_2O$、胆矾 $Cu[SO_4] \cdot 5H_2O$、泻利盐 $Mg[SO_4] \cdot 7H_2O$ 等；对于离子半径居中的阳离子，如 Ca^{2+}，既能形成无水硫酸盐矿物，又能形成含水硫酸盐矿物。当大半径离子 K^+、Na^+ 和小半径离子 Fe^{3+}、Al^{3+} 与 $[SO_4]$ 结合时，形成含 $(OH)^-$ 或结晶水的复硫酸盐，如黄钾铁矾 $KFe_3[SO_4]_2(OH)_6$、明矾石 $KAl_3[SO_4]_2(OH)_6$。

大多数常见硫酸盐矿物中的 $[SO_4]$ 配位四面体都呈孤立岛状与其他阳离子结合，但由于其结合方式在不同的方向上存在差异，这些方向的键强度也有区别，因而可呈现环状、链状和层状等结构类型。岛状硫酸盐矿物包括重晶石族和硬石膏族，重晶石族包括重晶石 $Ba[SO_4]$、天青石 $Sr[SO_4]$ 等，硬石膏族包括硬石膏 $Ca[SO_4]$ 等。层状硫酸盐矿物主要为石膏族中的石膏 $Ca[SO_4] \cdot 2H_2O$。

8.3.2　自然元素矿物

在自然界中由一种元素构成的单质和由两种及以上金属元素构成的类质同象混晶矿物称为自然元素矿物。已经发现的自然元素矿物有 100 余种，约占地壳总质量的 0.1%。根据元素的属性和元素间的结合方式，可分为金属元素矿物、半金属元素矿物和非金属元素矿物三类，其中半金属元素矿物较为少见，如硒和铋。

自然元素矿物常见配位型结构。配位型结构中只存在一种化学键，且化学键在三维空间作均匀分布。配位多面体可以共面、共棱或共角顶联结，同一角顶联结的多面体不少于 3 个。例如，自然铜结构内只存在金属键，且在三维空间作均匀分布。在自然铜结构中，Cu 的配位多面体为 12 配位的立方八面体，在三维空间内共角顶联结，同一角顶联结的多面体为 6 个。又如，金刚石结构中的每个 C 原子与周围其他 4 个 C 原子以相同的共价键联结，构成标准的正四面体配位，配位多面体之间共角顶在三维空间作均匀分布，每个角顶联结了 4 个正四面体。

自然元素矿物晶形多为面心立方结构，配位数 12，如金、铜、铂等，以及密排六方结构，配位数 12，如锇；少数为体心立方结构，配位数 8。金刚石和 β- 碳硅石为复式面心立方，具有配位数为 4 的正四面体结构。少数半金属和非金属元素矿物具有其他结构，如硒的链状结构，硫的环状结构，铋和石墨的层状结构。

8.3.3 氧化物和氢氧化物矿物

目前已发现该大类矿物 300 余种，其中氧化物 200 余种，氢氧化物 80 余种，约占地壳总质量的 17%，仅次于含氧盐矿物。其中石英族占 12.6%，铁的氧化物和氢氧化物占 3.9%。

氧化物矿物晶体结构中的化学键以离子键为主，其结构一般可用最紧密堆积原理阐述。当阳离子的配位数为 4 和 6 时，可看成是 O^{2-} 作紧密堆积，阳离子充填在其八面体和四面体空隙中而构成。随着阳离子价态的增加，共价键的成分趋于增多。例如，刚玉 Al_2O_3 已具有较多的共价键成分；石英 SiO_2 则共价键占优势，氧难以实现最紧密堆积，而呈空隙很大的架状结构。同时，随阳离子类型不同，键性发生改变，即从惰性气体型、过渡型离子向铜型离子转变时，共价键趋于增强，阳离子配位数趋于减少。例如赤铜矿 Cu_2O，如果按阴、阳离子半径比值计算，Cu^+ 的配位数为 4，但实际上 Cu^+ 的配位数为 2。这种阳离子配位数减少是共价键增强的结果。部分过渡型离子的氧化物，如磁铁矿 $FeFe_2O_4$，还具有金属键的特征。

氧化物矿物可分为岛状、链状、层状、架状和配位型等亚类。其中，岛状氧化物矿物亚类主要有砷华族的砷华 As_2O_3、方锑矿 Sb_2O_3；链状氧化物矿物亚类主要有金红石族的金红石 TiO_2、锡石 SnO_2、软锰矿 MnO_2 等，黑钨矿族的黑钨矿 $(Mn, Fe)WO_4$ 等；层状氧化物矿物亚类主要有钼华族的钼华 MoO_3、板钛矿族的板钛矿 TiO_2；架状氧化物矿物亚类主要有石英族的石英 SiO_2、锐钛矿族的锐钛矿 TiO_2 等；配位型氧化物矿物亚类主要有刚玉族的刚玉 Al_2O_3、赤铁矿 Fe_2O_3、钛铁矿 $FeTiO_3$，尖晶石族的尖晶石 $MgAl_2O_4$、磁铁矿 $FeFe_2O_4$，金绿宝石族的金绿宝石 $BeAl_2O_4$ 等。

在氢氧化物类矿物的结构中，由 OH^- 或 OH^- 和 O^{2-} 共同形成紧密堆积，在后一种情况下 OH^- 和 O^{2-} 通常呈互层分布。在氢氧化物中除离子键外，还往往存在氢键。氢键的存在以及 OH^- 的价态较 O^{2-} 低，导致阳离子与阴离子间键力减弱，因此与相应的氧化物比较，氢氧化物的相对密度和硬度都趋于减小。氢氧化物的晶体结构主要是层状或链状，与相应的氧化物比较，其对称程度降低。例如，方镁石 MgO 结晶成等轴晶系，而水镁石 $Mg(OH)_2$ 结晶成三方晶系。

链状氢氧化物矿物亚类主要有硬水铝石族的硬水铝石 AlO(OH)、针铁矿 FeO(OH)，水锰矿族的 MnO(OH)；层状氢氧化物矿物亚类主要有水镁石族的水镁石和三水铝石族的三水铝石 $Al(OH)_3$。

8.3.4 硫化物及其类似化合物矿物

硫化物及其类似化合物矿物是指金属或半金属元素与 S、Se、Te、As、Sb、Bi 等结合而形成的化合物，如方铅矿 PbS、红砷镍矿 NiAs、硒铜矿 Cu_2Se、碲金矿 AuTe 等，有 350 余种，其中硫化物占 200 种以上，此外有硒、碲、砷化合物，少见锑和铋的化合物。该类矿物约占地壳总质量的 0.15%，其中以铁的硫化物占绝大部分，其余者占地壳总质量的 0.001%。

大多数硫化物矿物的晶体结构可视为阴离子做紧密堆积，阳离子充填其中的四面体或八面体孔隙，因此配位数多为 4 和 6，形成配位四面体和配位八面体。

硫化物矿物构成岛状结构，如黄铁矿 FeS_2、白铁矿 FeS_2、毒砂 Fe[AsS] 等；环状结构，如雄黄 As_4S_4；链状结构，如辉锑矿 Sb_2S_3、辉铋矿 Bi_2S_3、辰砂 HgS 等；层状结构，如辉钼矿 MoS_2、铜蓝 CuS、雌黄 As_2S_3 等；架状结构，如辉银矿 Ag_2S、黝铜矿 $Cu_{12}[Sb_4S_{13}]$ 等；配位型结构，如四面体配位的闪锌矿 ZnS 和八面体配位的方铅矿 PbS。

硫化物阳离子主要为铜型离子和靠近铜型离子的过渡型离子,位于元素周期表右侧，极化能力强，电负性中等。而阴离子 S^{2-} 又易被极化，电负性较小。阴、阳离子电负性差较小，致使硫化物具有离子键、共价键和金属键过渡的复杂性质。

8.3.5　卤化物矿物

卤化物矿物为 F、Cl、Br、I 的化合物，有 100 余种，其中以氟化物和氯化物矿物为主。氟化物矿物中最常见的是萤石 CaF_2，氯化物矿物中最常见的是石盐 NaCl 和光卤石 $KMgCl_3 \cdot 6H_2O$，溴化物和碘化物矿物较少。

卤化物矿物结构类型同其他大类矿物一样，也可分为岛状、链状、层状、架状和配位型等。自然界常见的少数几种卤化物矿物都属配位型结构，萤石型和氯化钠型是典型的配位型结构，除 Cs 以外的许多碱金属 AX 型卤化物都具有氯化钠型结构，而较大半径二价阳离子的 AX_2 型卤化物则具有萤石型结构。

8.4　矿物性质

矿物性质是矿物化学组成和晶体结构的宏观体现，是矿物鉴别的重要标志。矿物性质涉及许多方面，主要包括矿物的力学性质、光学性质、磁性和电学性质及其他性质。

8.4.1　力学性质

1. 硬度

矿物硬度是矿物抵抗刻刮、压入、研磨等机械作用力入侵的能力，是衡量矿物晶体软硬程度的力学性能指标。矿物硬度与组成矿物的元素及其堆积紧密程度和联结方式密切相关，是矿物晶体结构的宏观体现。矿物硬度主要有压入硬度、回弹硬度和刻划硬度。

压入硬度是指一种矿物抵抗形变的能力，其测试是用一定的载荷将规定的压头压入被测矿物，根据矿物表面局部塑性变形的程度所求得的硬度值，又称为绝对硬度。矿物越硬，塑性变形越小。由于压痕较浅，测定需要显微硬度仪，因此又称显微硬度。压入硬度通过实验并计算所得，其数值精确。根据不同的测试方法，压入硬度又可分为布氏硬度、洛氏硬度、维氏硬度等。

回弹硬度又称为冲撞硬度和马尔特氏硬度，测量的是一个带金刚石触头的冲击体从一定高度落向被测材料后的回弹情况。常用的回弹硬度有肖氏硬度和里氏硬度。肖氏硬度是冲击体弹起高度与下落高度之比。

刻划硬度是指物质刺入另一种较软物质的能力，常以莫氏硬度表示。莫氏硬度是利用一个由硬物质构成的物体能在另一个由较软物质构成的物体上形成划痕的性质而划分的矿物硬度标准。莫氏硬度是矿物的相对刻划硬度，因此又称为相对硬度。莫氏硬度标准将 10 种常见矿物作为标准矿物，按硬度由小至大分为 10 级，如表 8.4 所示。生活中常见物质的莫氏硬度为：指甲 2 ～ 2.5，铜币 3 ～ 3.5，钢刀 5 ～ 5.5，玻璃 5 ～ 6。10 种莫氏硬度标准矿物所构成的等级只表示硬度的相对大小，各级间压入硬度的差值并不均等，与压入硬度不呈现线性关系。

表 8.4 用于莫氏硬度分级的标准矿物

标准矿物	莫氏硬度	化学式	晶格能 /(kJ · mol^{-1})	表面能 /(mJ · m^{-2})
滑石	1	$Mg_3Si_4O_{10}(OH)_2$	—	—
石膏	2	$CaSO_4 \cdot 2H_2O$	2594	40
方解石	3	$CaCO_3$	2711	80
萤石	4	CaF_2	2669	150
磷灰石	5	$Ca_5(PO_4)_3$(F，Cl，OH)	4393	190
正长石	6	$KAlSi_3O_8$	11297	360
石英	7	SiO_2	12510	780
黄玉	8	Al_2SiO_4(OH，F)$_2$	14368	1080
刚玉	9	Al_2O_3	15648	1550
金刚石	10	C	16736	—

由于压入硬度、回弹硬度和刻划硬度的测试方法和适用范围不同，三种硬度不能互相转换。本书未加特殊说明的硬度均为莫氏硬度。

对于原子晶体矿物，由于原子间以强大的共价键相连，其硬度通常很高，如金刚石、碳硅石等；金属晶体矿物除某些过渡金属外，硬度通常较小；对于分子晶体和氢键型晶体矿物，其硬度最小，如分子晶体的自然硫和氢键为主的水镁石。

离子晶体矿物因为不同矿物之间离子键的作用力差异较大，所以其硬度变化范围很大。一般由小半径、高价态离子组成的化学键强、配位数高、结构紧密的矿物硬度较大。例如，三方晶系的菱镁矿 $Mg[CO_3]$ 和方解石 $Ca[CO_3]$ 中，离子半径 $r_{Mg^{2+}}$ 和 $r_{Ca^{2+}}$ 分别为 0.066nm 和 0.108nm，其硬度分别为 3.5 ～ 4.5 和 3；离子半径相近的方钍石 ThO_2 和萤石 CaF_2，因 Th 为 +4 价而 Ca 为 +2 价，硬度分别为 6.5 和 4；成分相同的文石和方解石，相对密度分别为 2.94 和 2.71，其硬度分别为 3.5 ～ 4 和 3.5；含 H_2O 或 OH^- 的矿物比不含水矿物的硬度低，如硬石膏 $Ca[SO_4]$ 和石膏 $Ca[SO_4]\cdot 2H_2O$ 的硬度分别为 3 ～ 3.5 和 2。

矿物受到风化作用、具有缺陷裂隙、含有杂质等情况，都会造成硬度降低。当矿物集合体呈现粒状、粉状或纤维状等时，很难精确确定矿物单晶的硬度。因此，测定矿物硬度时，应尽可能在颗粒大的晶体表面或解理面上进行。

2. 解理、裂理和断口

解理、裂理和断口均为矿物在外部应力作用下，应变超过了其弹性限度表现出的破裂特性，三者的区别主要在于破裂特征及其决定因素不同。

1) 解理

解理是指各向异性的矿物晶体在受到超过其弹性限度的外部应力作用下，沿着一定结晶方向破裂成一系列光滑平面的特性，形成的光滑平面称为解理面。解理严格受化学键类型、强度和分布等晶体化学因素控制，是矿物晶体各向异性的具体体现。不同矿物晶体内部结构常会有不同性质的解理，不同晶体类型矿物的解理发育具有一定的规律。

原子晶体矿物各方向的化学键强度接近，解理面往往平行于密排面。在离子晶体矿物中，由于异号离子组成的电性中和晶面内的静电引力强，而相邻晶面间的静电引力较弱，解理往往平行于电性中和的晶面方向。金属晶体矿物中的自由电子具有极强的可移动性，因此金属键的方向和强度极易发生变化。当受到外力作用时，金属键一般不表现为断裂，而是通过滑移调整并消耗应力，因此金属晶体的矿物晶体解理不发育，而具有较强的塑性。在具有多键型晶体矿物中，解理面往往平行于有较强化学键联结的晶面方向。

根据解理产生的难易、解理片的厚薄、解理面的大小和光滑平整程度，将解理划分为 5 个等级。

(1) 极完全解理，矿物晶体在外力作用下，极易沿一定方向劈裂成薄片，解理面大且光滑平整，该解理方向上无断口。

(2) 完全解理，矿物晶体在外力作用下，很容易沿解理面方向裂开成平面（不成薄片），解理面较大且比较光滑平整，不易产生断口。

(3) 中等解理，矿物晶体在外力作用下，可以沿解理面方向裂开成平面，解理面较小，不能完全贯穿整个矿物晶体，且光滑平整程度较差，在解理方向解理面和断口同时存在。

(4) 不完全解理，矿物晶体在外力作用下，不易裂出解理面，有时可在碎块上见到一些小的解理面，裂开面上主要是平坦状的断口。

(5) 极不完全解理，或称无解理，矿物晶体在外力作用下，极难出现解理面，偶尔仅在显微镜下可见，常见不平整光滑的断口。

矿物学上习惯将同方向的解理归为一组。例如，云母只有一组极完全解理，辉石有两组中等解理，方解石有三组完全解理，闪锌矿有六组完全解理。当存在两组及以上解理时，两组解理平面相交所组成二面角的平面角，即当某一平面同时垂直该二面角的两个平面时，其角线组成的角度为解理的夹角。解理组数和夹角是矿物的重要特征，在熟悉单形特征和晶体常数的情况下，可依据单形符号和名称确定。

解理只能在晶质矿物中出现，非晶质或胶体矿物不具有解理。裸眼只能在矿物晶体颗粒较大的情况下观察解理情况，当观察隐晶质矿物等颗粒较小的情况时，需要借助放大镜或显微镜。在区分晶面和解理面时应该注意，晶面是晶体仅有的唯一外表面，受力破裂后即不复存在，一般不光滑，并有晶面条纹或蚀象等。解理面是晶体受力沿内部结合力薄弱方向形成的光滑平整断裂面，仅在晶体的碎块上，常成组出现。

2) 裂理

裂理是指矿物晶体遭受外力作用时，沿着一定结晶方向，但并非晶体本身薄弱方向破裂成平面的性质，该平面称为裂理面。裂理和解理类似，但由于二者产生的原因不同，表现也不完全一样。裂理是矿物晶体杂质、包裹体、固溶体等组分在矿物结晶过程中沿某些方向上均匀规则排列，使该方向成为薄弱面，并在外力的作用下表现出类似于解理的特性。例如，有些磁铁矿出现平行于{111}方向的裂理，是因为该方向分布有钛铁矿和钛铁晶石等细小晶片。

裂理不是矿物晶体的固有属性。即便是同种矿物晶体，其不同个体的裂理性质也未必相同。

由于矿物中的缺陷不一定对称分布，裂理也不严格遵循晶体对称性。裂理作为鉴定特征，不如解理稳定，可作为矿物鉴定的辅助标志，为矿物加工提供指导。

3) 断口

矿物受外力作用发生破裂后，如果其破裂面粗糙不平整，结晶方向不固定且随机分布，这种破裂面则称为断口。与解理不同，晶质和非晶质矿物、矿物集合体及岩石都可能出现断口。断口虽然不能体现矿物晶体结构的对称性，但某些矿物或集合体的断口常呈现特殊形态，可以作为鉴定矿物的辅助依据。

根据矿物断口呈现的形态，常见分类有：①贝壳状断口，呈圆形或椭圆形曲面，具有以受力点为圆心的不规则同心圆波纹，形似贝壳状，如石英等；②锯齿状断口，呈尖锐的锯齿状，常在塑性很强的矿物中出现，如自然铜等；③参差状断口，破裂面参差不齐、粗糙不平，破裂面起伏的幅度比贝壳状断口大，比锯齿状断口小，绝大多数矿物具有此种断口，如磷灰石、红柱石等；④土状断口，破裂面总体上比较平整，但呈粗糙状、细粉状，常为隐晶质土状矿物集合体所特有，如高岭石等。

矿物断口与解理的出现是互为消长的，即矿物受力破碎时，具有极完全解理的矿物在矿物解理方向上没有或极少有断口，无解理或极不完全解理的矿物经常有断口出现。

3. 弹性和挠性

矿物受力变形后，当外力撤销后能自行恢复原状的性质为弹性，当外力撤销后不能自行恢复原状的性质为挠性。

弹性和挠性一般是层状和链状结构矿物常表现出来的力学性质，结构层或链间的化学键强弱决定其呈弹性或挠性。受外力作用时，应力较集中的晶格位置上的层或链间弱键被拉长而产生拉伸变形，若外力导致的晶格应力不足以将化学键拉断，去除外力后，凭借化学键本身的回缩力可使形变复原，矿物即表现出弹性；若外力导致的晶格应力将化学键拉长至断裂临界值时，化学键会通过替换或调整键合离子而释放应力，新形成的化学键由于没有拉伸变形而不存在收缩力，外力去除后不能凭借化学键本身的收缩力使形变复原，矿物便表现出挠性。若结构层或链间的键强度稍强，如为离子键时，其强度能保证在弹性极限内变形而撤除外力后恢复原状，从而使矿物呈现弹性；若结构层或链间的键强度太弱，如为分子键时，矿物变形后将无力恢复而表现为挠性。构成普通岩石的除云母以外的造岩矿物，如长石、角闪石、辉石、橄榄石等，也具有轻微的弹性。石墨、辉钼矿、水镁石、绿泥石、滑石、蛭石等具有挠性。鉴定粒度较大的片状和纤维状矿物时，弹性和挠性较为有效。

4. 脆性和塑性

在外力作用下，矿物发生碎裂和变形的性质称为脆性和塑性。矿物显示脆性还是塑性，主要取决于其晶格中的化学键性质与强度。离子和原子晶格的矿物所受外力作用的强度超过其离子键和共价键的强度时，化学键断裂，显示脆性；金属晶格的矿物受到外力作用时，由自由电子形成的金属键通过及时替换键合离子来消耗晶格应力而不发生断裂，外形上变薄或伸长，显示塑性。非金属矿物，如金刚石、自然硫、石英、石榴石、方解石、萤石、石盐等，显示较强的脆性；金属晶体矿物如自然金、自然铜，金属键较强的硫化物如辉铜矿等，显示较强的塑性。脆性与硬度无特定关系，是与塑性、弹性和挠性相反的性质。

矿物裸眼鉴定时，常用刻划法判别其脆性和塑性。用小刀刻划矿物表面时，若易打滑或出现粉末，划痕无光滑感，则矿物具有较强的脆性；若矿物表面留下光亮的沟痕且没有或很少出现粉末，则矿物具有较强的塑性。

8.4.2　光学性质

晶体的光学性质是指矿物晶体受到可见光照射而发生反射、折射和吸收时所表现出的各种特性，包括颜色、条痕、光泽、透明度和发光性等。

1. 颜色

颜色是矿物最直观的物理性质，对鉴定矿物、寻找矿产以及判别矿物的形成条件都有重要意义。颜色是矿物选择性吸收入射可见光中不同波长的光后，透射和反射出来的各种波长可见光的混合色。如果对各种波长的光均匀吸收，则随着吸收程度减小而呈现黑色、灰色和白色；如果矿物选择性地吸收不同波长的光，则呈现不同的颜色。透射光为被吸收光的补色，称为体色或投射色；反射光为被吸收光的颜色，称为表面色或反射色。通过裸眼观察到的矿物颜色是表面色和体色的混合色，因为体色常经过内反射及漫反射进入人眼。根据颜色产生的机理和颜色稳定程度，常将矿物颜色分为自色、他色和假色。

自色是由矿物本身化学成分和晶体结构决定的对可见光选择性吸收、反射和折射而表现出的颜色，是光与矿物晶格中电子相互作用的结果。自色通常比较固定，是矿物鉴定的重要标志。

他色是指由于微量的杂质元素进入矿物晶格中，或因矿物中含有染色杂质的细微机械混入物而产生的颜色。当矿物晶格中存在某种晶格缺陷时，也会引起他色。他色与矿物自身的化学成分和晶体结构无关，也不是矿物固有的颜色，对矿物鉴定几乎没有作用，但对研究矿物成因有重要意义。例如，红宝石的红色是由微量的 Cr^{3+} 替换了刚玉 Al_2O_3 中的 Al^{3+} 而引起；纯净的水晶是无色透明的，自然界中如紫水晶、烟水晶、蔷薇石英等水晶由于混入不同杂质，存在晶格缺陷而呈现各种不同颜色。

假色是矿物因内部裂隙或表面氧化薄膜引起光线干涉所呈现的颜色。假色是一种物理光学效应，其中以不透明矿物氧化膜引起的颜色错色具有较大的鉴定意义。片状集合体矿物常因光程差引起干涉色，称为晕色，如云母；容易氧化的矿物在其表面往往形成具有一定颜色的氧化薄膜，称为锖色，如斑铜矿；矿物中不均匀分布的各种颜色随观察角度的改变而变化，称为变彩，如贵蛋白石和某些拉长石；矿物中一种类似于蛋清，带柔和淡蓝色调的乳白色，称为乳光，如乳蛋白石。

2. 条痕

条痕是矿物划过粗糙表面而留下的颜色，实际上是矿物细小粉末的颜色。矿物条痕可以清除或减弱假色和他色的干扰，是鉴定矿物的重要标志之一。条痕板是用来产生条痕的板，一般是表面粗糙的无釉瓷砖，通常有白色和黑色两种。

矿物条痕可以与其本色一致，也可以不一致。例如，雌黄的条痕与其本色是一致的，均为黄色。又如，金矿和黄铁矿二者颜色相似，但条痕相差很远，前者为金黄色，后者则为黑色或黑绿色。图 8.19 列举了部分常见矿物的颜色和条痕。

图 8.19　常见矿物的颜色与条痕对比

3. 光泽

矿物光泽是矿物表面对可见光反射能力的表现，其强弱主要取决于矿物对可见光的吸收系数和反射率。通常吸收系数和折射率越大，反射率越高、光泽越强。按照反光能力由强到弱，可分为金属光泽、半金属光泽、金刚光泽和玻璃光泽四个等级。①金属光泽，外观类似抛光的金属，具有明显的金属状光亮，不透明，条痕为黑色，如自然铜、方铅矿、磁铁矿等；②半金属光泽，类似于金属光泽，但较为黯淡，镜面反射也较模糊，呈弱金属状光亮，通常出现于近乎不透明且高折射率的矿物，条痕以深彩为主，如赤铜矿、辰砂、闪锌矿等；③金刚光泽，呈金刚石状耀眼的光亮，半透明或透明，条痕为浅彩色、无色或白色，如金刚石、氧化锆、雄黄等；④玻璃光泽，呈玻璃状光亮，透明或半透明，条痕为无色或白色，是矿物最常见的光泽，如方解石、石英、红宝石、祖母绿等。

如果矿物表面不平，或带有细小孔隙，或不是单体而是集合体，则其表面所反射出来的光量因经受多次折射、反射而增加了散射的光量，从而形成绢丝、珍珠、油脂、土状等特殊光泽。①绢丝光泽，具有平行排列的纤维结构，表面具丝绢光亮，透明，如纤维状石膏、石棉；②珍珠光泽，透明矿物在极完全解理面上具珍珠状光亮，此类矿物通常能完全解理，如云母、辉沸石等；③油脂光泽，透明矿物解理不发育，在不平坦的断口上具油脂状光亮，通常含有大量微观夹杂成分，如蛋白石、雌黄、堇青石等；④土状光泽，粉末状和土状集合体的矿物表面粗糙暗淡无光，几乎没有镜面反射，呈现土状光泽，如高岭石、褐铁矿等。

4. 透明度

透明度是指矿物允许可见光透过的程度。矿物透明度和光泽等级是互补的属性，即透明度高的矿物常常是光泽弱、反射率小的矿物，透明度低的矿物往往是反射率大、光泽强的矿物。裸眼鉴定矿物时，可根据矿物碎片边缘的透光程度判断。一般以 1cm 厚度矿物透光程度为准，根据透明度将矿物划分为透明矿物、半透明矿物和不透明矿物。①透明矿物，当光通过透明矿物时，其强度不会减少，矿物碎片边缘能清晰地透见他物，如白云母；②半透明矿物，允许部分光线通过，但通过强度比通过透明矿物低，矿物碎片边缘可以模糊地透见他物或有透光现象，如翡翠、软玉等；③不透明矿物，完全不允许光线通过，矿物碎片边缘不能透见他物，如石墨、铜矿等。

矿物透明度与矿物的大小、厚薄有关。大多数矿物标本或样品，表面看似不透明，碎成小块或切成薄片后却是透明的，因此不能认为是不透明。透明度又常受颜色、包裹体、气泡、裂隙、解理以及单体和集合体形态的影响。例如，无色透明矿物中若含有众多细小气泡就会变成乳白色。又如，方解石颗粒是透明的，但其集合体就会变成不完全透明。

5. 发光性

矿物发光性是指矿物受到打击、摩擦、加热，或者紫外线、X 射线等外界能量激发时，能够发射可见光的性质。不同的矿物受外界能量激发后发光所持续的时间各有不同。若外界激发能量停止作用后，矿物持续发光时间 $>10^{-8}$s，这种光称为磷光；若外界激发能量停止作用后，矿物持续发光时间 $<10^{-8}$s，这种光称为荧光。常见的具有发光性的矿

物有白钨矿 (图 8.20)、硅锌矿、萤石等。例如，红宝石在长、短波紫外线照射下有明显的弱红色荧光。发光性是鉴定这些矿物的重要特征之一，并可用于找矿和拣选矿。

图 8.20 白钨矿在紫外线照射下的发光性

8.4.3 磁性和电学性质

1. 磁性

矿物的磁性是指矿物在外磁场作用下被磁化而表现出被外磁场吸引、排斥或对外界产生磁场的性质。自然界中最常见的磁性矿物有铁钛、铁锰氧化物及氢氧化物，铁的硫化物等。矿物鉴定时，常用永久磁铁或磁化小刀与矿物相互作用，将矿物粗略地分为强磁性矿物、中磁性矿物、弱磁性矿物和无磁性矿物。

强磁性矿物，较大颗粒或块体能被永久磁铁所吸引的矿物，比磁化系数 $>3000\times10^{-6}cm^3/g$，如磁铁矿、磁黄铁矿等。

中磁性矿物，较小颗粒表现出能被永久磁铁所吸引的矿物，比磁化系数在 $600\times10^{-6}\sim3000\times10^{-6}cm^3/g$，如铬铁矿、钛铁矿等。

弱磁性矿物，粉末才表现出能被永久磁铁所吸引的矿物，比磁化系数在 $15\times10^{-6}\sim600\times10^{-6}cm^3/g$，如大多数的铁、锰、钛、钨矿物等。

无磁性矿物，粉末也不能被永久磁铁吸引的矿物，比磁化系数 $<15\times10^{-6}cm^3/g$，如大部分非金属矿物和部分金属硫化物矿物。

磁性是矿物十分重要的物理性质参数，它不仅是许多矿物鉴定、磁选以及磁法找矿的重要依据，还是古陆和岩石圈演化、交代蚀变作用和地球表层系统环境变化的重要依据。

2. 电学性质

1) 导电性和介电性

矿物的导电性是表征矿物传导电流能力的性质。导电能力的强弱主要取决于化学键类型。依导电性矿物可分为良导体矿物、绝缘体矿物和半导体矿物。

良导体矿物，一般是金属键矿物，如自然金、自然铜、石墨、辉铜矿、镍黄铁矿等自然元素矿物和金属硫化物矿物，由于其结构中存在大量自由电子而成为电的良导体。

绝缘体矿物，一般是离子键和共价键矿物，如多数氧化物、含氧盐和卤化物矿物。

半导体矿物，如黄铁矿、方铅矿等，其中杂质元素和晶格缺陷会改变半导体矿物的导电性能。

2) 热电性

有些矿物在给定的温差环境下，其冷热区域会产生温差电动势。这种由温度差而产生电势的性质称为热电性。有些矿物常温下呈弱导电性，温度升高时导电性增强，成为半导体，如黄铁矿、闪锌矿等。

矿物的热电性主要受其结构中杂质元素的种类、赋存状态和晶格缺陷等因素影响，而晶格缺陷与其形成介质的物理化学条件密切相关，因此矿物热电性的研究能够揭示其成因信息，成为许多矿床规模大小、剥蚀程度和深部远景判别的重要依据。例如对于黄铁矿，不同环境下形成的黄铁矿其热电性特征完全不同，给人们寻找金矿提供了重要线索。

3) 压电性和焦电性

矿物的压电性是当矿物受到定向压应力或张应力作用时，垂直于应力的两侧表面产生等量相反电荷，应力方向反转时，两侧表面的电荷易号的性质。具有压电性的矿物在定向压应力或张应力交替作用下将产生交变电场，该现象称为压电效应。若将压电性矿物晶体置于交变电场中，它便发生机械伸缩，称为电致伸缩，即反压电效应。

矿物的焦电性是指某些电介质矿物晶体被加热或冷却时在特定结晶学方向的两端表面产生相反电荷的性质。最典型的如电气石，将其加热到 200℃后，在冷却过程中会产生吸附纸屑和棉绒的静电。

压电性和焦电性是矿物晶体因应力作用或热胀冷缩，晶格发生变形，导致正、负电荷的中心偏离重合位置，引起晶体极化而荷电的现象。因此，压电性和焦电性都只见于无对称中心而有极轴的极性介电质晶体中。具有焦电性的晶体必有压电性，反之则未必。例如，电气石、异极矿和方硼石既具焦电性，又具压电性，而石英则仅有压电性。

8.4.4 其他性质

一些矿物含有铀和钍等放射性元素，从不稳定的原子核自发地放出射线，即为矿物的放射性。放射性矿物包括以铌钽为主要成分的矿物 (铁锌矿、赤铁矿等) 和部分硅酸盐矿物 (褐石、锆石等)。在众所周知的岩石中，花岗岩比其他岩石含有更多的细粒独居石、褐泥石、锆石等，放射性也更强。花岗岩的放射性强度约为 0.1μSv/h，普通岩石为 0.03 ～ 0.05μSv/h，天然铀矿约为 100μSv/h，医学胸部 X 射线约为 600μSv/ 次，胸部 CT 约为 7000μSv/ 次。国际放射防护委员会推荐放射性职业工作者一年累积全身受职业照射的上限是 20mSv。

此外，矿物还具有导热性、热膨胀性、挥发性、熔点等性质，在矿物鉴定、加工和应用中常有重要意义。

思　考　题

8-1　简述组成矿物的元素离子的类型和特点。

8-2 简述矿物中水的存在形式及其特征。化学式中如何表示矿物中的水？

8-3 什么是同质多象与类质同象？类质同象与固溶体的关系是什么？类质同象的影响因素是什么？

8-4 矿物常用哪类硬度描述分级？用于莫氏硬度分级的标准矿物有哪些？

8-5 解理与裂理有何异同？如何判断矿物的解理方向？

8-6 何谓矿物的自色、他色和假色？简述矿物颜色产生的机制。

8-7 判断孔雀石的孔雀绿色、含铁闪锌矿 (Zn, Fe)S 的黑褐色、含有细分散赤铁矿的石英的红色，以及透明方解石在裂隙附近呈现的五颜六色，分别属于自色、他色和假色中的哪一类颜色。

8-8 为什么有的矿物条痕和本身的颜色不一样？简述矿物颜色、条痕、透明度、光泽之间的关系。

8-9 硅酸盐矿物可以分为几个亚类？各自有哪些典型矿物？

8-10 Al_2SiO_5 有几种同质多象变体？各变体的晶体化学式有何不同？分别在什么条件下形成？

8-11 什么是三八面体型和二八面体型层状硅酸盐？试各举 4 种矿物，并写出其晶体化学式。什么是 1 ： 1 型和 2 ： 1 型结构单元层？试各举两种矿物，画出其结构示意图。

8-12 为什么架状硅氧骨干中必须有铝替代硅？三类含铝元素硅酸盐矿物分别是什么？分别举例说明。

第9章

矿物鉴定与分析

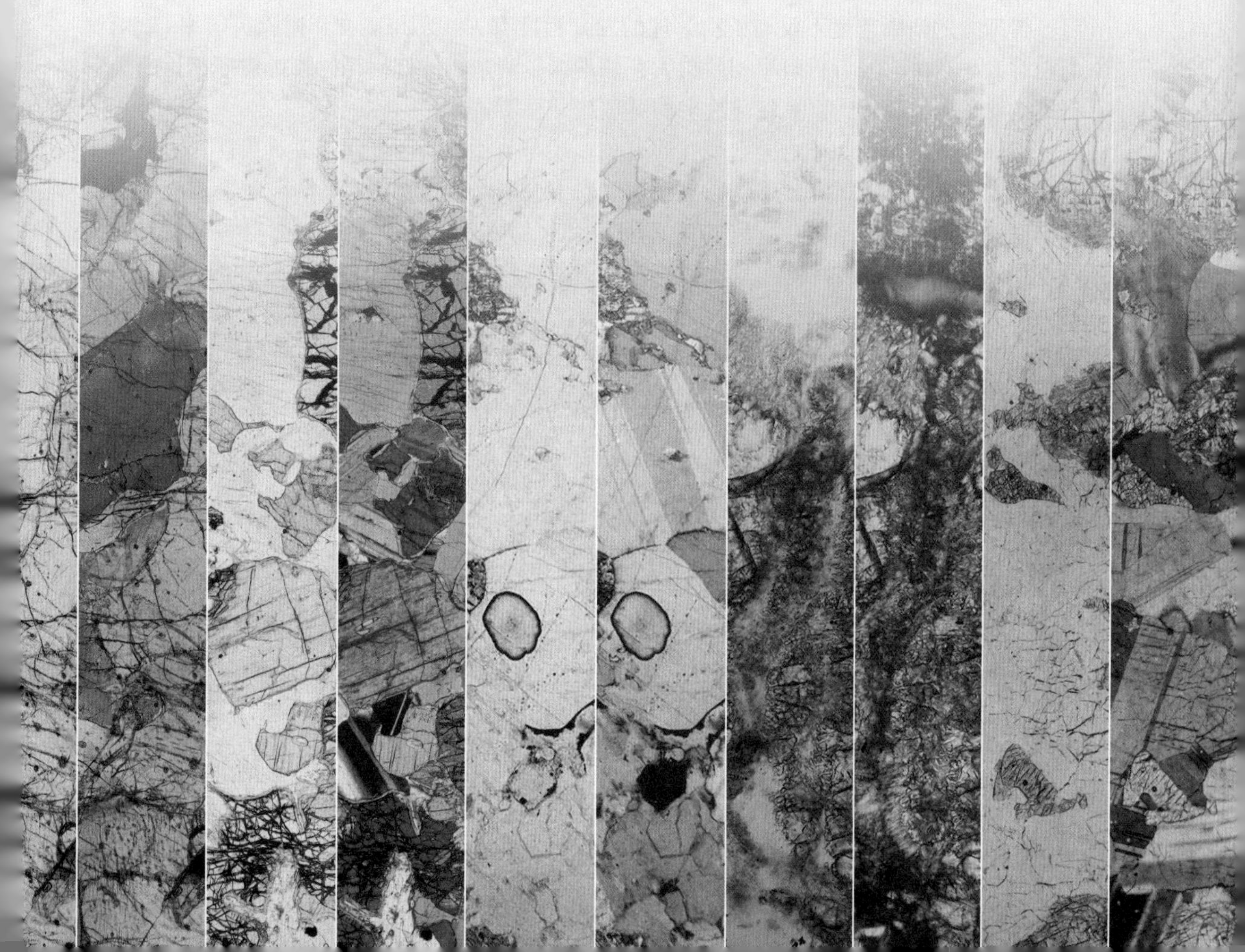

9.1 矿物光学鉴定

利用偏光显微镜鉴定和研究矿物是最基本的技术手段。一般对于透明和部分半透明矿物，可用透射偏光显微镜(或称偏光显微镜)进行鉴定和研究；对于部分半透明和不透明矿物，用反射偏光显微镜(或称反光显微镜)进行鉴定和研究。

9.1.1 透射偏光显微镜矿物鉴定

透射偏光显微镜法是以偏振光为光源，通过观察偏振光透过厚度为0.03mm的矿物薄片所产生的光学性质来鉴定矿物的方法。

1. 单偏光系统下矿物鉴定

在单偏光镜下可观察到矿物晶体的解理缝、多色性、吸收性、边缘、贝克线、糙面和突起等性质。

1) 解理缝

在磨制薄片时，矿物解理在机械力的作用下会张开形成细缝，这些细缝在随后粘贴过程中会被树胶充填。矿物与树胶的折射率存在差异，光透过时发生折射，使细缝显示出来。这些平行的细缝称为解理缝。矿物解理的发育程度不同，解理缝的表现情况也不同。

解理缝的清晰程度不仅与矿物解理的发育程度有关，还与矿物和树胶折射率(1.54)的相对大小有关。二者折射率相差越大，解理缝越清楚。例如，与树胶折射率相近的长石类矿物虽然有解理，但其在薄片上的解理缝并不明显。

解理缝宽度不仅与矿物的解理性质有关，还与薄片的切面方向有关。当薄片垂直于解理面时，解理缝最窄，为解理的真实宽度，此时提升显微镜镜筒，解理缝不向两边移动，如图9.1(a)。当薄片方向与解理面斜交时，解理缝必然大于解理真实宽度，如图9.1(b)，此时提升显微镜镜筒，解理缝会向两边移动。当薄片方向与解理面的夹角α逐渐增大时，解理缝逐渐变宽，而且逐渐模糊。当α增大到一定程度时就无法观测到解理缝，此时的夹角称为解理缝的可见临界角。因此，由于受切面方向的影响，即便是有解理的矿物，在薄片中也不一定都能看到解理缝。

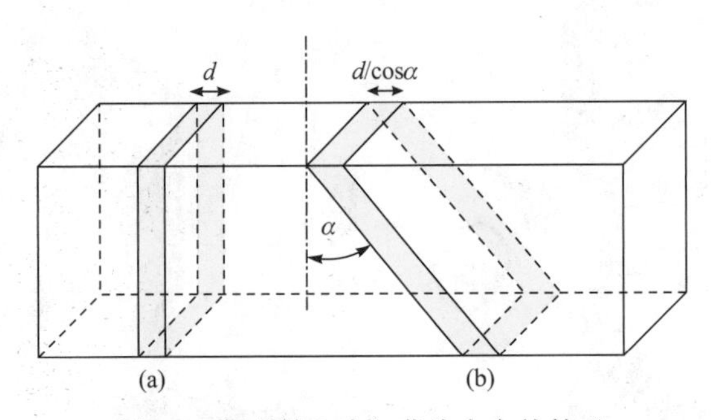

图9.1 解理缝宽度与薄片方向的关系

有些矿物具有两组解理，其解理夹角是固定的，因此解理夹角也是矿物鉴定的重要依据，如角闪石解理夹角为56°。由于实际矿物在制作薄片时无法控制薄片方向，其解理夹角大小有一定差别，只有同时垂直于两组解理面的切面才能反映出真正的解理夹角。因此，在测定解理夹角时，应尽可能选择同时垂直于两组解理面的切面。这种切面的两组解理缝清楚，且提升或降低镜筒时，解理缝不向两边移动。

2) 多色性和吸收性

均质体矿物只有一种颜色，而且颜色深浅无变化。非均质体矿物对光的选择性吸收和吸收能力随光的入射方向而变化，因此在单偏光镜下旋转载物台时，非均质体矿物的颜色及其深浅会发生变化。多色性是指矿片颜色随入射光的振动方向改变而发生改变的现象；吸收性是指矿片颜色深浅发生变化的现象。

非均质体矿物的选择性吸收与矿物本身的光学性质密切关系。光垂直或斜交光轴射入一轴晶矿物时发生双折射分解，形成两种偏振光：一种偏振光的振动方向垂直于光轴，其传播速度及折射率值不变，称为常光，以符号“o”表示；另一种偏振光的振动方向平行于光轴与光传播方向（波法线）所构成的平面，其传播速度及折射率值随振动方向不同而改变，称为非常光，以符号“e”表示。光沿一轴晶矿物光轴方向射入时不发生双折射，而沿其他任何方向射入时均发生双折射。一轴晶光率体有最大和最小两个主折射率，分别以符号 N_o 和 N_e 表示。光平行于光轴振动时，相应折射率为 N_o；光垂直于光轴振动时，相应折射率为 N_e。一轴晶矿物具有两种主要颜色，分别为光在晶体中的振动方向与折射率为 N_e 和 N_o 的偏振光的振动方向 (N_e 方向和 N_o 方向) 平行时呈现，因此一轴晶矿物又称为二色性矿物。例如电气石，光的振动方向平行于 N_e 方向时为浅紫色，平行于 N_o 方向时为深蓝色。二轴晶矿物具有三个主折射率，分别以符号 N_g、N_m、N_p 表示，同时具有3种主要颜色，分别为光在晶体中的振动方向与折射率为 N_g、N_m、N_p 的偏振光的振动方向 (N_g 方向、N_m 方向、N_p 方向) 平行时呈现，因此二轴晶矿物又称为三色性矿物。例如角闪石，光的振动方向平行于 N_g 方向时为深绿色，平行于 N_m 方向时为绿色，平行于 N_p 方向时为浅黄绿色 (图 9.2)。

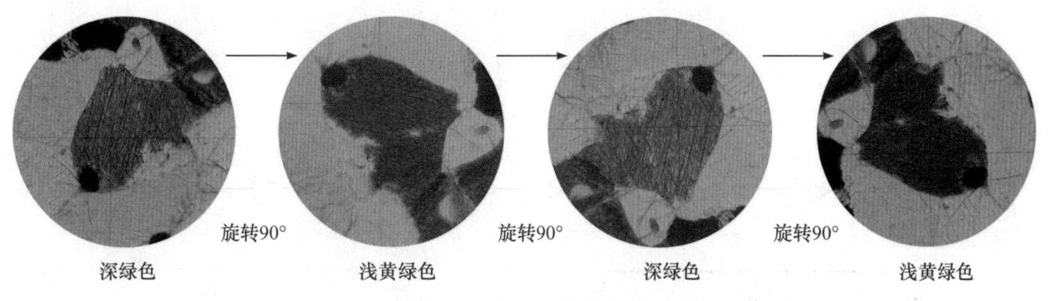

图 9.2 角闪石的多色性

3) 边缘和贝克线

在薄片中两种折射率不同介质的接触处可以观察到比较黑暗的线，称为矿物的边缘。在边缘的附近还可观察到一条会随镜筒升降而发生移动的比较明亮的细线，称为贝克线或光带。贝克线最先由德国学者贝克发现并命名。

边缘和贝克线产生的原因主要是相邻两介质折射率不等，光通过二者接触界面时发生折射和全反射作用。贝克线的灵敏度很高，两介质折射率相差 0.001 时，贝克线仍比较清晰；若使用单色光，其灵敏度可达 0.0005。因此，贝克线常用来判断相邻两种介质折射率的相对大小。图 9.3 描述了 4 种贝克线形成的情况，光线在接触处均向折射率高的一侧折射，使接触界线折射率高的一侧光线增多而形成贝克线；而另一侧的光线相对减少，形成矿物的边缘。边缘的粗细、黑暗程度与两介质折射率差值有关，差值越大，边缘越粗越黑。如果缓慢提升镜筒，即焦平面由 F_1 上升至 F_2，可见到贝克线向折射率高的一侧移动；降低镜筒时则向另一侧移动。

图 9.3(a) 表示界面上折射率大的介质覆盖在折射率小的介质上面。当平行光由下方射到矿片上时，光线由光疏介质进入光密介质，折射线靠近界面的法线，使折射率高的介质一边由于光线增加而产生一个亮带。当提升镜筒时，物镜的焦平面由 F_1 上升至 F_2，折射光线与入射的平行光线相交的位置向折射率大的介质移动，即贝克线向折射率大的介质移动并且越来越宽，轮廓越来越模糊；反之，下降镜筒，贝克线移向折射率小的介质，贝克线也越来越宽，轮廓越来越模糊。图 9.3(b) 表示界面上折射率小的介质覆盖在折射率大的介质上面。当平行光线由光密介质进入光疏介质，此时折射角大于入射角，故光线仍折向折射率大的介质。图 9.3(c) 表示在上述情况下如果入射角大于临界角，光在界面上发生全反射，光线仍向折射率大的介质倾斜。图 9.3(d) 表示两相介质接触界面垂直于切面时，入射光平行于界面，无折射作用。在界面上总有部分带有倾斜角度的光线，由于光的折射和全反射，光向折射率大的介质集中。

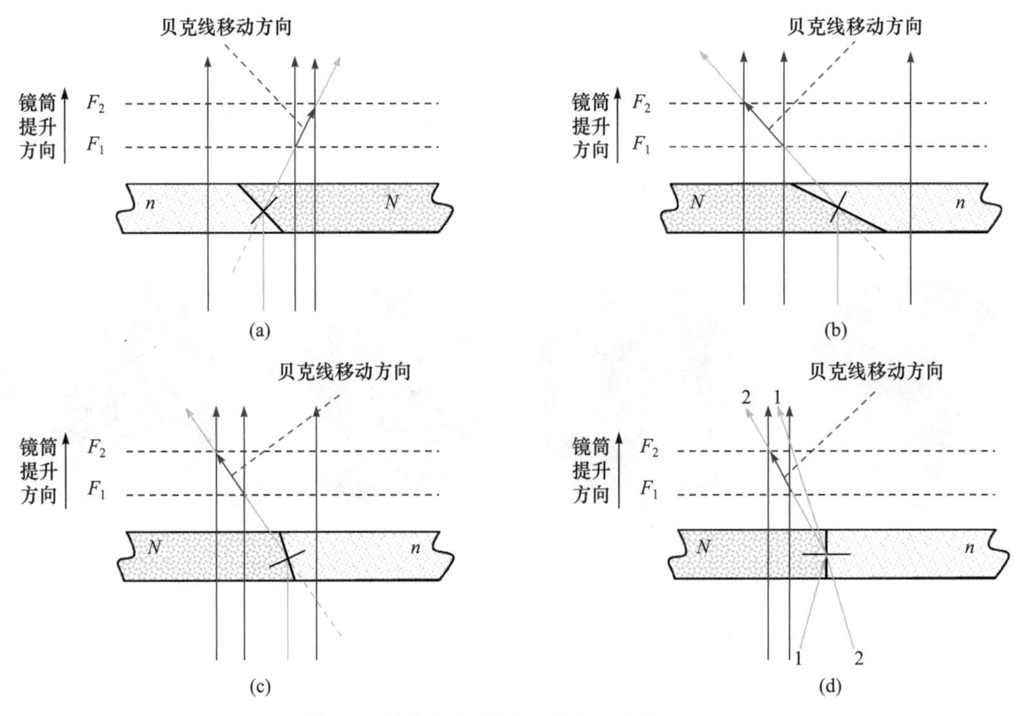

图 9.3 贝克线的成因及其移动规律 ($N>n$)

4) 糙面和突起

在单偏光镜下观察矿物表面时，有些矿物表面比较光滑，而有些矿物表面则显得比较粗糙且呈麻点状，像粗糙皮革，称为糙面。原因是矿物表面具有一些裸眼难以观察到的显微状凹凸不平，如图 9.4 所示，在制备薄片时，矿片表面上覆盖着与矿物折射率不同的树胶，光线通过矿物与树胶之间的界面时发生折射，致使矿片表面的光线集散不一，从而显得明暗程度不同，给人以粗糙的感觉。一般两者折射率差值越大，矿片表面的磨光程度越差，其糙面越明显。

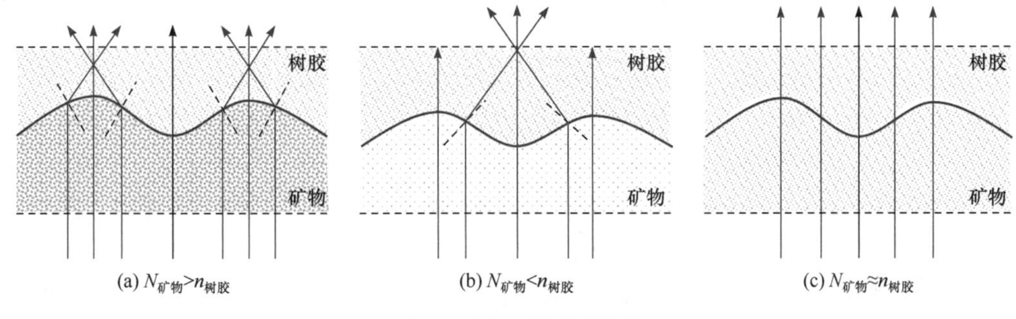

(a) $N_{矿物}>n_{树胶}$　(b) $N_{矿物}<n_{树胶}$　(c) $N_{矿物}\approx n_{树胶}$

图 9.4　糙面成因示意图

在单偏光镜下观察矿物表面时，某些矿物显得高一些，某些矿物则显得低一些，称为突起，突起是由不同矿物与树胶折射率之差的不同引起的。在同一薄片中，各矿物表面实际上处于同一平面。矿物与树胶的折射率相差越大，边缘越粗，糙面越明显，因而矿物显得突起很高。因此，矿物突起实际上是矿物边缘与糙面的综合反映。折射率大于树胶的矿物为正突起，折射率小于树胶的矿物为负突起。区别矿物突起的正负需要借助贝克线，提升镜筒时，贝克线向矿物移动时属于正突起，贝克线向树胶移动时属于负突起。根据矿片边缘和糙面的明显程度，可将突起划分为 6 个等级，见表 9.1。

表 9.1　突起等级划分

突起等级	折射率	糙面及边缘等特征	矿物案例
负高突起	<1.48	糙面及边缘显著，提升镜筒，贝克线向树胶移动	萤石
负低突起	1.48 ～ 1.54	糙面及边缘不明显，提升镜筒，贝克线向树胶移动	正长石
正低突起	1.54 ～ 1.60	糙面不显著，边缘不清楚，提升镜筒，贝克线向矿物移动	石英
正中突起	1.60 ～ 1.66	糙面较显著，边缘清楚，提升镜筒，贝克线向矿物移动	透闪石
正高突起	1.66 ～ 1.78	糙面显著，边缘明显而且较粗，提升镜筒，贝克线向矿物移动	辉石
正极高突起	>1.78	糙面显著，边缘很宽，提升镜筒，贝克线向矿物移动	石榴石

2. 正交偏光系统下矿物鉴定 

正交偏光是在显微镜下同时使用上下偏光镜，且上下偏光镜的振动方向互相垂直。在该系统下可观测非均质矿物不同切面方向上的干涉色级序、双折射率、消光类型、消光角、双晶类型及延性符号等性质。

1) 干涉色

自然光由不同波长的单色光组成，因此任何光程差都不能同时抵消各色光而形成黑色条带。一定的光程差只能使其中一部分色光消失或减弱，而使另一部分色光不同程度加强，所有这些未消失的色光混合起来，便形成了与该光程差相当的特殊混合色，称为干涉色。干涉色是在正交偏光镜下，白色光通过非均质体矿物薄片时，由光波干涉所形成的不同强度色光混合色。干涉色与单偏光镜下矿物的颜色不同，不是矿物的体色，二者不能混淆。

当矿物薄片厚度发生变化时，光程差 R 也随之变化，进而影响干涉结果。石英楔是将石英沿光轴方向，由薄至厚磨成楔形的矿物光片。在正交偏光镜间由薄至厚慢慢推入石英楔，视域中石英楔干涉色连续不断地变化，依次为暗灰 - 灰白 - 浅黄 - 橙 - 紫红 - 蓝 - 蓝绿 - 黄绿 - 橙黄 - 紫红 - 蓝 - 蓝绿黄 - 橙 - 红……直至亮白色。这种由低到高的规律变化构成了干涉色级序。每 560nm 光程差划分一个干涉级序，可划分为 4 个级序。

第 1 级序，$R = 0 \sim 560$nm。主要干涉色为：暗灰 - 灰白 - 浅黄 - 橙 - 紫红。其特点是没有蓝色和绿色，而有灰色和灰白色。

第 2 级序，$R = 560 \sim 1120$nm。主要干涉色为：蓝 - 蓝绿 - 黄 - 橙 - 紫红。其特点是颜色鲜艳，色质较纯，色带之间界线较清楚。

第 3 级序，$R = 1120 \sim 1680$nm。主要干涉色为：蓝 - 绿 - 黄 - 橙 - 红。其颜色不如第 2 级序的干涉色鲜艳，色带间的界线不如第 2 级序清楚。

第 4 级序，$R = 1680 \sim 2240$nm。主要干涉色为浅蓝 - 浅绿 - 浅橙红。干涉色色调很淡，色带之间呈过渡关系，无明显的界线。

5 级及以上干涉色色调相互混杂，自然光中各色光都趋向于补色消光，那些没有消失的色光混合起来，形成一种与珍珠表面颜色相近的亮白色，称为高级白干涉色。因一般薄片的厚度在 0.03mm 左右，只有双折射率很高的薄片才会出现高级白干涉色，如白云母。拥有高级白干涉色的矿物在加入试板后，其干涉色基本无变化。由于矿片切面方向不同，干涉色发生较大变化，故选择同种矿物中干涉色级序最高的薄片才有意义。

选取薄片位于 45° 位置，插入石英楔，观察薄片干涉色变化。若干涉色级序升高则将薄片旋转 90°，重新插入石英楔观察；若干涉色级序降低则继续插入，直到薄片出现补偿黑带时停止，将薄片取下，抽出石英楔同时观察视域中出现红色的次数记为 n，则该薄片的干涉色级序为 n+1 级。确定薄片的干涉色级序后，可从色谱表上查出光通过薄片后产生的光程差和，或者根据光程差公式 $R = d(N_g - N_p)$ 求出双折射率。

2) 消光类型和消光角

透明矿物薄片在正交偏光镜下呈现黑暗的现象称为消光。薄片在消光时所处的位置称为消光位，即矿物的两个主折射率之一与偏光镜振动方向一致时的位置。根据薄片消光时与目镜十字丝所处的位置关系，可将消光分为平行消光、对称消光和斜消光 3 种类型，如图 9.5 所示。平行消光是矿物薄片消光时，解理缝、双晶缝、晶体轮廓与目镜十字丝平行；对称消光是矿物薄片消光时，两组解理缝、两组双晶缝或两晶面的夹角平分线与目镜十字丝平行；斜消光是矿物薄片消光时，解理缝、双晶缝、晶体轮廓与目镜十字丝斜交。具有斜消光特征的矿物，解理缝、双晶缝、晶体轮廓与目镜十字丝斜交的角度为常数，称为消光角。不同矿物的最大消光角不同，测量最大消光角是鉴定矿物的关键。

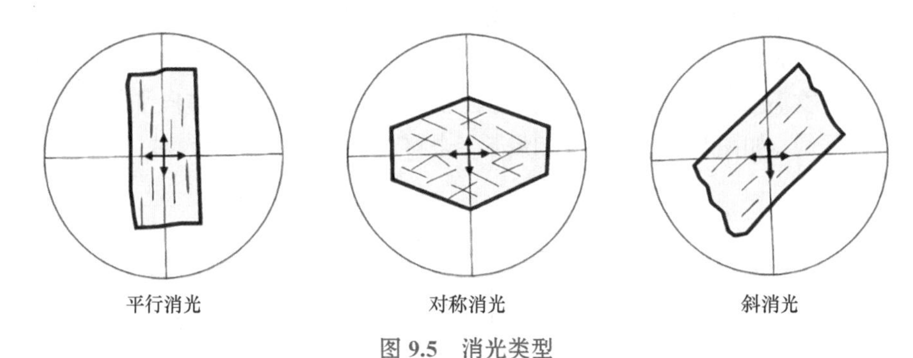

图 9.5　消光类型

矿物中只有单斜和三斜晶系的矿物以斜消光为主。单斜晶系矿物最大消光角在平行于光轴面的切面上，通常选干涉色最高的薄片。三斜晶系的矿物则要选择特殊方向的切面。消光角测定具体方法如下：将薄片中解理缝或双晶缝平行目镜竖十字丝，记录载物台读数；旋转载物台使薄片消光，记录载物台读数，前后两次读数之差即为消光角。

3) 双晶

双晶是指两个或两个以上的同种晶体有规律地连生。在正交偏光镜下，旋转载物台，相邻两种单体不同时消光，且呈现一明一暗的现象时即为双晶，如图 9.6 所示。根据双晶中单体数目可分为三连晶、四连晶和六连晶等。按照结合情况不同，双晶可分为简单双晶、聚片双晶和联合双晶 3 种。

简单双晶：由两个单体组成，在正交偏光镜间，旋转载物台，明暗互相交替。

聚片双晶：多个单体按双晶规律结合在一起，而且结合面彼此平行。在正交偏光镜间，旋转载物台，奇数组和偶数组的单晶依次消光。

联合双晶：双晶结合面之间不平行，在正交偏光镜间，旋转载物台，各单晶依次消光。

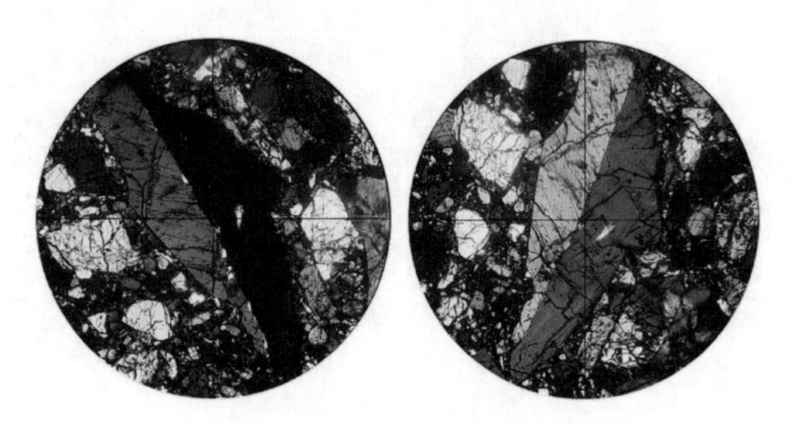

图 9.6　正交偏光镜下的斜长石双晶

4) 延性符号

在薄片中长形矿物晶体延长方向与该切面上光率体椭圆长短半径之间的关系称为矿物的延性，可分为正延性、负延性和延性正负不分 3 种情况。延长方向与 N_g 轴的交角

<45°，为正延性；延长方向与 N_p 的交角 <45°，为负延性；延长方向与 N_g 和 N_p 的交角为 45° 时，为延性正负不分，如图 9.7 所示。延性的正负称为延性符号，延性符号是某些一维长形矿物的鉴定特征。平行消光矿物只要测出延长方向折射率值即可获得延性符号，斜消光矿物需要通过测定消光角获得延性符号。当矿物延长方向平行 N_m 时，其延性符号可正可负，如图 9.7(c) 所示。如果长条状矿物的消光角为 45° 时，延性正负不分。

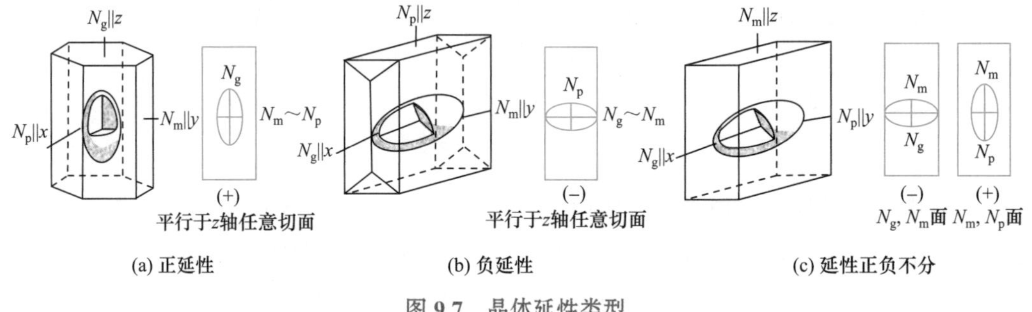

(a) 正延性　　(b) 负延性　　(c) 延性正负不分

图 9.7　晶体延性类型

图 9.8 显示了锂辉石矿石在单偏光系统和正交偏光系统下的图像。锂辉石在单偏光下呈灰白色、灰绿色或无色，透明，柱面裂理发育，断面高正突起，柱面突起较断面稍低；在正交偏光下干涉色为一级鲜黄 - 橙，纵切面上斜消光，正延性。石英在单偏光下无色，透明，表面光滑，低正突起，无解理；在正交偏光下干涉色为一级灰 - 黄，平行消光。钠长石在单偏光下呈灰白色或无色，透明，低负突起，{001} 和 {010} 两组解理呈 86°；在正交偏光下干涉色为一级灰白 - 黄，斜消光，具卡氏双晶和聚片双晶的复合式双晶。白云母结晶粗大，呈片状结构，一组解理完全，偏光显微镜下无色，透明，多色性不显；在正交偏光下具鲜艳的二级 - 三级干涉色，近平行消光，二轴晶负光性。

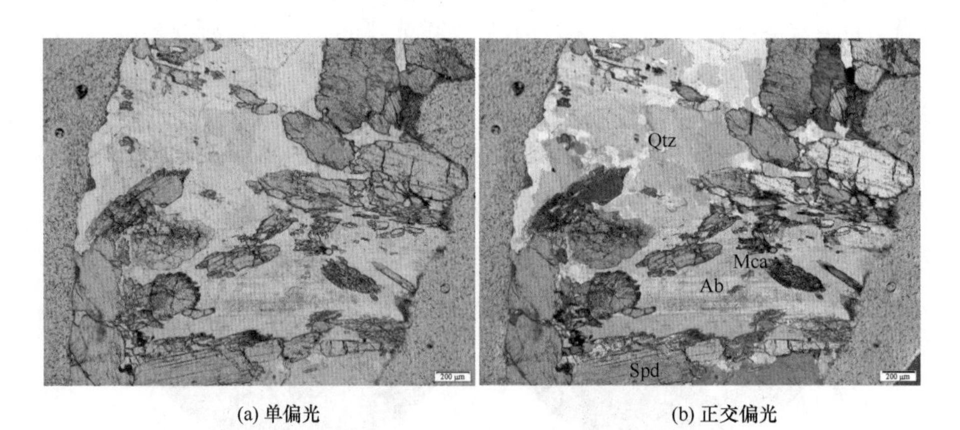

(a) 单偏光　　(b) 正交偏光

图 9.8　锂辉石矿偏光显微镜图像

3. 锥光系统下矿物鉴定

锥光系统是在正交偏光镜系统基础上加上聚光镜，选用 40× 高倍物镜，推入勃氏镜。聚光镜的作用是将下偏光镜透出的平行偏光收敛成锥形偏光。在锥形偏光中，除中间一条光线是垂直入射薄片外，其余光线都是倾斜入射，而且其倾斜度越向外越大，在薄片中所经历的距离也是越向外越长，但振动方向仍然平行下偏光镜的振动方向。由于非均质体的光学性质随入射光的方向不同而变化，当许多不同角度的入射光同时通过晶体薄片后，到达上偏光镜时所产生的消光和干涉效应各不相同，这些消光和干涉现象一起构成干涉图的特殊图形。使用高倍物镜的目的是吸收更大范围倾斜入射的光，使干涉图更完整。

干涉图的成像不是晶体本身的形象，且位置不在薄片平面上，而是在物镜的后焦平面上。去掉目镜，能直接观察镜筒内物镜后焦平面上的干涉图像实像，其图形虽小但很清晰。不去目镜而推入勃氏镜，此时二者联合组成一个宽角度望远镜式的放大系统，其前焦平面恰好在干涉图的成像位置，可看到放大的干涉图。

均质体矿物光学性质各向相同，不发生双折射，锥光镜下不形成干涉图。非均质体的光学性质随方向而异，在锥光镜下形成干涉图的形象随其轴性和薄片方向而变化。

1) 一轴晶干涉图

一轴晶干涉图根据薄片方向不同，有垂直光轴薄片的干涉图、斜交光轴薄片的干涉图和平行光轴薄片的干涉图 3 种类型。

垂直光轴薄片的干涉图由一个较粗的黑十字或黑十字与干涉色色圈组成。如果矿物的双折射率较小，如图 9.9(a) 所示，视域中只见黑十字，且被黑十字分成 4 个象限，干涉色为一级。黑十字的两臂与目镜十字丝平行，交点为光轴出露点。如果矿物的双折射率较大，如图 9.9(b) 所示，除黑十字外，还有以黑十字交点为中心的同心环状的干涉色色圈，而且干涉色级序越向外越高，色圈越密。旋转载物台，干涉图的形象不变。

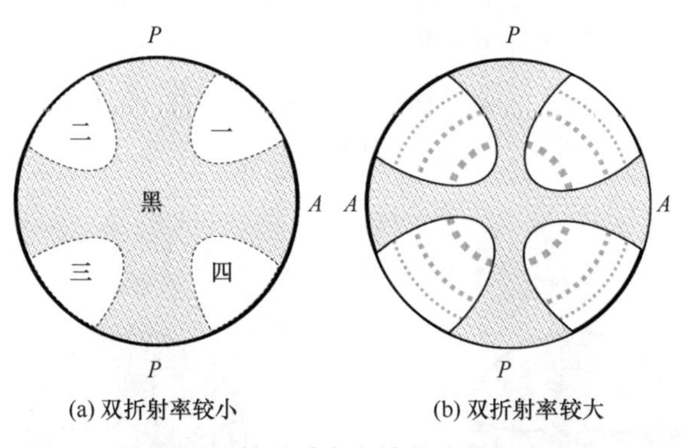

(a) 双折射率较小　　(b) 双折射率较大

图 9.9　一轴晶垂直光轴薄片的干涉图

锥形偏光系统除了中央一条光线垂直射入薄片外，其余各条光线都与薄片成不同的角度倾斜入射，垂直每条入射光都可作一个圆切面或椭圆切面。图 9.10(a) 下半部是侧视图，上半部是俯视图，视域中心是圆切面，即光轴出露点，也是锥光中心垂直射入光线的出露点，其他倾斜光线的切面都是椭圆切面。椭圆切面长、短轴半径在矿片上的分布方向和大小各不相同，其交点分别代表各入射光的出露点。在上下、左右方向上形成两条黑色阴影，构成黑十字，而在被黑十字划分的 4 个象限内出现干涉色，如图 9.10(b)。在锥光镜下，双折射率较大或厚度较大的矿片除了形成黑十字，还出现干涉色色圈。

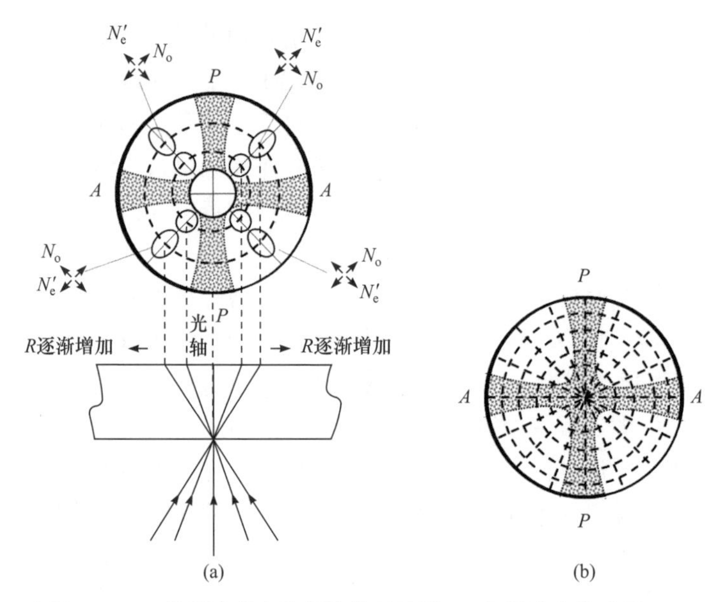

图 9.10 一轴晶垂直光轴薄片的干涉图 (a) 和黑十字的成因 (b)

如图 9.10(a) 所示，在黑十字分割的 4 个象限内，从视域中心向外的放射线方向代表折射率为 N_e' 的非常光的振动方向，同心圆的切线方向代表折射率为 N_o 的常光的振动方向。通过测定折射率为 N_e' 的非常光的振动方向是沿着折射率为 N_g 还是 N_p 的偏振光的振动方向，就能确定 N_e、N_o 的相对大小，从而确定一轴晶光性的正负。

当薄片的双折射率较小时，干涉图由黑十字与一级灰白的干涉色构成。此时插入石膏试板 (折射率为 N_p 的偏振光的振动方向平行长边方向)，黑十字变为石膏试板的一级紫红的干涉色。若一、三象限由灰变蓝，二、四象限由灰变黄，则表示一、三象限干涉色级序升高，二、四象限干涉色级序降低，折射率为 N_e' 的非常光的振动方向与折射率为 N_g 的偏振光的振动方向相同，该矿物为正光性，如图 9.11 (a) 所示。若情况相反，则光性为负，如图 9.11(b) 所示。

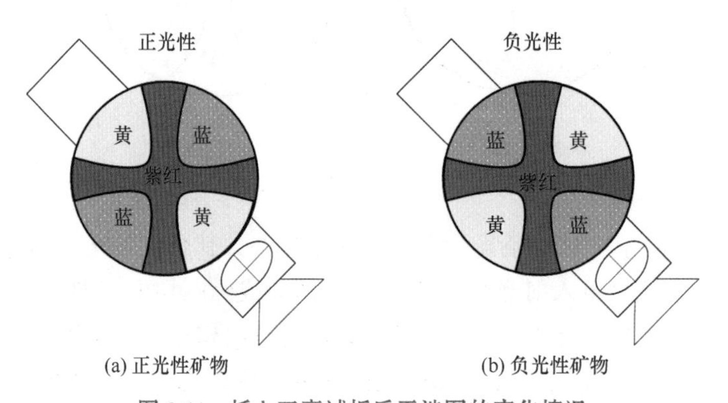

图 9.11 插入石膏试板后干涉图的变化情况

当薄片的双折射率较大时，干涉图由黑十字和干涉色色圈构成。可加入云母试板进行鉴定。如果干涉色色圈多而密，优先使用石英楔。在石英楔慢慢插入时，可清晰地看到色圈移动方向。

斜交光轴薄片的干涉图由不完整的黑十字和干涉色色圈组成，由于光轴与薄片不垂直而成一定的斜交角度，因此光轴在薄片平面上的出露点不在视域中心。若光轴与薄片法线所成的夹角不大，光轴出露点虽不在视域中心，但仍在视域内，如图 9.12 所示，旋转载物台，光轴出露点绕中心做圆周运动，臂上下、左右平移；若光轴与薄片法线交角较大，光轴出露在视域外，视域中只见一条黑带，如图 9.13 所示，旋转载物台，黑带做平行移动，并交替在视域内出现。若干涉图中黑十字交点在视域内，光性正负的测定方法与垂直光轴薄片干涉图的测定方法相同；若黑十字交点在视域外，则首先要确定视域在哪个象限。

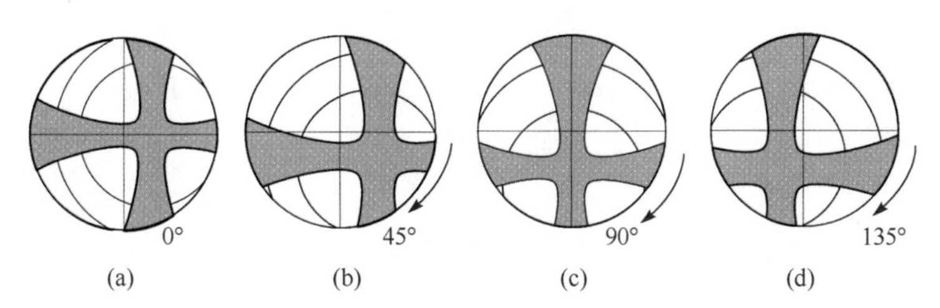

图 9.12　光轴倾角适中的斜交光轴薄片干涉图

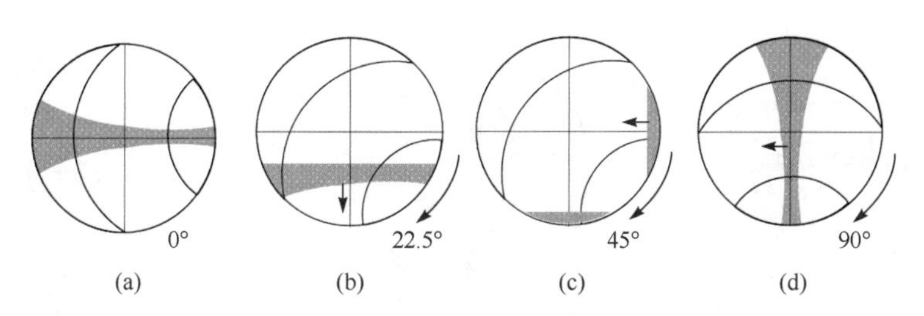

图 9.13　光轴倾角较大的斜交光轴薄片干涉图

平行光轴薄片的干涉图特点是当光轴与上、下偏光镜振动方向之一平行时，干涉图为一个几乎占满整个视域的粗大模糊的黑十字；而稍微旋转载物台，黑十字立刻分裂成对称的双曲线，并沿光轴方向迅速退出视域。因变化很快，故将其称为瞬变干涉图或闪图。这种干涉图一般用于确定薄片方向，而不用于测定光性。

2) 二轴晶干涉图

二轴晶矿物的对称程度比一轴晶矿物低，其干涉图比一轴晶干涉图复杂。二轴晶矿物有 5 种类型的干涉图，即垂直 B_{xa} 薄片、垂直一根光轴、斜交光轴、垂直 B_{xo} 和平行光轴面的干涉图。本书重点介绍前两种类型。

(1) 垂直 B_{xa} 薄片的干涉图是当光轴面与上、下偏光镜振动方向之一平行时，若薄片的双折射率较小，干涉图由黑十字和一级灰干涉色所组成，黑十字两个黑带粗细不同，沿光轴面方向的黑带较细，两个光轴出露点处更细，垂直光轴面方向 (N_{m} 方向) 黑带较宽。黑十字交点为 B_{xa} 的出露点，位于视域中心 [图 9.14(a)]。旋转载物台，黑十字从中心分裂成两个双曲线型黑带，分别位于光轴面所在的两象限内。当转至 45° 位置时 [图 9.14(b)]，两弯曲黑带的弯曲度最大并以 N_{m} 轴呈对称分布。两弯曲黑带的顶点为光轴出露点，并突向 B_{xa} 出露点，二者连线为光轴面与薄片平面的交线，垂直光轴面的方向为 N_m 方向。继续旋转载物台 45°，黑带又合成黑十字，只是粗细黑带位置交换 [图 9.14(c)]。继续旋转载物台，黑十字又分裂。

当薄片的双折射率较大时，除黑十字外，还出现“∞”字形的干涉色色圈。此色圈以二光轴出露点为中心，向外干涉色级序逐渐升高。在靠近光轴处，干涉色环呈卵形曲线，向外合并成“∞”字形，再向外则成凹形椭圆，旋转载物台时，黑十字分裂如上述，干涉色色圈随光轴面而移动，但形态无变化，如图 9.14(d) ～ (f) 所示。

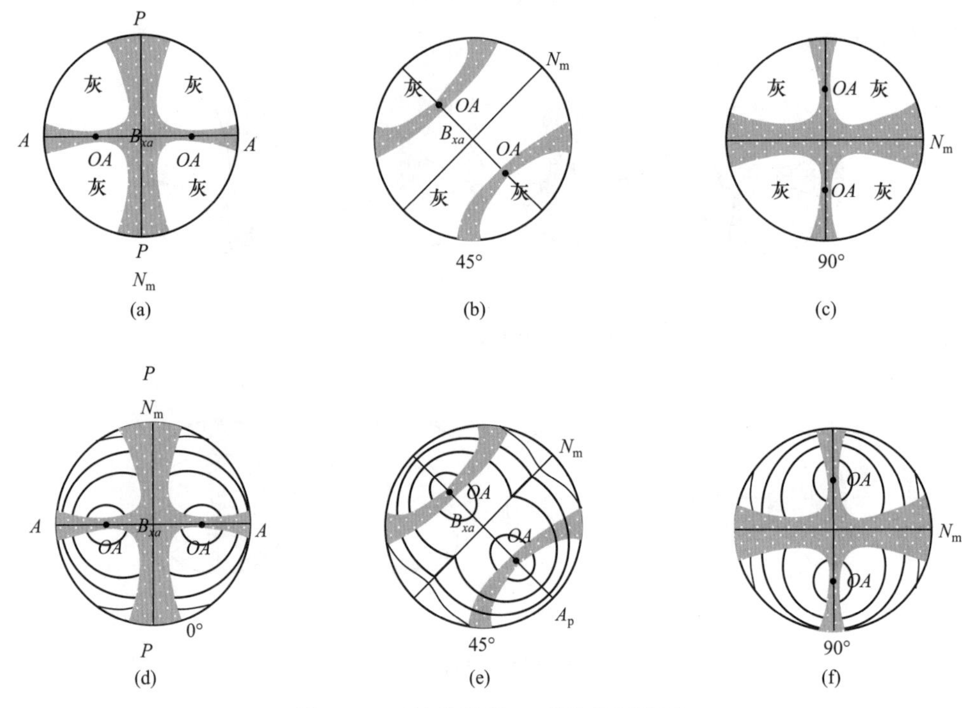

图 9.14　二轴晶垂直 B_{xa} 薄片的干涉图

测定光性正负只需要测定 B_{xa} 是 N_g 还是 N_p。垂直 B_{xa} 薄片的干涉图，当光轴面与上、下偏光镜振动方向成 45° 时，视域中心为 B_{xa} 出露点，两弯曲黑带的顶点为二光轴的出露点，无论光性正负，在二光轴出露点之内总是锐角区，其外是钝角区。二者连线是光轴面与薄片的交线 (N_g 或 N_p 方向)，垂直光轴面的方向为光学法线 (N_m 方向)。二轴晶 3 个主轴的折射率相对大小为 $N_g>N_m>N_p$。插入试板，观察锐角区干涉色级序升降，就可测出平行光轴面迹线的方向是沿着 N_g 还是 N_p。若沿着 N_g 方向，则垂直 N_mN_p 的方向即 B_{xa} 为 N_p，光性为负；若沿着 N_p 方向，则垂直 N_mN_p 的方向即 B_{xa} 为 N_g，光性为正。

当薄片的双折射率较小时，干涉图只有黑十字和一级灰干涉色，无色圈，此时宜用石膏试板测定光性正负。将干涉图从 0° 转至 45° 位置，插入石膏试板，观察锐角区干涉色级序的升降，若干涉图由灰变蓝，表示干涉色级序升高，石膏板与薄片的同名轴平行，N_m 方向已知，光轴面的迹线方向则为 N_p，故垂直它们的 $B_{xa}=N_g$，光性为正；若锐角区干涉色由灰变黄，表示干涉色级序降低，光轴面的迹线方向为 N_g，故 $B_{xa}=N_p$，光性为负。

当薄片的双折射率较大时，干涉图除黑十字外还有干涉色色圈，此时宜用石英楔。将干涉图转至 45° 位置，若锐角区的色圈向内移动，说明干涉色级序升高，石英楔和薄片的同名轴平行，N_m 的方向已定，光轴面的迹线方向则为 N_p，垂直它们的锐角等分线就是 N_g，光性为正；若色圈向外移动，说明干涉色级序降低，二者为异名轴平行，故光轴面的迹线方向为 N_g，则 $B_{xa}=N_p$，光性为负。

(2) 垂直一根光轴的干涉图相当于垂直 B_{xa} 薄片干涉图的一半。当光轴面与上、下偏光镜振动方向之一平行时，出现一条直黑带和"∞"字形干涉图的部分 (双折射率较大时)，旋转载物台，黑带弯曲，至 45° 位置时弯曲程度最大，其顶点为光轴出露点并凸向 B_{xa}，且位于视域中心。继续旋转载物台至 90° 时，又成一条直黑带，但方向已变，如图 9.15 所示。

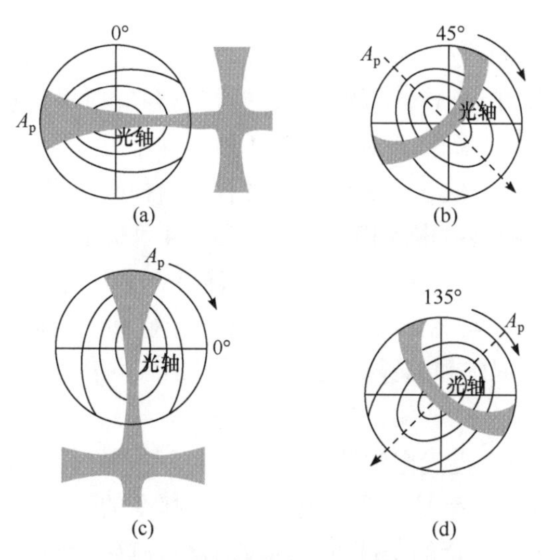

图 9.15　二轴晶垂直一根光轴的干涉图

光性正负的测定方法和垂直 B_{xa} 薄片相同。使光轴面与上、下偏光镜振动方向成 45°，这时黑带弯曲并突向 B_{xa}，找出锐角区，就可按上述方法测定薄片的光性正负。

斜交光轴薄片的干涉图可分为垂直光轴面而斜交光轴的干涉图、与光轴面和光轴都斜交的干涉图两种类型。不管哪种斜交光轴干涉图，当旋转载物台时，黑带弯曲并突向一侧而总是指向 B_{xa}，插入试板，观察锐角区干涉色级序的升降和试板方向就可测定光性正负，其方法与测定垂直 B_{xa} 薄片相同。

平行光轴面薄片的干涉图、垂直 B_{xa} 薄片的干涉图和一轴晶平行光轴薄片干涉图相似，都是瞬变干涉图。因变化较大，一般不用它们来测定光性和确定轴性。

9.1.2　反射偏光显微镜矿物鉴定

对于不宜制成薄片在透射光下进行鉴定的不透明和透明度低的矿物，可将其制成光片，使用反光显微镜鉴定。反光显微镜也称矿相显微镜，主要用于金属矿物的研究。

1. 单偏光系统下矿物鉴定

利用反光显微镜中的单偏光镜系统可以分析矿物的形态、反射率、反射色、硬度等性质。

1) 反射率与双反射率

反射率是表征矿物磨光面对光的反射能力的物理量。高级晶族中的等轴晶系矿物只有 1 个反射率值，其他晶系的矿物反射率随晶体方向而变化，这种反射率随方向而变化的现象称为矿物的双反射。属于中级晶族的四方晶系、三方晶系和六方晶系的矿物有 2 个主反射率 R_o 和 R_e，而属于低级晶族的三斜晶系、单斜晶系和斜方晶系的矿物有 3 个主反射率 R_g、R_m 和 R_p。

矿物反射率的测定方法主要有光学法和光电法。光学法有视测对比法、贝瑞克裂隙光度计法、视觉测微光度计法、光度目镜法等，其中以视测对比法应用最广。视测对比法是通过观察待测矿物在显微镜下的亮度，并与已知反射率的标准矿物进行比较的方法。常用黄铁矿、方铅矿、黝铜矿和闪锌矿 4 种矿物作为标准矿物，将待测矿物与标准矿物安装在同一载玻片上，使在视域中能同时看到两种矿物。通过比较两者亮度，便可判断待测矿物与标准矿物反射率的相对高低。利用 4 种标准矿物，将矿物按照反射率大小分为以下 5 级：①反射率高于黄铁矿的矿物 ($R > 53\%$)；②反射率介于黄铁矿和方铅矿之间的矿物 ($53\% > R > 43\%$)；③反射率介于方铅矿和黝铜矿之间的矿物 ($43\% > R > 31\%$)；④反射率介于黝铜矿和闪锌矿之间的矿物 ($31\% > R > 17\%$)；⑤反射率低于闪锌矿的矿物 ($R < 17\%$)。

光电法有硒光电池法、硅光电池法和光电倍增管法等，其中以光电倍增管法最有效。光电倍增管法测定矿物反射率是根据光电倍增管所接受的反射光强度与其光电信号成正比的原理，在入射光强度一定的条件下，通过对比待测矿物和已知反射率的标准矿物的反射光在光电倍增管中产生的光电信号值而确定。光电倍增管法测定矿物反射率的灵敏度很高，被国际矿物学协会矿相学委员会定为定量测定矿物反射率的标准方法。

光源强度及入射光波长对反射率影响很大。光源越强，反射率就越高；波长改变，反射率也随之改变。测定反射率时，对标准矿物和待测矿物要保持相同的测试条件。光片表面磨光质量要高，做到无擦痕、麻点或氧化膜等，否则会降低矿物的反射率。此外，光片必须严格压平，若光片表面与入射光不垂直，则会影响反射光的方向，降低矿物的反射率。浸没介质、放大倍数、焦距、内反射及温差等因素均能影响反射率的高低。

2) 反射色

矿物光片在单偏光镜下呈现的颜色称为矿物的反射色。反射色随矿物方位改变而变化的现象称为反射多色性。反射色与裸眼观察矿物标本时的颜色有所不同，是由矿物磨光面对光线直射时的选择性反射作用造成的“表色”。当矿物光面对白色入射光中各波长的光近似等量反射时，反射色呈现白色至灰色；当矿物对某一波长的光反射较强时，反射色就呈该波长的颜色。例如，方铅矿对白色入射光近似等量反射，故其反射色为白色；黄铜矿对黄色波段的光反射强烈，故其反射色呈黄色。

矿物反射色可用反射率色散曲线解释。反射率色散是指矿物反射率随入射光波长不同而异的现象。以波长为横坐标，反射率值为纵坐标，即可作出反射率色散曲线图。自然铜的反射率色散曲线在黄、橙和红波段急剧上升，故反射色呈这三种颜色的综合色；黄铁矿的反射率色散曲线则在黄和橙波段明显上升，故呈淡黄色。

3) 矿物硬度测定

显微镜下测定矿物刻划硬度的方法简便，用钢针和铜针刻划矿物表面，其结果分为 3 级：①高硬度矿物，用钢针刻不动的矿物，如黄铁矿、赤铁矿等；②中硬度矿物，用钢针能刻动但铜针刻不动的矿物，如黄铜矿、闪锌矿等；③低硬度矿物，用铜针刻得动的矿物，如方铅矿、辉钼矿等。

镜下刻划矿物在低倍或中倍物镜下进行，金属针与光片表面成 30° ～ 45°，刻划后观察光片表面是否留下刻痕。要避免将光片表面被刻动的尘土、污垢、氧化膜或金属针本身的粉末误认为刻痕。

4) 矿物的浸蚀鉴定

浸蚀鉴定是利用化学试剂浸蚀矿物磨光面，根据浸蚀反应鉴定矿物的方法。浸蚀反应可分为两类：试剂与矿物发生反应时称为正反应，不发生反应时称为负反应。正反应有以下不同表现。

(1) 显结构：试剂溶解掉光片表面的非晶质薄膜，使光片显现出原来被掩盖的解理纹、裂纹、双晶纹、晶粒内部环带结构及晶粒界线等。

(2) 染黑：矿物表面被试剂浸蚀后变得粗糙不平，入射光反射时成为散射光，浸蚀区在镜下变成灰黑至黑色。

(3) 染色：当试剂在溶解矿物的同时，因化学反应产生沉淀物，以带色薄膜的形式留在浸蚀部位，如染蓝、染黄等。

(4) 晕色：如果沉淀物为无色透明的细小晶体，可使光反射时产生各种干涉色，犹如彩虹。

(5) 晕圈：试剂滴在矿物光面上，在液滴四周产生色变的现象。该现象是由试剂液滴向外发散的气体导致的，属于一种比较特殊的浸蚀反应现象。

(6) 发泡：试剂与矿物发生化学反应，产生气体逸出的现象。

此外，当试剂液滴四周不显晕圈而凝聚有微细的水珠时称为汗圈。这种现象属于负反应。

2. 正交偏光系统下矿物鉴定

反射偏光显微镜的正交偏光系统同时使用起偏镜 (位于光源和光片之间，与透射偏光显微镜中的下偏光镜类似) 和检偏镜 (位于光片和目镜之间，与透射偏光显微镜中的上偏光镜类似)，且两个偏光镜的振动方向互相严格垂直或近似垂直。在该系统下可观测矿物内反射、均质性与非均质性等性质。

1) 内反射

内反射是当光线照射到具有一定透明度的矿物光片表面时，一部分光线折射透入矿物内部，遇到矿物内部的解理、裂隙、空洞、晶粒、包裹体等界面，被反射或散射开的现象。如果内反射出的光线没有色散现象，则仍为白光；如果发生色散，则可显示颜色，称为内反射色。内反射光线在矿物内部发生的反射，所呈现的内反射色是矿物的体色，而反射色是矿物的表色。体色和表色互为补色，互补明显程度与矿物的透明度密切相关。由于矿物的透明度与反射率有密切联系，因此内反射与反射率之间的关系也十分明显。一般矿物的反射率越高，内反射现象越不明显。

透明矿物反射光极弱，大量光线可以透过，反射色多为灰色 - 灰黑色。由于透射光量大，内反射现象明显。若色散显著，还可呈现强烈的内反射色，如孔雀石呈现鲜艳的翠绿色、蓝铜矿的蓝色等。透明矿物反射色与内反射色的互补现象一般不明显，裸眼观察矿物的颜色与内反射色相同或相近。半透明矿物的透射光和反射光都较强，内反射色和反射色都比较强烈，二者的互补关系较明显。裸眼观察矿物的颜色与内反射色或反射色都不一致，是内反射色和反射色的综合色。例如，裸眼观察赤铁矿一般为褐红色，反射色为灰白色微带蓝色，内反射色则为深红色，三者均不相同。不透明矿物不允许光线透过，故不发生内反射现象。例如，黄铁矿、黄铜矿和方铅矿等金属矿物均无内反射。

测定内反射常用正交偏光法和斜照法。测定结果可分为明显、可见和无三个级别。对于有内反射的矿物，内反射色可用括号表示，如辰砂的内反射现象可记录为：明显 (朱红色)。

正交偏光法是在正交偏光系统下观察矿物的内反射现象。入射平面直线偏光被矿物表面反射时，反射光基本上是直线偏光，从而不能通过检偏镜，视域呈黑暗状态。但是，射入矿物内部的直线偏光发生内反射，射出来的光常呈椭圆偏光或发生反射旋转，即一部分内反射光能透过检偏镜，使视域呈现一定的亮度，这就是正交偏光下的内反射现象。矿物粉末的透光性比块状物好，因此可采用矿物粉末以提高观测效果。对于内反射现象很微弱的矿物，还可用浸油作介质，降低矿物在浸油中的反射率，增加透入矿物内部的光量，使内反射现象更明显。

斜照法是将光源倾斜照射在光片表面上，使反射光线对称倾斜反射而不进入物镜。当光线斜射到透明或半透明矿物表面时，除了一部分光线被反射外，其余光线透入矿物内部，遇到倾斜度合适的界面，被内反射进入物镜，使视域呈现一定的亮度，并具有透明的视感。如果带有某种颜色，则表示矿物有内反射色。斜照法灵敏度较低，只能观测到内反射很显著的矿物的内反射现象。

2) 均质性与非均质性

在正交偏光下，当垂直入射的平面偏光照射到矿物光片表面，若反射光仍保持入射偏振方向而不能通过检偏镜，使视域呈现黑色 (消光)，此时旋转载物台，不发生明暗或颜色的变化，这种矿物的光学性质称为均质性，任何方位都显均质性的矿物称为均质矿物。当矿物对垂直入射平面偏光有方向性选择，除特殊方向 (消光位) 的切片外，反射光均要改变原来的偏振方向，使部分光线经过检偏镜，显示一定的亮度和颜色 (偏光色)，旋转载物台时，亮度和颜色都会发生变化，这种矿物的光学性质称为非均质性。均质性与非均质性在正交偏光条件下的观察方法可分为严格正交法和不完全正交法。

严格正交法是在起偏镜和检偏镜严格正交的情况下观察矿物均质性和非均质性的方法。旋转载物台一周，均质矿物呈消光状态，视域黑暗；非均质矿物则可见到“四明四暗”的现象，明暗位置固定，且在 45° 位置最亮。不完全正交法是指两偏光镜不严格正交，偏离正交位置 1° ～ 3°。此时，对于均质矿物，视域可呈现一定亮度，即不完全消光，但旋转载物台时亮度不发生变化；对于非均质矿物，将出现“歪四明四暗”现象，即明暗位置不正，间隔不是 90°，四明中有两次最亮，两次次之。如果偏光镜角度偏离正交位置太多，可出现“两明两暗”现象，明暗相间出现不在准确的 45° 位置。

均质性与非均质性的观测结果可分为强非均质、弱非均质和均质三级。在严格正交偏光下旋转载物台，能看到明显的亮度和颜色变化者为强非均质矿物。在严格正交偏光下不能看到明暗变化，但在不完全正交偏光下能看到明显的亮度和颜色变化时，则为弱非均质矿物。如果在不完全正交偏光下也看不出明暗变化，则为均质矿物。对于非均质矿物，要观察和记录偏光色。例如，铜蓝为强非均质，偏光色为火红 - 蔷薇 - 红棕色。记录时，也可将偏光色写在括号内，放在非均质性分级后。

3. 锥光系统下矿物鉴定

矿物在反射偏光显微镜锥光系统下所呈现的图像称为偏光图。不同矿物偏光图的特征不同，如软锰矿和硬锰矿的镜下光学特征很相似，但二者的偏光图有明显的区别。软锰矿的偏光图中，双曲线暗带的凹部显蓝色，凸部显红色；而硬锰矿刚好相反，双曲线暗带的凹部显红色，凸部显蓝色。

1) 均质矿物偏光图

在严格正交偏光下，均质矿物显示黑十字偏光图 [图 9.16(a)]。任意旋转载物台，均质矿物黑十字图像不会发生变化。当旋转上偏光镜，使其离开与前偏光镜正交的位置时，均质矿物的黑十字偏光图将分解成双曲线形 [图 9.16(b)]。

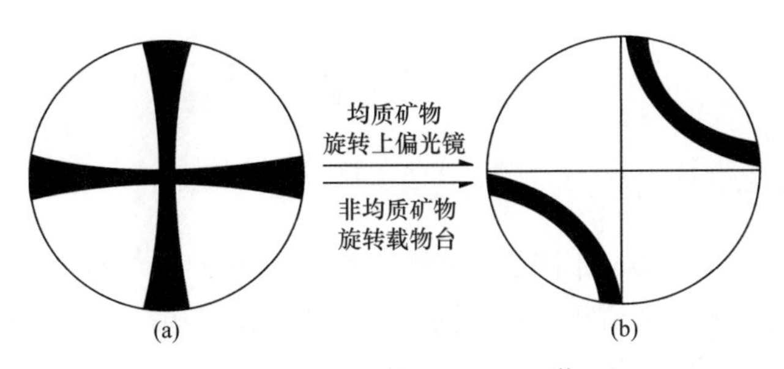

图 9.16　矿物偏光图典型图像

一些均质不透明矿物的双曲线形偏光图会出现红、蓝色边，称为反射旋转色散效应。反射旋转色散效应有三种情况，当双曲线凹侧为红色、凸侧为蓝色时，称为红 > 蓝；凹侧为蓝色、凸侧为红色时，称为蓝 > 红；看不出色边时，称为红≈蓝。表 9.2 列举了不同类型反射旋转色散的矿物。例如，黝铜矿和砷黝铜矿的光学性质类似，但借助偏光图很容易进行区分，黝铜矿为蓝 > 红，砷黝铜矿则为红 > 蓝。

表 9.2　一些均质不透明矿物的反射旋转色散类型

反射旋转色散	矿物
红 > 蓝型 (凹侧红、凸侧蓝)	辉银矿、砷黝铜矿、蓝辉铜矿
红 < 蓝型 (凹侧蓝、凸侧红)	黄铁矿、紫硫镍矿、黝铜矿、斑铜矿
红 ≈ 蓝型 (看不出色边)	自然铂、磁铁矿、方铅矿、闪锌矿

2) 非均质矿物偏光图

非均质矿物偏光图也有黑十字形和双曲线形两种基本形态。当非均质矿物处于消光位时，呈现与均质矿物相同的黑十字偏光图 [图 9.16(a)]。当旋转载物台使矿物处于非消光位或用任意方位的切面观察时，将呈现双曲线偏光图 [图 9.16(b)]。

非均质矿物双曲线偏光图的形成同时受反射旋转色散、非均质旋转色散以及二者综合色散作用的影响。不同的矿物具有不同的色散类型，非均质矿物偏光图具有重要的鉴定意义。表 9.3 列举了部分非均质矿物的旋转色散类型。

表 9.3　部分非均质矿物的旋转色散类型

矿物	反射旋转色散	反射旋转和非均质旋转的综合色散	非均质旋转色散
赤铁矿	红 > 蓝	蓝 > 红	红 ≈ 蓝
软锰矿	红 ≈ 蓝	红 > 蓝	红 > 蓝
硬锰矿	红 ≈ 蓝	蓝 > 红	蓝 > 红
磁黄铁矿	蓝 > 红	蓝 > 红	蓝 > 红
辉铜矿	红 > 蓝	蓝 > 红	红 > 蓝
黄铜矿	蓝 > 红	红 > 蓝	红 ≈ 蓝
辉锑矿	红 ≈ 蓝	蓝 > 红	蓝 > 红
毒砂	蓝 > 红	蓝 > 红	蓝 > 红

除了上述传统的光学鉴定方法，目前广泛采用 XRD、红外光谱、扫描电镜等对矿物进行准确鉴定。

9.2　矿物元素分析

9.2.1　矿物定量与元素分析

在矿石中，同种元素会以不同的矿物形式产出，而不同矿物中有价元素的提取与利用所采用的技术方法和工艺流程也不相同。例如，含铁矿物常有磁铁矿、赤铁矿、褐铁矿等；含铜矿物主要有黄铜矿、斑铜矿、辉铜矿等硫化铜矿物，以及赤铜矿、孔雀石等氧化铜矿物；含钨矿物主要有黑钨矿和白钨矿。这些矿物都含有相同的元素，但是彼此性质相差悬殊，综合利用工艺流程也截然不同。矿石及矿物加工产品中化学成分分析的目的是研究矿石中所含元素的种类和含量，从而确定矿石中的主要成分和次要成分、有益成分和有害成分的种类和含量等。

确定矿石中各组成矿物相对含量称为矿物定量。使用显微镜对矿石进行矿物定量是目前最常用的办法。该方法设备简单，操作方便，测定可靠性较高，能够满足选矿工艺生产与研究的要求。进行显微镜分析测定之前，必须先准确鉴别矿石中的各种矿物。根据操作方式和计算方法可分为面积法和直线法。

面积法假设矿物在光面上的出露面积比与其体积比相等。测定时，在焦平面放置一片横纵各 21 条平行等间距构成的目镜测微网。如图 9.17(a) 所示，此时在显微镜所观察的矿石上形成一个方格网，通过方格网度量测定各种不同矿物在光片上出露面积的大小，并以此判断矿物的体积大小。当矿石中各种矿物含量比例相差很远，即其中某种矿物含量极高而其他矿物含量很低时，可以经常观测到一种矿物占满整个视域的情况，此时使用面积法测试，不仅速度快，结果精度也高。

直线法是利用系列平行直线穿切各矿物的截线长度比代表各矿物的体积比。如图 9.17(b) 所示，测定时在目镜筒焦平面放置一片等分为 100 份的 1cm 目镜测微尺。通过查数各矿物颗粒在尺上占据的格子数，确定各矿物的长度比。直线法适用于细粒矿石，因为当矿物颗粒细小时，若采用面积法量，占满一个网格的概率较低，计数不仅费时而且精度也差。

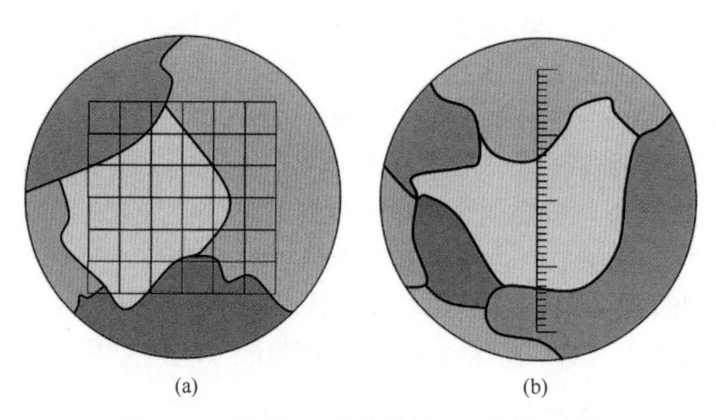

图 9.17　面积法 (a) 和直线法 (b) 测试示意图

矿物元素分析最常用的手段包括矿物化学多元素分析和化学全成分分析。

化学多元素分析是对矿石中的多种重要元素的定量化学分析，一般应包括主要有益元素、有害元素等。化学全成分分析是采用化学分析的方法对矿石中全部化学成分的含量进行分析，矿石中不同成分的分析结果之和应该接近 100%。通过化学全成分分析能够掌握矿石中全部化学成分的种类和含量，一般根据光谱分析查出的元素种类确定化学分析的项目。除痕量元素外，其他所有元素都作为化学分析的项目。

以锂辉石矿石为例，锂辉石理论化学成分为：8.07% Li_2O、64.49% SiO_2、27.44% Al_2O_3。为明确矿石的主要元素 Li、Al、Si、K、Na、Ca、Mg，可能共伴生元素 Nb、Ta、Be、Rb、Cs、Sn，以及有害杂质 P、TFe 等的含量情况，可通过 XRF 和 ICP-OES 分析其元素组成。锂辉石矿石的化学全成分分析结果见表 9.4。该矿石中主要化学成分为 Si、Al、Li、Fe、Ca、Mg、Na、K 等，Li_2O 品位为 1.25%，根据《矿产资源工业要求手册 (2014 年修订本)》，花岗伟晶岩类锂矿床的 Li_2O 边界品位为 0.4% ～ 0.6%，机选工业品位为 0.8% ～ 1.1%，该样品属于低品位锂金属矿。伴生有价元素主要是 Rb、Ta 和 Nb，其中 Nb_2O_5+Ta_2O_5 品位为 0.02%，Rb_2O 的品位为 0.35%，可考虑综合回收。有害元素 TFe 2.80%、P_2O_5 0.20%。

表 9.4 一种锂辉石矿石的化学全成分分析结果

成分	Li_2O	Rb_2O	Ta_2O_5	Nb_2O_5	SiO_2	Al_2O_3	Na_2O	TFe
含量(质量分数)/%	1.25	0.35	0.01	0.01	66.24	19.96	4.22	2.80
成分	K_2O	CaO	MgO	P_2O_5	MnO	TiO_2	ZnO	Ga_2O_3
含量(质量分数)/%	2.74	0.62	0.38	0.20	0.13	0.02	0.01	0.01

9.2.2 元素在矿物中的存在形式

元素在矿物中的存在形式与其晶体化学性质以及形成的物理、化学等条件有关，主要有独立矿物、类质同象和离子吸附三种存在形式。

1. 独立矿物形式

元素以独立矿物形式出现，一般应具备两个基本条件：在一定的物理、化学条件下具有相对的稳定性；具有一定的元素含量，即某元素在环境中达到一定浓度后，在前一条件基础上就能够形成独立矿物。

当元素呈独立矿物形式产出时，该元素构成矿物主要和稳定的成分，并占据矿物晶格的特定位置。例如，在铁矿石中，铁元素主要以磁铁矿 Fe_3O_4 形式产出，铁在磁铁矿中的理论含量为 72.41%，是磁铁矿的主要成分。而且 Fe^{2+} 和 Fe^{3+} 分别占据了磁铁矿晶体结构的特定位置，1/2 的 Fe^{3+} 占据四面体位置，剩余 1/2 的 Fe^{3+} 和 Fe^{2+} 共同占据八面体位置，构成典型的反尖晶石型晶体结构。当铁元素以磁铁矿的形式产出时，则称铁元素以独立矿物形式赋存。铁也可以独立矿物形式赋存于其他矿物中，如赤铁矿、钛铁矿、纤铁矿、针铁矿、黄铁矿、磁黄铁矿等。

呈独立矿物形式存在的元素，当独立矿物以极其微细的晶体分布在矿石中时，其回收利用的难度比晶体粒度较粗时更大。一般将结晶粒度 $<3\mu m$ 的独立矿物称为分散相。分散相形式矿物以显微包裹体和次显微包裹体形式产出。显微包裹体是指在一般的光学显微镜下可以分辨的包裹体颗粒，粒度一般 $>0.2\mu m$；次显微包裹体是指在普通显微镜下无法分辨，需要借助电子显微镜等手段才能分辨的包裹体颗粒，粒度 $<0.2\mu m$。

2. 类质同象形式

类质同象是元素在自然界矿物中的一种常见的赋存形式。与独立矿物形式不同，呈类质同象形式产出的元素通常不是矿物晶格中的主要和稳定的成分，而是由于其晶体化学性质与矿物中的某个主元素的晶体化学性质相似，并在一定的条件下，以次要或微量元素的形式进入矿物晶格，这些元素进入矿物晶格后不改变矿物的晶体结构。类质同象是引起矿物化学成分多样化的一个主要原因。地壳中许多元素很少形成独立矿物，而主要以类质同象形式存在于其他矿物的晶格中。例如，从元素赋存状态来看，稀有分散元素就主要以类质同象形式存在于自然界的矿物中。

3. 离子吸附形式

呈离子吸附形式产出的元素以吸附状态存在于某种矿物中，可以是简单阳离子、络阴离子或胶体微粒，其载体矿物主要是一些多孔、比表面积较大的矿物。例如，黏土矿物，其颗粒细小，表面能较大，在破碎晶体的边缘常带有电荷，易于吸附其他质点。吸附状态元素的形成要经过两个阶段：①原生矿物因物理、化学风化作用被磨蚀分解，在一定条件下形成荷电的胶体质点，或被分解成离子、分子状态；②荷电的离子或胶体质点吸附于荷异电的矿物中。例如，江西某花岗岩风化壳钇族稀土矿床中的稀土元素以简单的阳离子形式被多水高岭石和高岭石等黏土矿物吸附。又如，在湖南某铁帽型金矿床中，主要成分为针铁矿 α-FeO[OH] 的褐铁矿 $Fe_2O_3 \cdot nH_2O$，呈胶团结构，为正胶体，其表面往往吸附带负电荷的金胶体微粒 $\{mAu + nAu(OH)_3+Au(OH)_4\}$，金的含量最高可达到 6g/t，具有重要的工业价值。

元素在矿石中的独立矿物、类质同象和离子吸附三种存在形式对矿物加工工艺处理影响极大。对于构成独立矿物的有用元素，当矿物粒度 >0.02mm 时，可用现行的机械分选手段予以有效地回收；当矿物粒度 >3μm 时，可用浮选实现分离；对于粒度 <3μm 的显微包裹体和次显微包裹体，现有机械选矿手段难以起到有效作用，需要通过火法或湿法冶金改变其结晶状态后，再予以处理。对于以类质同象形式存在于载体矿物中的有用元素，通常先选取载体矿物，再从载体矿物的精矿中回收。对于以离子吸附形式存在的有用元素，则需要单独采用一些特殊手段，一般不列入选矿工艺加工对象中。

9.2.3　矿物中元素的赋存状态分析

研究矿物中元素的赋存状态是工艺矿物学的基本任务，为了充分合理利用有用元素，必须查明元素在矿物原料中的存在形式和分布规律。元素赋存状态分析内容包括：有益、有害元素的存在形式；元素赋存状态类型、特征和变化与矿石结构、构造、蚀变类型、矿物共生组合的关系；元素在矿物中的分布、配分及其比值。根据元素赋存状态分析，拟定合理的分选流程，预测合理的回收指标。

元素赋存状态分析步骤包括：测定矿物原料的化学成分，有益和有害元素的种类；查明元素在原料中的赋存形式，并测定该元素的所有载体矿物在原料中的含量；定量测定和计算元素在独立矿物或载体矿物的赋存形式中的相对含量；进行元素在原料中不同矿物的配分和平衡计算。几种常用的元素赋存状态研究方法简述如下。

1. 重砂分析法

重砂分析法是矿物中元素赋存状态分析比较常用的一种方法，对大部分矿石适用，特别是结晶颗粒大、含量高、易于分选的矿物更为有效。重砂法分析包括：分析矿物化学成分和元素含量，组成矿物类别、各组成矿物的相对含量，分离提纯各组成矿物，分析元素在各矿物中的含量，计算元素在试样各组成矿物中的配分比。

重砂分析法对颗粒细小、选矿回收率很低的铌钽矿或金属矿床中伴生的金、银等都不适用。因为金选矿仅回收了部分独立矿物，其他颗粒细小的显微包裹体由于无法回收进入精矿。该方法的关键在于矿物定量和分离提纯单矿物，这两步直接影响结果质量。因此，如果原料的组成矿物种类繁多，且嵌布粒度小，显微包裹体普遍存在，则无法应用。

2. 选择性溶解法

选择性溶解法是通过选择合适的溶剂，在一定条件下对含有目标元素的某种矿物进行选择性浸出，而该元素的其他矿物不被浸出，并分析矿石中元素的赋存状态。矿物的选择性溶解不仅受矿物化学组成、晶体构造等性质的影响，还受溶解过程中溶剂种类、浓度、温度等条件的控制。该法一般用于其他方法难以解决的细粒、微量、嵌布关系复杂的矿石中元素赋存状态的研究。

酸碱浸出法主要用于以类质同象或显微包裹体形式存在于矿物中的可用酸或碱浸取的有用元素。矿物中待测目标元素的浸出行为可分为两种情况：目标元素以类质同象形式存在，与矿物中主元素发生类质同象代替，目标元素浸出规律与主元素类似；目标元素以显微包裹体存在，由于分布的不均匀性，浸出曲线常呈现不连续的特点，还有孤立高含量突然出现的情况。根据浸出曲线或规律可判断元素的赋存状态。

3. 矿物微区分析法

矿物微区分析法主要包括电子探针、离子探针、扫描电子显微镜等，借助元素的特征 X 射线、二次电子、背散射电子等电子信号测定元素在矿物表面的分布特征，以此为依据判断元素的赋存状态。若目标元素在矿物表面均匀分布，则说明该元素以类质同象形式存在；若微量元素在矿物表面呈不均匀分布，且在个别区域有显著富集现象，则说明该元素是以显微包裹体形式存在。电子探针等矿物微区分析方法是研究类质同象和显微包裹体最简便、有效的方法，特别是对微粒、微量矿物中元素赋存状态的研究，其重要性尤其显著，而且可直接在光片或光薄片上测定，不需要进行矿物的分离提纯。

矿物中的微量元素除在表生条件下常以吸附状态存在外，在内生条件下其赋存形式主要有两种：一是参与矿物的晶格，二是呈显微矿物包裹体。电子探针在光片或光薄片上的扫描图像可直接显示元素的分布状况。若元素在矿物中分散而均匀地分布，便可初步认定是以类质同象混入物状态存在。例如，钛铁金红石中的铁和铌，黄铁矿中的钴和镍等，多是呈类质同象状态。以显微包裹体状态存在的元素通常分布极不均匀，在一点或某一微小区域内大量富集。例如，某黑色锡石中含 Ta_2O_5 2.21%、Nb_2O_5 1.70%，以前认为 Nb 和 Ta 是类质同象混入，后经电子探针扫描证实锡石本身的 Nb 和 Ta 含量很低，而在锡石的裂隙中发现了不少细晶石和铌铁矿包裹体。又如，黑云母中常含有各种稀有元素和稀土元素，以往也认为是类质同象混入物，但电子探针分析证实，黑云母中存在着稀土元素含量较高的褐帘石。铅锌矿床和铜矿床中凡伴生银品位稍高者，均发现银有一定比例以独立矿物形式被包裹在伴生矿物中。

4. 元素的配分计算

元素的配分计算目的是分析目标元素在矿石各矿物中的分配比例。它是建立在其他测定手段基础上的一种计算方法，需要获得矿石中各组成矿物的含量及各矿物中该元素的含量，以定量地说明目标元素在矿石中的分布规律，而不涉及这些元素在矿物中以何种形式存在。其具体计算可按下列步骤进行。

确定目标元素在矿石中各矿物的配分量：

$$c_i = w_i a_i$$

式中，c_i 为目标元素在某一矿物中的配分量，%；w_i 为矿石中某一矿物的相对含量，%；a_i 为目标元素在该矿物中的含量。

确定目标元素在矿石中的配分比：

$$P_i = \frac{100c_i}{\sum c_i}$$

式中，P_{i} 为目标元素分配到矿石各矿物中的配分比。

目标元素在原料中可呈独立矿物形式或其他各种分散状态形式。以独立矿物形式存在的目标元素通常可以集中于精矿中。为了掌握精矿中可能的最大回收量，需要计算目标元素的集中系数，即矿物中呈独立矿物形式的元素占该元素在原料中总量的百分数：

$$K = \frac{100a_i}{a_0}$$

式中，K 为目标元素的集中系数；a_i 为以独立矿物形式存在的元素含量；a_0 为元素在矿物原料中的总含量。

通过元素配分计算，可直观掌握元素在矿石中的分布规律，用于指导矿产资源的综合利用。以某铁矿石中铁的配分计算为例，结果如表 9.5 所示，铁主要分布在磁铁矿、针铁矿和菱铁矿矿物中，其配分比分别为 71.89%、17.64% 和 6.20%。由此可确定采用磁选回收磁铁矿和针铁矿，回收率可达 89.53%。

表 9.5　某铁矿石中铁的配分计算

矿物	含量 /%	铁元素含量 /%	配分量 /%	配分比 /%
磁铁矿	32.47	70.74	22.97	71.89
针铁矿	10.73	52.54	5.64	17.64
菱铁矿	4.74	41.79	1.98	6.20
铁白云石	2.14	14.35	0.31	0.96
黄铁矿	0.89	45.47	0.40	1.27
磁黄铁矿	0.74	57.14	0.42	1.32
绿泥石	0.68	19.67	0.13	0.42
镁铁闪石	0.35	27.47	0.10	0.30
石英	47.26	—	—	—
总计	100	—	31.95	100.00
原矿分析 TFe/%	32.07			
配分相对误差 /%	[32.07–31.95)/32.07] × 100=0.37			

9.2.4 矿物晶体化学式

矿物晶体的化学成分的表示方法通常有化学通式和晶体化学式。化学通式是根据矿物元素种类和数量比，按照顺序表示，如绿柱石的化学通式为 $3BeO \cdot Al_2O_3 \cdot 6SiO_2$ 或 $Be_3Al_2Si_6O_{18}$。化学通式形式简洁，但是不能反映矿物中各组分之间的相互关系，对于成分复杂的矿物，甚至可能会引起误解。

晶体化学式是在包含化学通式中矿物各组分数量比例的同时，以一定规则表示元素在晶体结构中配置的关系式，又称为结构式，如绿柱石的晶体化学式为 $Be_3Al_2[SiO_3]_6$。晶体化学式是表示矿物普遍采用的方式，其一般书写规则如下。

(1) 阳离子在前，阴离子或络阴离子在后。类质同象的各阳离子用 ( ) 括起来，前多后少，依次排列并用逗号隔开；络阴离子用 [ ] 括起来。例如，橄榄石 $(Mg，Fe)_2[SiO_4]$，堇青石 $(Mg，Fe)_2Al_3[AlSi_5O_{18}]$。

(2) 对于复盐矿物，其阳离子按碱性强弱顺序书写，如白云石 $CaMg[CO_3]_2$，Ca^{2+} 碱性强于 Mg^{2+}。若碱性相同，则按离子价态从低到高顺序书写，如磁铁矿 $FeFe_2O_4$，前面是 Fe^{2+}，后面为 Fe^{3+}。

(3) 如存在附加阴离子，写在阴离子或络阴离子后，如磷灰石 $Ca_5[PO_4]_3(F，Cl，OH)$。

(4) 矿物中的水分子以 H_2O 形式写在最后，并用圆点与矿物中的其他组分隔开。水分子前写系数，若含水量不定，记为 n，如石膏 $Ca[SO_4] \cdot 2H_2O$、蛋白石 $SiO_2 \cdot nH_2O$。若水以 $(OH)^-$ 形式存在，按一般附加阴离子对待。例如，黄玉 $Al_2[SiO_4](F，OH)_2$、坡缕石 $(Mg，Al)_2[Si_4O_{10}]_2(OH)_2 \cdot 2H_2O$。

(5) 若结构比较复杂，结构较为紧密的成分用括号括在一起，以示结构的层次。例如黑云母 $K\{(Mg，Fe)_3[AlSi_3O_{10}](OH)_2\}$，[ ] 中的成分构成硅氧骨干，{ } 中的成分构成结构单元层，( ) 中的成分为互为类质同象代替的离子。

有时为了更详尽地标示矿物的化学成分。还需要注明变价离子的价态，同时表明相互代替离子的数目，此时各元素符号后不加逗号。例如，某单斜辉石的晶体化学式为

$$(Ca_{0.85}Na_{0.02})_{1.00}(Mg_{0.37}Fe^{2+}_{0.07}Fe^{3+}_{0.01}Ti_{0.02}Mn_{0.04})_{1.00}[(Si_{1.69}Al_{0.10})_{2.00}O_{6.00})]$$

矿物真实的化学成分可以在一定范围内变化。因此，实际分析时可根据矿物的化学成分分析数据计算矿物的化学式，以获得实际矿物的成分特征。矿物化学式计算有多种方法，均遵循占位离子数最合理、价态平衡的原则。阴离子法和阳离子法是最常用的方法。

阴离子法是基于已知矿物晶体化学通式，阴离子作最紧密堆积，在单位分子内数目不变而以其为基数进行化学式计算的方法。含氧盐和氧化物矿物的化学式计算可根据单位分子内氧的数目为基数进行，称为氧原子法。以化学通式为 $XY[Z_2O_6]$ 的某单斜辉石为例 (表 9.6)，说明按氧原子法计算矿物化学式的步骤。

(1) 检查化学分析结果是否符合精度要求。本例各组分质量分数总和为 101.76%，必要时进行修正，见第 3 列。

(2) 求出各组分物质的量，见第 5 列。

(3) 用各组分物质的量分别乘以其氧原子系数和阳离子系数，得到各组分的氧原子

数和阳离子数，如第 6 和 7 列。

(4) 计算各组分的氧原子数的总和。

(5) 以矿物化学通式中的氧原子理论数 (本例为 6) 除以氧原子数总和，得换算系数。本例换算系数为 6/2.849=2.106。

(6) 以各组分的阳离子数乘以换算系数得单位分子中的阳离子数，见第 8 列。

(7) 根据类质同象理论和矿物化学通式，将各阳离子分配到相应的晶格位置，如本例中的 *X*、*Y*、*Z* 位。此处注意 Al 占据两种晶格位置，分配时一般优先考虑配平替代 Si 的四面体位置，即替代 Si 四面体位置的 Al 为 2.000+1.943=0.057，其余分配到八面体位置。

(8) 进行价态平衡检验计算，基本平衡时写出矿物化学式。例如

$$(Ca_{0.18}Na_{0.89})_{1.07}(Mg_{0.15}Fe^{2+}_{0.02}Fe^{3+}_{0.14}Al_{0.68}Ti_{0.01})[(Si_{1.94}Al_{0.06})_{2.00}O_{6.00}]$$

表 9.6　某单斜辉石化学式计算

组分	质量分数 /%	相对分子质量	修正后的质量分数 /%	物质的量 / mol	氧原子数	阳离子数	单位分子中阳离子数
SiO_2	56.35	60	55.37	0.923	1.846	0.923	1.944
Al_2O_3	18.15	102	17.84	0.175	0.525	0.350	0.737
TiO_2	0.32	80	0.31	0.004	0.008	0.004	0.008
Fe_2O_3	5.22	160	5.13	0.032	0.096	0.064	0.135
FeO	0.75	72	0.74	0.010	0.010	0.010	0.021
MgO	2.9	40	2.85	0.071	0.071	0.071	0.150
CaO	4.73	56	4.65	0.083	0.083	0.083	0.175
Na_2O	13.14	62	12.91	0.208	0.208	0.417	0.876
K_2O	0.2	94	0.20	0.002	0.002	0.004	0.008
总和	101.76		100.00		2.849		

注：换算系数 6/2.849=2.106

9.3　矿物嵌布特征与解离度

9.3.1　嵌布特征

矿石是多种矿物按一定方式彼此镶嵌成的一个集合体。嵌布特征是对矿物空间结合关系的研究，主要是分析矿物的颗粒大小、形状、与脉石矿物的结合关系，以及分散、集结、均匀程度等空间分布特征。

1. 嵌布粒度

依据分析目的可将矿物粒度分为晶体粒度和嵌布粒度两类。晶体粒度是指一个单体矿物颗粒的大小，或者称具有一个结晶中心的单体矿物所占据的空间。嵌布特征反映的

矿物嵌布粒度大小是按照单种矿物进行划分的。同种矿物聚合在一起所占据的空间均划归到一个颗粒之中。因此，这个颗粒范围内的矿物，可能是一个单体的矿物，也可能是若干个同种矿物单体的集合体。

例如，方铅矿集合体，虽然通常方铅矿的颗粒很小，但每个小颗粒的方铅矿都有自己独立的结晶中心。因此，在分选时不需要将方铅矿破磨成一个个小颗粒，而只需粗略破碎成小集合体，便可实现方铅矿与其他矿物的分离。相反，一个已经被方解石浸蚀交代所剩无几的毒砂骸晶，由于残留的骸晶只有一个结晶中心，因此骸晶仍然是个单体矿物颗粒，在分选时只有破磨得很细，才有可能将毒砂与其他矿物分离。

矿石中有用矿物的嵌布粒度分级可分为粗、中、细、微等。表 9.7 列举了《矿产资源综合勘查评价规范》（GB/T 25283—2010）的分级方案。

表 9.7 《矿产资源综合勘查评价规范》的分级方案

粒级	粒级范围 /mm	可选性	粒级	粒级范围 /mm	可选性
粗粒	> 2	易选	微粒	0.045 ～ 0.075	易选
中粒	1 ～ 2	易选	显微粒	0.010 ～ 0.045	难选
细粒	0.075 ～ 1	易选	超显微粒	< 0.010	难选

矿物形状主要有粒状和非粒状两大类，非粒状又可进一步细分为不规则颗粒、长条形和薄层状颗粒等。

2. 结合关系

矿石中矿物间界面形状各异，依据破碎分离的难易可分为两类。一类是结合面光滑平直，其中自形晶、粒状结构的矿物往往呈现该结合关系，如区域沉积变质铁矿中的磁铁矿或赤铁矿和石英之间的结合关系。另一类是结合面不规则，大多数矿物属于这类，其典型代表有锯齿状、放射状等，如交代作用形成的有色金属矿石，矿物间绝大多数呈现不规则的界面结合。因此，只有在破碎成细粒级时，才能实现矿物间的有效分离。

3. 空间分布

空间分布代表矿石中有用矿物分布的均匀程度，可用矿物在矿石中的分散与集结及其稠密度说明。相邻两个矿物中心间的平均距离与矿物的平均直径之比称为稠密度。矿物的稠密度划分为：单体 (稠密度 >30)、极稀疏矿物 (稠密度 10 ～ 30)、稀疏矿物 (稠密度 4 ～ 10)、密矿物 (稠密度 2 ～ 4)、稠密矿物 (稠密度 1.5 ～ 2) 和极稠密矿物 (稠密度 1 ～ 1.5)。

矿物的嵌布特征全面地体现了矿物形态对选矿工艺的影响，特别是对碎、磨工艺的作用。在嵌布特征涵盖的空间几何特征中，又以矿物颗粒大小对选矿影响最大。因此，一些工艺矿物学报告中以嵌布颗粒大小简单代表嵌布特征。

9.3.2　嵌布粒度测定与分析

矿物嵌布粒度大小直接影响选矿方法及后续工艺流程的选择。通过分析矿物嵌布粒度，可以预测一定磨矿粒度下可能达到的单体解离，并由此确定有用矿物实现解离所需要的最佳磨矿粒度。有用矿物单体解离度达到一定程度时，才能够获得有效的分离和富集。因此，研究矿石中矿物的嵌布粒度和解离度，对于指导选矿工艺流程的开发具有重要作用。

在光片或薄片的二维平面上，测试嵌布粒度的常用方法有面测法、线测法和点测法。

1. 面测法

面测法又称横尺面测法，适用于粒状颗粒的测量。将目镜微尺横放在视域中，利用机械台移动微尺使光片做上下移动 [图 9.18(a)]，使 *a*、*b* 线之间的颗粒依次通过微尺，记录每个颗粒粒度和粒级。测定记录依次通过微尺的颗粒后，测定毗邻纵行。为避免重复测定横跨在指定范围边界上的颗粒，可规定只测左边竖线 *a* 上和 *b* 线间的颗粒，而不测横跨 *b* 线的颗粒。最后，按照不同粒级颗粒的面积计算不同粒级的含量。粒径分布范围较窄的样本，一般测 500 个左右的颗粒即可满足需求；若粒径相差悬殊，即粒径分布范围较宽时，则所测颗粒数还需增加。

2. 线测法

线测法包括横尺线测法和顺尺线测法。

横尺线测法是测量一定间距测线上所遇的粒状颗粒。如图 9.18(b) 所示，将目镜微尺横放，即与测线垂直，对通过十字丝中心的颗粒，借助目镜微尺测量粒度，并记录各级别所测的颗粒数。逐条测线测完后，计算各粒级的含量。横尺线测法较易漏掉粒径较小的颗粒。因而，与横尺面测法相比，横尺线测法粗粒级偏高、细粒级偏低。

顺尺线测法适用于非粒状的不规则颗粒。测法与横尺线测法类似，但由于颗粒的形状极不规则，只能测其与测线平行交切的定向随机截距。目镜微尺平行测线方向放置见图 9.18(c)，测量和记录微尺所切的定向随机截距。以随机截距为粒径，将不同的随机截距分别记录在不同的粒级中，计算出各粒级的体积或质量分数。

3. 点测法

点测法主要适用于粒状颗粒，沿测线测量通过十字丝交点作等间距分布测点上的各粒级矿物颗粒所占点的数目 [图 9.18(d)]。测量时根据落入十字丝交点的待测有用矿物所属粒级，记录此粒级的一个点数；若跳动一定距离后仍在此较大颗粒中，则再记录此粒级的一个点数；若跳入另一粒级的颗粒中，则记录另一粒级的一个点数；若跳入其他伴生矿物或脉石矿物中，则继续向前跳动，但不予计数直至测完待测测线、点数或光片为止。最后，根据各粒级矿物颗粒的点数占总测点数的百分比计算各粒级的含量。

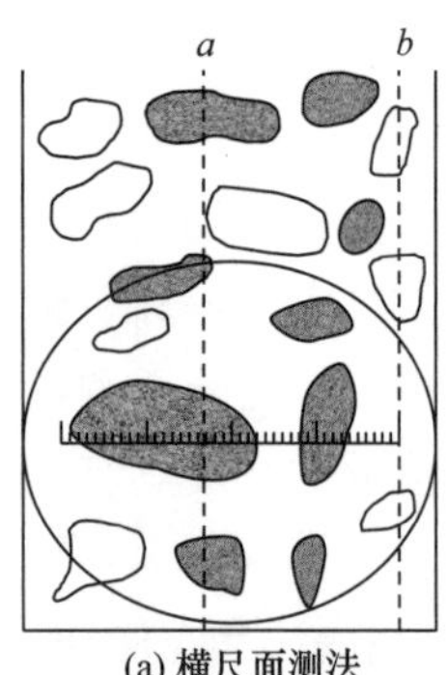

(a) 横尺面测法
(带颜色的颗粒为待测颗粒)

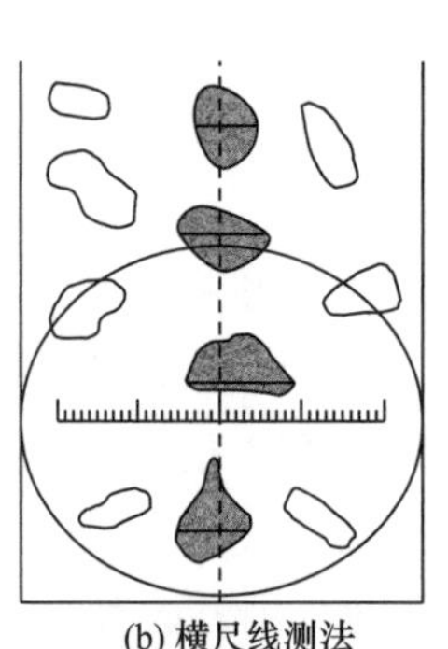

(b) 横尺线测法
(带颜色的颗粒为待测颗粒)

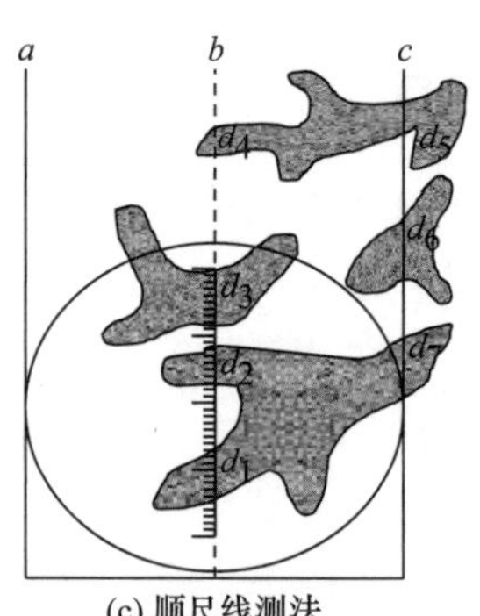

(c) 顺尺线测法
(测微尺平行测线)

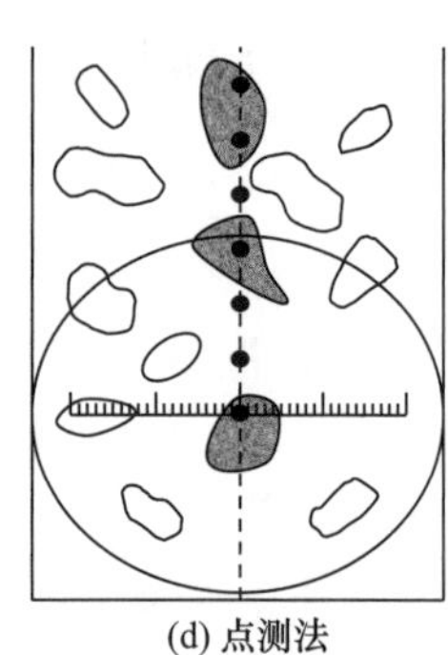

(d) 点测法
(实心点为计数点)

图 9.18　嵌布粒度测定方法示意图

9.3.3　矿物解离度

矿物分选的目的是有效地富集并回收有用矿物。为此，首先必须经由破碎、磨矿使矿石中所含有用矿物和脉石矿物相互解离。依据矿石粉末组成颗粒的分选性质及其矿物组成特征，将颗粒划分成矿物单体与矿物连生体。块体矿石粉碎成粉末状颗粒后，其中仅含有一种矿物的颗粒称为矿物单体，共存有有用矿物与脉石矿物的颗粒称为矿物连生体。产物中某种矿物的单体含量 (q_m) 与该矿物总含量 (q_m+q_l) 比值的百分数称为所求矿物的解离度 $\overline{L}_0$ 。

$$\overline{L}_0=[q_m/(q_m+q_l)]\times 100\%$$

1. 解离方式

矿物单体和矿物连生体是矿石破磨产物组成颗粒的两种基本形态。随着磨矿产物颗粒粒度的降低，产物中的单体量和连生体量互为消长地上升与下降。矿物解离方式可分为脱离解离和粉碎解离。

脱离解离是外力作用下的连生体各组成矿物沿共用边界相互分离。该解离方式只需耗费较少的能量即可实现矿物解离，是矿物加工最理想的解离方式。

粉碎解离是指粒度较粗的连生体颗粒被破磨成粒度小于矿物嵌布粒度的细粒时，由于颗粒体积减小，该组成矿物部分解离成单体。该情况下矿物间的结合力未遭破坏，破裂面往往不沿连生体共用边界分离。

只有相邻不同矿物的物理性质相差悬殊，且界面结合强度远小于界面两侧矿物自身强度时，矿物才有可能优先沿着界面分离。实际破磨过程中的解离往往是两种方式并存，并以粉碎解离为主。

2. 连生体类型

连生体是指两种及以上矿物连生在一起，不通过外力破碎或研磨就无法打破连生的结构。矿物共生形式难以定量分析，且对分选作业的影响广泛，因此是矿物加工研究的重要内容。通常基于连生体的分选性质和矿物解离的难易，将含有两种矿物的连生体分为毗邻型、细脉型、壳层型和包裹型 4 种不同的类型 (图 9.19)。

(1) 毗邻型是 4 种类型中最常见的。其组成矿物的连生边界平直且舒缓，边界线呈线性弯曲状。这类连生体只要稍加粉碎，便可形成矿物单体解离。由于两种矿物存在状态、体积含量相近，连生体的分选性质介于二者之间。

(2) 细脉型也是较常见的一种连生类型，但不及毗邻型。此类连生体中，一种矿物呈脉状贯穿于另一种矿物中。连生体的分选性质与高含量的矿物相近。

(3) 壳层型连生颗粒物中，含量较低的矿物以厚薄不一的似壳层状环绕在主体矿物外周边。多数情况下，中间的主体矿物只能局部地被外壳层所覆盖。完全理想的封闭包围虽然时有所见，但较前者稀少。一般情况下，组成矿物软硬差别大的矿石，易于在碎、磨作业时产生这类连生体，如覆盖于黄铁矿外周边的辉铜矿、斑铜矿、方铅矿等。这类连生体受到进一步粉碎时，其二次磨矿产物常含有边缘相矿物的细粒单体、粒连生体以及中间主体矿物的粗粒单体等，属于难处理矿石。

(4) 包裹型是指一种矿物以微包体形式嵌于另一种矿物中，包体粒径一般在 5μm 以下，含量通常不到总量的 1/20。它是尾矿中有用金属流失的重要原因。例如，硅酸盐矿物中的黄铜矿、磁黄铁矿中的镍黄铁矿等。

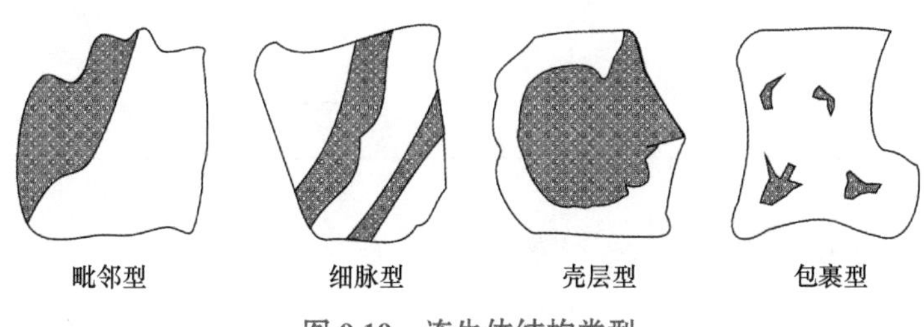

图 9.19　连生体结构类型

9.3.4　矿物单体解离测定与分析

矿物单体解离测定包括分别统计单体颗粒和不同类型连生体颗粒的含量。其测定方法与显微镜下矿物定量测定的方法相似，同样可采用面测法、线测法和点测法分别测量单体与连生体的体积含量，进而根据单体颗粒体积含量与待测矿物颗粒总体积含量 (单体颗粒体积含量 + 连生体颗粒体积含量) 之比值，计算样品中该矿物的单体解离度。

1. *矿物单体解离测定*

面测法采用带方格网的目镜进行测量，在显微镜下所观察到的矿物颗粒上叠置了一个方格网。测量时，通常按照一定的间距移动载物台，将整个矿片表面全部测完，分类统计单体颗粒和不同类型连生体颗粒的面积，记录测量结果；最后将各视域测量结果进行累计，获得不同类型待测矿物颗粒在该矿片中的体积含量。

线测法是通过目镜上的直线测微尺测定不同矿物所占线段截距长度的大小。采用带直线测微尺的目镜。测量时按一定方向和间距左右移动矿片，统计测微尺在不同类型矿物颗粒表面的线段截距长度。

点测法以测微网格的交点在矿片上矿物颗粒表面分布的多少测量不同类型矿物颗粒的含量，分别记录视域中不同类型矿物颗粒表面分布的交点数。点测法对于粗细不均匀嵌布或细粒嵌布的矿石样品的测定误差较大。在矿物解离测定中普遍使用面测法或线测法。

以某铜矿石中黄铜矿的解离度为例，采用面测法测得黄铜矿在 0.074 ～ 0.147 mm 粒级中的单体和连生体的数据见表 9.8。根据测定结果计算黄铜矿在该粒级中的解离度为 89.27%。依次计算各粒级中黄铜矿的单体解离度后，即可根据各粒级的产率和解离度计算全样的单体解离度，计算结果样品中黄铜矿的单体解离度达到 82.99%。

表 9.8　黄铜矿单体解离度计算

粒级 /mm	产率 /%	单体颗粒数	连生体颗粒数				单体解离度 /%
			1/4	2/4	3/4	折算颗粒数	
0.295 ～ 0.589	10.5	261	76	41	74	95	73.31
0.147 ～ 0.295	34.4	315	110	51	38	81.5	79.45
0.074 ～ 0.147	41.5	514	137	34	14	61.75	89.27
0 ～ 0.074	13.6	360	23	18	34	40.25	89.94
全样	100						82.99

2. *矿物单体解离数学模型*

可以根据矿物的粒度分布或矿石的结构构造特征，利用解离数学模型对不同磨矿粒度下的矿物解离进行预测。同时，通过对预测结果与实际资料的对比，还可加深对矿物解离现象的本质认识。

1) 高登模型

假定矿石破碎前的有用矿物是呈等大的正方体矿粒相互平行、均匀地嵌布在脉石矿物基体中，破碎颗粒同样也是大小相同的正方体。利用目标矿物粒度大小与粉碎后颗粒的粒度大小比值作参数，建立矿物的解离模型：

$$\overline{L_0}=\left(1-\frac{D_b}{D_{cr}}\right)^3$$

式中，D_b 为破碎颗粒粒度；D_{cr} 为矿粒粒度。

高登模型预测由随机破裂导致的破碎解离，并得到 4 点结论：①只有当破碎颗粒粒度小于矿粒粒度即 $\frac{D_b}{D_{cr}}<1$ 时，有用矿物才有可能发生单体解离；②当矿粒粒度一定时，磨矿细度越细，解离度越高；③一定的磨矿细度下，解离度随着有用矿物粒度的上升而提高；④当 $\frac{D_b}{D_{cr}}=0.1$ 时，$\overline{L_0}=72.9\%$，即只有磨矿细度远小于矿粒粒度，才能使有用矿物

产生明显的单体解离。

高登模型考虑了矿石结构和破碎磨矿的作用，明确了影响矿物解离度的主要因素，其模型思想在此后其他解离模型中均得到延续。不足之处在于过于简化了矿石结构和受外力时的破裂。实际上矿物颗粒和粉碎颗粒很难呈现标准的正方形，且粒度也呈一定分布而并非某一个单值。

2) 金氏解离度模型

矿石组成矿物的含量与粒度，以及破碎颗粒的粒度，是制约矿物解离的关键因素。金氏解离度模型作了两点假设：①矿石的破裂是完全随机的，无论是矿物的界面，还是其中的某种矿物，均不具有优先破裂的倾向；②显微镜下测量到的各类线段分数与其相应的体积分数相等，即 $V_L=V_V$。

为了求解模型，需要测定未被破碎矿石的截距长度和可用下式进行数值积分的粒级的截距长度。矿石碎磨产物筛分 D 粒级中，有用矿物 m 的单体解离度 $\overline{L}_{\mathrm{m}}(D)$ 为

$$\overline{L}_{\mathrm{m}}(D)=1-\frac{1}{\overline{l}_{\mathrm{m}}}\int_0^{l_{\max}}\left\{1-T\left(\frac{l}{D}\right)\right\}\{1-T_{\mathrm{m}}(l)\}\mathrm{d}l$$

式中，$\overline{l}_{\mathrm{m}}$ 为矿物 m 的平均截距长度；$l_{\max}$ 为粉碎颗粒筛分 D 粒级中的最大横向截距；$T\left(\frac{l}{D}\right)$为粒级 D 中破碎颗粒的线性截距分布函数；$T_{\mathrm{m}}(l)$ 为矿物 m 的线性截距长度分布函数。

利用金氏解离度模型，只要在矿物样品上测量出足够多矿物的线性截距长度，确定了 $T\left(\frac{l}{D}\right)$和 $T_{\mathrm{m}}(l)$，即可求解矿物的粒级解离度。

思　考　题

9-1　当矿片在正交偏光镜间处于消光位时，加入石膏试板或云母试板，矿片干涉色有何变化？在具有高级白干涉色的矿片上，分别加入 1/4 λ 试板和 1 λ 试板，矿片干涉色有何变化？

9-2　矿物反射色和内反射色有何区别？

9-3　某正延性矿物的主折射率分别为 1.551 和 1.514，则该矿物在正交偏光镜下呈现几级干涉色？当插入 560nm 补色器后，该矿物呈现几级干涉色？

9-4　浸蚀鉴定时，什么是正反应？什么是负反应？正反应有哪些主要表现？

9-5　对于颗粒粒度粗大的含铁矿石中磁铁矿的定量分析可采用哪些方法？

9-6　什么是晶体化学式？简述其书写规则。举例说明实际矿物的晶体化学式计算方法。

9-7　简述元素赋存状态研究的意义与作用。

参考资料

《矿产资源工业要求手册》编委会 . 2010. 矿产资源工业要求手册 [M]. 北京：地质出版社 .

陈骏 , 王鹤年 . 2004. 地球化学 [M]. 北京：科学出版社 .

池汝安 , 田君 . 2006. 风化壳淋积型稀土矿化工冶金 [M]. 北京：科学出版社 .

池汝安 , 田君 . 2007. 风化壳淋积型稀土矿评述 [J]. 中国稀土学报 , (06)：641-650.

郭守国 . 1998. 宝玉石学教程 [M]. 北京：科学出版社 .

李昌年 . 2010. 简明岩石学 [M]. 武汉：中国地质大学出版社 .

李胜荣 . 2008. 结晶学与矿物学 [M]. 北京：地质出版社 .

李钟模 . 2009. 罗布泊超大型钾盐矿床的发现记略——罗布泊找钾简史 [J]. 化工矿产地质 , 31(4)：237-241， 250.

林培英 . 2005. 晶体光学与造岩矿物 [M]. 北京：地质出版社 .

刘超， 陈明伟， 梁彤祥 . 2019. 矿物材料学 [M]. 北京：化学工业出版社 .

刘显凡 , 孙传敏 . 2011. 矿物学简明教程 [M]. 2 版 . 北京：地质出版社 .

刘雪松 . 2003. 缅甸翡翠的玉石学研究 [D]. 长春：吉林大学 .

罗谷风 . 1985. 结晶学导论 [M]. 北京：地质出版社 .

吕宪俊 . 2011. 工艺矿物学 [M]. 长沙：中南大学出版社 .

马欣华 . 1995. 卤水化工 [M]. 北京：化学工业出版社 .

宁国 . 1994. 透闪石石棉矿床的地质特征 [J]. 中国非金属矿工业导刊， (5)：6-11.

裴洋 . 2020. 新疆阿尔泰可可托海伟晶岩矿床研究现状 [J]. 西部皮革 , 42(04)： 1.

漆丹志 . 1989. 河南省西峡桑坪粗晶红柱石矿床地质特征及成因分析 [J]. 河南地质 , (03)：1-8.

秦善 . 2011. 结构矿物学 [M]. 北京：北京大学出版社 .

邱柱国 . 1982. 矿相学 [M]. 北京：地质出版社 .

任启江 , 胡志宏， 严正富 , 等 . 1993. 矿床学概论 [M]. 南京： 南京大学出版社 .

舒思齐 , 裴荣富 , 邢波 , 等 . 2015. 俄罗斯诺里尔斯克铜镍硫化物矿床研究进展 [J]. 地质通报 , 34(6)：1101.

宋春青 , 邱维理 , 张振春 . 2005. 地质学基础 [M]. 4 版 . 北京：高等教育出版社 .

唐洪明 . 2007. 矿物岩石学 [M]. 北京： 石油工业出版社 .

汪庆玖 , 吴长贵 , 宁磊 , 等 . 2018. 铜官山国家矿山公园典型矿业遗迹评价 [J]. 资源环境与工程 , 32(02)：324-328.

王礼胜 , 何明跃 . 1997. 新疆阿克陶红蓝宝石矿床矿物学研究 [J]. 现代地质 , 11(1)： 36-43.

王弭力 , 刘成林 , 焦鹏程 . 2006. 罗布泊盐湖钾盐矿床调查科研进展与开发现状 [J]. 地质论评 , 52(6)：757-764.

王盘喜 , 朱黎宽 , 刘璐 , 等 . 2017. 河南官坡花岗伟晶岩地质与地球化学特征 [J]. 中国地质调查 , 4(6)：40-49.

王守光 , 王存贤 , 郑宝军 , 等 . 2004. 内蒙古新地沟绿岩型金矿床地球化学特征 [J]. 地质调查与研究 , 27(2)：112-117.

王学求 , 刘汉粮 , 王玮 . 2021. 中国稀有分散元素地球化学 [M]. 北京：科学出版社 .

王永华 , 刘文荣 . 1985. 矿物学 [M]. 北京：地质出版社 .

吴泰然 , 何国琦 , 等 . 2011. 普通地质学 [M]. 2 版 . 北京：北京大学出版社 .

吴占松，马润田，赵满成，等．2007. 煤炭清洁有效利用技术 [M]. 北京：化学工业出版社．
薛春纪，祁思敬，隗合明，等．2007. 基础矿床学 [M]. 2 版．北京：地质出版社．
姚凤良，孙丰月．2006. 矿床学教程 [M]. 北京：地质出版社．
姚凤良，郑明华．1983. 矿床学基础教程 [M]. 北京：地质出版社．
于宏东．2008. 长阳火烧坪铁矿工艺矿物学研究 [J]. 矿冶，17(2)：107-110.
袁见齐，朱上庆，翟裕生．1985. 矿床学 [M]. 北京：地质出版社．
曾广策．1998. 简明光性矿物学 [M]. 武汉：中国地质大学出版社．
翟明国，等．2016. 矿产资源形成之谜与需求挑战 [M]. 北京：科学出版社．
翟裕生，姚书振，蔡克勤．2011. 矿床学 [M]. 3 版．北京：地质出版社．
张泾生，张国旺．2016. 现代选矿技术手册．第一册．破碎筛分与磨矿分级 [M]. 北京：冶金工业出版社．
赵珊茸．2017. 结晶学与矿物学 [M]. 3 版．北京：高等教育出版社．
赵振华．2021. 微量元素地球化学原理 [M]. 2 版．北京：科学出版社．
周乐光．2007. 工艺矿物学 [M]. 3 版．北京：冶金工业出版社．
周明宝．1993. 矿床学 [M]. 北京：冶金工业出版社．
Bleam W. 2017. Soil and Environmental Chemistry[M]. 2nd ed. Cambridge：Academic Press：87-146.
Finger L W, Kroeker M, Toby B H. 2007. DRAWxtl， an open-source computer program to produce crystal-structure drawings[J]. J Appl Cryst, 40：188-192.
Gaudin A N. 1939. Principles of Mineral Dressing[J]. J Phys Chem, 44(4)：532-533.
Klein C, Dutrow B. 2007. Manual of Mineral Science[M]. 23rd ed. New York：John Wiley & Sons, Inc.
Mariano R A， Evans C L, Manlapig E. 2017. Definition of random and non-random breakage in mineral liberation - A review[J]. Miner Eng, 94：51-60.
Partington G A, McNaughton N J， Williams I S. 1995. A review of the geology, mineralization, and geochronology of the Greenbushes Pegmatite， Western Australia[J]. Econ Geol, 90(3)：616-635.

附录一 矿物代号

缩写	英文名	中文名	缩写	英文名	中文名
Ab	albite	钠长石	Bn	bornite	斑铜矿
Act	actinolite	阳起石	Brc	brucite	水镁石
Adr	andradite	钙铁榴石	Brk	brookite	板钛矿
Ads	andesine	中长石	Brl	beryl	绿柱石
Aeg	aegirine	霓石	Brs	barroisite	冻蓝闪石
Afs	alkali feldspar	碱长石	Brt	barite	重晶石
Agt	aegirine-augite	霓辉石	Bst	bustamite	钙蔷薇辉石
Ak	akermanite	镁黄长石	Bt	biotite	黑云母
Alm	almandine	铁铝榴石	Byt	bytownite	培长石
Aln	allanite	褐帘石	Cal	calcite	方解石
Als	aluminosilicate	铝硅酸盐	Cam	clinoamphibole	单斜闪石类
Am	amphibole	闪石	Cb	carbonate mineral	碳酸盐矿物
An	anorthite	钙长石	Cbz	chabazite	菱沸石
And	andalusite	红柱石	Cc	chalcocite	辉铜矿
Anh	anhydrite	硬石膏	Ccl	chrysocolla	硅孔雀石
Ank	ankerite	铁白云母	Ccn	cancrinite	钙霞石
Anl	analcime	方沸石	Ccp	chalcopyrite	黄铜矿
Ann	annite	铁云母	Cel	celadonite	绿磷石
Anp	antiperthite	反条纹长石	Cen	clinoenstatite	斜顽辉石
Ant	anatase	锐钛矿	Cfs	clinoferrosilite	斜铁辉石
Ap	apatite	磷灰石	Chl	chlorite	绿泥石
Apo	apophyllite	鱼眼石	Chm	chamosite	鲕绿泥石
Apy	arsenopyrite	毒砂	Chn	chondrodite	粒硅镁石
Arf	arfvedsonite	亚铁钠闪石	Chq	clinoholmquistite	斜锂闪石
Arg	aragonite	文石	Chr	chromite	铬铁矿
Atg	antigorite	叶蛇纹石	Chu	clinohumite	斜硅镁石
Ath	anthophyllite	直闪石	Clc	clinochlore	斜绿泥石
Aug	augite	辉石	Cld	chloritoid	硬绿泥石
Ax	axinite	斧石	Cls	celestine	天青石
Bad	baddeleyite	斜锆石	Coe	coesite	柯石英
Bhm	boehmite	软水铝矿	Cph	carpholite	纤锰柱石

续表

缩写	英文名	中文名	缩写	英文名	中文名
Cpx	clinopyroxene	斜方辉石	Gbs	gibbsite	三水铝石
Crd	cordierite	堇青石	Ged	gedrite	铝直闪石
Crn	corundum	刚玉	Gh	gehlenite	铝黄长石
Crs	cristobalite	方石英	Gln	glaucophane	海绿石
Crs	crossite	青铝闪石	Glt	glauconite	蓝闪石
Cst	cassiterite	锡石	Gn	galena	方铅矿
Ctl	chrysotile	纤蛇纹石	Gp	gypsum	石膏
Cum	cummingtonite	直闪石	Gre	greenalite	铁蛇纹石
Cv	covellite	铜蓝	Gr	graphite	石墨
Czo	clinozoisite	斜黝帘石	Grs	grossular	钙铝榴石
Dee	deerite	迪尔石	Grt	garnet	石榴子石
Dg	digenite	蓝辉矿	Gru	grunerite	铁闪石
Di	diopside	透辉石	Gt	goethite	针铁矿
Dia	diamond	金刚石	Hbl	hornblende	普通角闪石
Dol	dolomite	白云石	Hc	hercynite	铁尖晶石
Drv	dravite	镁电气石	Hd	hedenbergite	钙铁辉石
Dsp	diaspore	硬水铝石	Hem	hematite	赤铁矿
Eck	eckermannite	锰中泥石	Hgb	hoegbomite	黑铝镁铁矿
Ed	edenite	浅闪石	Hl	halite	石盐
Elb	elbaite	锂电气石	Hq	holmquistite	锂闪石
En	enstatite	顽火辉石	Hs	hastingsite	绿钙闪石
Ep	epidote	绿帘石	Hu	humite	硅镁石
Fa	fayalite	铁橄榄石	Hul	heulandite	片沸石
Fe2-Act	ferro-actinolite	铁阳起石	Hy	hypersthene	紫苏辉石
Fe2-Chq	clinoferroholmquistite	斜铁锂闪石	Hyn	hauyne	蓝方石
Fe2-Ed	ferro-edenite	铁浅闪石	Ill	illite	伊利石
Fe2-Hbl	ferrohornblende	铁普通角闪石	Ilm	ilmenite	钛铁矿
Fe2-Ts	ferrotschermakite	铁钙镁闪石	Jd	jadeite	硬玉
Fet	fuscite	方柱石	Jh	johannsenite	钙锰辉石
Fhy	ferrohypersthene	铁紫苏辉石	Joe	joesmithite	铅铍闪石
Fl	fluorite	萤石	Kfs	K-feldspar	钾长石
Fo	forsterite	镁橄榄石	Kie	kieserite	水镁石
Fs	ferrosilite	铁辉石	Kln	kaolinite	高岭石
Fsp	feldspar	长石	Kln-Srp	kaolinite-serpentine	高岭石 - 蛇纹石
Fuc	fuchsite	铬云母	Kls	kalsilite	钾霞石
Gad	gadolinite	硅铍钇矿	KMg-Sdg	potassic-magnesiosadanagaite	钾镁质砂川闪石

续表

缩写	英文名	中文名	缩写	英文名	中文名
Koz	kozulite	锰铁钠闪石	Mw	merwinite	镁蔷薇辉石
Krn	kornerupine	柱晶石	Ne	nepheline	霞石
Krs	kaersutite	钛闪石	Nrb	norbergite	块硅镁石
K-Sdg	potassicsadanagaite	钾质砂川闪石	Nsn	nosean	黝方石
Ktp	katophorite	红闪石	Ntr	natrolite	钠沸石
Ky	kyanite	蓝晶石	Nyb	nyboeite	灰闪石
Lab	labradorite	拉长石	Oam	orthoamphibole	正方闪石
Laz	lazulite	天蓝石	Ol	olivine	橄榄石
Lct	leucite	白榴石	Oli	oligoclase	奥长石
Lm	limonite	褐铁矿	Omp	omphacite	绿辉石
Lmt	laumontite	浊沸石	Op	opaque mineral	不透明矿物
Lo	loellingite	斜方砷铁矿	Opx	orthopyroxene	正方辉石
Lpd	lepidolite	锂云母	Or	orthoclase	正（钾）长石
Lws	lawsonite	硬柱石	Osu	osumilite	大隅石
Lz	lizardite	利蛇纹石	Pcl	pyrochlore	烧绿石，细晶石
Mag(Mt)	magnetite	磁铁矿	Pct	pectolite	斜钠钙石
Mar	marialite	钠柱石，蓝方石	Per	periclase	方镁石
Mc	microcline	微斜长石	Pg	paragonite	钠云母
Mca	mica	云母	Pgt	pigeonite	易变辉石
Mei	meionite	钙柱石	Phg	phengite	多硅白云母
Mel	melilite	黄长石	Phl	phlogopite	金云母
Mgh	maghemite	磁赤铁矿	Pie	piedmontite	红帘石
Mg-Hbl	magnesiohornblende	镁角闪石	Pl	plagioclase	斜长石
Mg-Ktp	magnesiokatophorite	镁红闪石	Pmp	pumpellyite	绿纤石
Mg-Rbk	magnesioriebeckite	镁钠闪石	Pn	pentlandite	镍黄铁矿
Mgs	magnesite	菱镁矿	Po	pyrrhotite	磁黄铁矿
Mg-Sdg	magnesiosadanagaite	镁质砂川闪石	Prg	pargasite	钙镁闪石
Mns	minnesotaite	铁滑石	Prh	prehnite	葡萄石
Mnt	montmorillonite	蒙脱石	Prl	pyrophyllite	叶蜡石
Mnz	monazite	独居石	Prl-Tlc	pyrophyllite-talc	叶蜡石 - 滑石
Mo	molybdenite	辉钼矿	Prp	pyrope	镁铝榴石
Mrc	marcasite	白铁矿	Prv	perovskite	钙钛矿
Mrg	margarite	珍珠云母	Pth	perthite	条纹长石
Ms	muscovite	白云母	Px	pyroxene	辉石
Mtc	monticellite	钙镁橄榄石	Py	pyrite	黄铁矿
Mul	mullite	莫来石	Qtz	quartz	石英

续表

缩写	英文名	中文名	缩写	英文名	中文名
Rbk	riebeckite	钠闪石	Tlc	talc	滑石
Rdn	rhodonite	蔷薇辉石	Tmt	taramite	绿铁闪石
Rds	rhodochrosite	菱锰矿	Toz	topaz	黄玉
Rit	richterite	钠透闪石	Tr	tremolite	透闪石
Rt	rutile	金红石	Trd	tridymite	鳞石英
Sa	sanidine	透长石	Tro	troilite	陨硫铁，硫铁矿
Scp	scapolite	方柱石	Ts	tschermakite	镁钙闪石
Sd	siderite	菱铁矿	Ttn	titanite	榍石
Sdg	sadanagaite	砂川闪石	Tur	tourmaline	电气石
Sdl	sodalite	硅铀矿	Usp	ulvoespinel	钛铁尖晶石
Sep	sepiolite	海泡石	Uvt	uvarovite	钙铬榴石
Ser	sericite	绢云母	Ves	vesuvianite	符山石
Shl	sahlite	次透辉石	Viv	vivianite	蓝铁矿
Sil	sillimanite	硅线石	Vrm	vermiculite	蛭石
Sme	smectite	蒙脱石，蒙皂石	Win	winchite	蓝透闪石
Sp	sphalerite	闪锌矿	Wmca	white mica	白云母
Spd	spodumene	锂辉石	Wo	wollastonite	硅灰石
Spl	spinel	尖晶石	Wrk	wairakite	斜钙沸石
Spr	sapphirine	假蓝宝石	Wth	witherite	钙钡矿
Sps	spessartine	锰铝榴石	Wus	wustite	方铁矿
Srl	schorl	黑电气石	Xtm	xcnotime	磷钇矿
Srp	serpentine	蛇纹石	Zeo	zeolite	沸石
St	staurolite	十字石	Zn-spl	zinc-spinel	富锌尖晶石
Stb	stilbite	辉沸石	Zo	zoisite	黝帘石
Stp	stilpnomelane	黑硬绿泥石	Zrn	zircon	锆石
Str	strontianite	碳锶矿	Zwd	zinnwaldite	铁锂云母
Stv	stishovite	斯石英			

附录二　矿物种名录

大类	类	亚类	族	种
含氧盐矿物	硅酸盐矿物	岛状硅酸盐矿物	锆石	锆石
			石榴石	石榴石
			橄榄石	橄榄石
			红柱石	红柱石
				蓝晶石
			黄玉	黄玉
			十字石	十字石
			榍石	榍石
			符山石	符山石
			绿帘石	绿帘石
		环状硅酸盐矿物	绿柱石	绿柱石
			堇青石	堇青石
			电气石	电气石
		链状硅酸盐矿物	辉石	普通辉石
				顽火辉石
				硬玉
				锂辉石
				霓石
			硅灰石	硅灰石
			蔷薇辉石	蔷薇辉石
			角闪石	直闪石
				镁铁闪石
				透闪石 - 阳起石
				普通角闪石
			硅线石	硅线石
		层状硅酸盐矿物	蛇纹石 - 高岭石	利蛇纹石、叶蛇纹石
				高岭石
			滑石 - 叶蜡石	滑石
				叶蜡石
			云母	白云母
				海绿石
				黑云母 - 金云母
				锂云母

续表

大类	类	亚类	族	种
含氧盐矿物	硅酸盐矿物	层状硅酸盐矿物	绿泥石	绿泥石
			伊利石	伊利石
			埃洛石	埃洛石
			蒙脱石 - 蛭石	蒙脱石
				蛭石
			坡缕石	坡缕石
				海泡石
			葡萄石	葡萄石
		架状硅酸盐矿物	长石	透长石
				正长石
				微斜长石
				冰长石
				歪长石
				斜长石
				钡长石
			似长石	霞石
				白榴石
				方柱石
				方钠石
			沸石	浊沸石
				片沸石
				方沸石
	碳酸盐矿物	岛状碳酸盐矿物	方解石	方解石
				菱镁矿
				菱铁矿
				菱锰矿
				菱锌矿
			白云石	白云石
			文石	文石
				碳锶矿
				碳钡矿
				白铅矿
			钡解石	钡解石
		链状碳酸盐矿物	孔雀石	孔雀石
				蓝铜矿
		层状碳酸盐矿物	天然碱	天然碱

续表

大类	类	亚类	族	种
含氧盐矿物	硫酸盐矿物	岛状硫酸盐矿物	重晶石	重晶石
				天青石
			硬石膏	硬石膏
		层状硫酸盐矿物	石膏	石膏
	磷酸盐矿物	岛状磷酸盐矿物	独居石	独居石
		链状磷酸盐矿物	磷灰石	磷灰石
		层状磷酸盐矿物	铜铀云母	铜铀云母
		架状磷酸盐矿物	绿松石	绿松石
	硼酸盐矿物	岛状硼酸盐矿物	硼镁铁矿	硼镁铁矿
			硼镁石	硼镁石
		环状硼酸盐矿物	硼砂	硼砂
		架状硼酸盐矿物	方硼石	方硼石
	钨酸盐矿物		白钨矿	白钨矿
	钼酸盐矿物		钼铅矿	钼铅矿
	铬酸盐矿物		铬铅矿	铬铅矿
	硝酸盐矿物		钠硝石	钠硝石
氧化物和氢氧化物矿物	氧化物矿物	岛状氧化物矿物	砷华	砷华
		链状氧化物矿物	金红石	金红石
				锡石
				软锰矿
				斯石英
			黑钨矿	黑钨矿（钨锰铁矿）
			铌钽铁矿	铌钽铁矿
			锑华	锑华
		架状氧化物矿物	石英	石英
				β-石英
				蛋白石
			锐钛矿	锐钛矿
			赤铜矿	赤铜矿
			钙钛矿	钙钛矿
			易解石	易解石
		配位型氧化物矿物	刚玉	刚玉
				赤铁矿
				钛铁矿
			尖晶石	尖晶石
				磁铁矿
				铬铁矿
			金绿宝石	金绿宝石
			晶质铀矿	晶质铀矿

续表

大类	类	亚类	族	种
氧化物和氢氧化物矿物	氢氧化物矿物	链状氢氧化物矿物	硬水铝石	硬水铝石
				针铁矿
			水锰矿	水锰矿
			硬锰矿	硬锰矿
		层状氢氧化物矿物	水镁石	水镁石（氢氧镁石）
			三水铝石	三水铝石
卤化物矿物	氟化物矿物	配位型氟化物矿物	萤石	萤石
	氯化物矿物	配位型氯化物矿物	石盐	石盐
				钾盐
			光卤石	光卤石
			角银矿	角银矿
硫化物及其类似化合物矿物	硫化物矿物	岛状硫化物矿物	黄铁矿 - 白铁矿	黄铁矿
				白铁矿
			辉砷钴矿 - 毒砂	辉砷钴矿
				毒砂
		环状硫化物矿物	雄黄	雄黄
		链状硫化物矿物	辉锑矿	辉锑矿
				辉铋矿
			辰砂	辰砂
			脆硫锑铅矿	脆硫锑铅矿
		层状硫化物矿物	辉钼矿	辉钼矿
			铜蓝	铜蓝
			雌黄	雌黄
		架状硫化物矿物	辉银矿	辉银矿
			黝铜矿	黝铜矿 - 砷黝铜矿
		配位型硫化物矿物	闪锌矿	闪锌矿
			黄铜矿	黄铜矿
			斑铜矿	斑铜矿
			方铅矿	方铅矿
			磁黄铁矿	磁黄铁矿
			辉铜矿	辉铜矿
			硫锑银矿	硫锑银矿（浓红银矿）
				硫砷银矿（淡红银矿）
	硒化物矿物	配位型硒化物矿物	硒金银矿	硒金银矿
	碲化物矿物	岛状碲化物矿物	碲金矿	碲金矿
			碲镍矿	碲镍矿

续表

大类	类	亚类	族	种
硫化物及其类似化合物矿物	碲化物矿物	配位型硒化物矿物	碲金银矿	碲金银矿
			碲汞钯矿	碲汞钯矿
	砷化物矿物	岛状砷化物矿物	砷铂矿	砷铂矿
		配位型砷化物矿物	红砷镍矿	红砷镍矿
	锑化物矿物	岛状锑化物矿物	锑铂矿	锑铂矿
		配位型锑化物矿物	红锑镍矿	红锑镍矿
	铋化物矿物	岛状铋化物矿物	单斜铋钯矿	单斜铋钯矿
		配位型铋化物矿物	铋钯矿	铋钯矿
自然元素矿物	金属元素矿物	配位型金属元素矿物	自然金	自然金
				自然银
				自然铜
			自然铂	自然铂
	半金属元素矿物	链状半金属元素矿物	自然碲	自然硒
		层状半金属元素矿物	自然砷	自然铋
	非金属元素矿物	环状非金属元素矿物	自然硫	自然硫
		层状非金属元素矿物	石墨	石墨
		配位型非金属元素矿物	金刚石	金刚石
有机矿物及准矿物	有机酸盐矿物	—	—	草酸铁矿
				水草酸钙石
				草酸钙石
				草酸铵石
				蜜蜡石
	碳氢化合物矿物	—	—	地蜡
	有机准矿物	—	—	煤炭
				泥炭
				褐煤
				烟煤
				无烟煤
				沥青
				琥珀